普通高等教育电气工程与自动化（应用型）系列教材

伺服系统与变频器
应用技术教程

主　编　孙立书

参　编　梁　雁

U0380693

机 械 工 业 出 版 社

本书从变频器使用者的角度出发，从理论到实践，由浅入深地阐述了伺服电动机调速的原理、变频调速的基础知识、常用电力电子器件的选用、变频器的结构和工作原理、电动机变频调速的机械特性、变频器的控制方式以及变频器改变频率和电压的方法等。具体操作部分重点阐述了变频器的安装、运行、参数设置、调试、维护以及优化设置等。本书第 1 ~ 8 章内容主要包括直流伺服控制系统、交流伺服控制系统、电气传动基础知识、变频器的工作原理与控制方式、变频器改变频率和电压的方法、变频器的基本操作以及变频器的优化特性设置、变频器的选择与维护等。第 9 章为实践部分，包含 5 个综合项目，主要是将 PLC、变频器和三相异步电动机结合起来进行设计，涉及变频器在恒压供水控制系统、工业除尘系统以及工业节能风扇、冷却塔风机和多点检测智能流水线等系统的应用。项目设计过程完整，真项目真做，有完整的接线图、设计程序以及经过验证的正确的实验结果。

本书主要作为应用型本科电气工程及其自动化、自动化、机械制造及其自动化（数控方向）等相关专业的教学用书，也可以作为广大电气控制技术人员的参考书。

本书配有电子教学课件和实践项目的讲解视频。

图书在版编目（CIP）数据

伺服系统与变频器应用技术教程／孙立书主编 . —北京：机械工业出版社，2022.4

普通高等教育电气工程与自动化（应用型）系列教材

ISBN 978-7-111-70162-0

Ⅰ.①伺…　Ⅱ.①孙…　Ⅲ.①伺服系统-高等学校-教材 ②变频器-高等学校-教材　Ⅳ.①TP275 ②TN773

中国版本图书馆 CIP 数据核字（2022）第 027154 号

机械工业出版社（北京市百万庄大街22号　邮政编码100037）
策划编辑：王雅新　　　　　责任编辑：王雅新
责任校对：张　薇　王明欣　封面设计：张　静
责任印制：李　昂
北京捷迅佳彩印刷有限公司印刷
2022 年 5 月第 1 版第 1 次印刷
184mm×260mm · 16 印张 · 396 千字
标准书号：ISBN 978-7-111-70162-0
定价：49.80 元

电话服务　　　　　　　　网络服务
客服电话：010-88361066　　机 工 官 网：www.cmpbook.com
　　　　　010-88379833　　机 工 官 博：weibo.com/cmp1952
　　　　　010-68326294　　金 书 网：www.golden-book.com
封底无防伪标均为盗版　机工教育服务网：www.cmpedu.com

前　言

变频器是一种交流调速装置，以其优异的调速和起/制动性能、高功率因数和节电效果而被国内外公认为是最有发展前途的调速方式之一，成为当今节电、改善工艺流程、提高产品质量、改善环境和推动技术进步的有效手段，广泛应用于工业自动化的各个领域。变频器课程是一门实践性较强的综合性课程，通过该课程的理论与实践教学，学生能够掌握变频调速技术、变频器的应用与维护以及 PLC 与变频器的联机应用等多学科的基本知识与技能，具备变频调速系统的设计、安装、调试和维护等综合应用能力。

面向 21 世纪人才培养的需要，结合应用型本科学生的培养特点，本书的理论讲述以必需、够用和实用为度，紧密结合实践，突出实践应用环节。本书以行业广泛使用的西门子 MM440 系列变频器为例，介绍变频器的应用技术和方法，并结合具体实际应用中的一些经典案例，达到做中学，学中做，实现复杂内容简单化的目的。

本书从变频器使用者的角度出发，从理论到实践，由浅入深地阐述了伺服电动机调速的原理、变频调速的基础知识、常用电力电子器件的选用、变频器的结构和工作原理、电动机变频调速的机械特性、变频器的控制方式以及变频器改变频率和电压的方法等。具体操作部分重点阐述了变频器的安装、运行、调试、维护以及优化设置等。本书第 1~8 章内容主要包括直流伺服控制系统、交流伺服控制系统、电气传动基础知识、变频器的工作原理与控制方式、变频器改变频率和电压的方法、变频器的基本操作以及变频器的优化特性设置、变频器的选择与维护等。第 9 章为实践部分，包含 5 个综合项目，主要是将 PLC、变频器和三相异步电动机结合起来进行设计，项目设计过程完整，真项目真做，有完整的接线图、设计程序以及经过验证的正确的实验结果。对于初学者来说，本书具有非常高的使用价值和参考价值。

本书主要作为应用型本科电气工程及其自动化、自动化、机械制造及其自动化（数控方向）等相关专业的教学用书，也可以作为广大电气控制技术人员的参考书。孙立书对本书的编写思路与大纲进行了总体策划，指导了全书的编写、统稿，并编写第 2~6 章以及第 9 章，梁雁编写第 1 章、第 7 章和第 8 章。本书的编写参考了有关文献，编者谨对书后所有参考文献的作者表示衷心的感谢！

编　者

目　录

第 1 章　直流伺服控制系统

你知道最早出现的伺服系统是什么类型吗？有哪些主要特点和应用价值？

最早的伺服系统是用直流伺服电动机作为执行元件的伺服系统，称为直流伺服系统。直流伺服系统的主要优点是控制特性优良，能在很宽的范围内平滑调速，调速比大，起动/制动性能好，定位精度高。伺服系统的发展经历了由液压到电气的过程，20 世纪 50 年代，无刷电动机在计算机外围设备和机械设备上获得了广泛的应用。尽管直流伺服电动机具有结构复杂、成本较高、维护困难、单机容量和转速都受限制等缺点，但 20 世纪 70 年代是直流伺服电动机应用最广泛的时代。

本章主要介绍直流伺服系统的工作原理，直流调速系统的调速原理、系统类型和主要应用。

1.1　直流伺服电动机

直流伺服电动机具有优良的调速特性，较大的起动转矩和良好的起/制动性能，易于控制及响应快等优点，可以很方便地在宽范围内实现平滑无级调速，多应用于对调速性能要求较高的生产设备中。

1.1.1　直流伺服电动机工作原理

直流伺服电动机在结构上主要由定子、转子、电刷及换向片等组成，如图 1-1 所示。

（1）定子

定子磁极磁场由定子的磁极产生。根据产生磁场的方式，定子可分为永磁式和他励式。永磁式定子的磁极由永磁材料制成；他励式定子的磁极由冲压硅钢片叠压而成，外绕线圈，通以直流电流便产生恒定磁场。

（2）转子

转子又叫电枢，由硅钢片叠压而成。转子表面嵌有线圈，通以直流电时，在定子磁场作用下产生带动负载旋转的电磁转矩。

（3）电刷与换向片

为使所产生的电磁转矩保持恒定方向，转子能沿固定方向均匀地连续旋转，电刷与外加直流电源相接，换向片与电枢导体相接。

直流伺服电动机与一般直流电动机的基本原理是完全相同的，如图 1-2 所示。在定子磁场的作用下，通直流电（I_f）的电枢（转子）受电磁转矩的驱使，带动负载旋转，电动机旋转方向和速度由电枢绕组中电流的方向和大小决定。当电枢绕组电流为零时，电动机静止不动。

电动机转子上的载流导体（即电枢绕组）在定子磁场中，受到电磁转矩的作用，使电动机转子旋转，其转速为

$$\omega = \frac{U_a - I_a R_a}{C_e \phi} \tag{1-1}$$

式中　ω——电动机转速（rad/s）；

$\quad\ U_a$——电枢电压（V）；

$\quad\ I_a$——电枢电流（A）；

$\quad\ R_a$——电枢回路总电阻（Ω）；

$\quad\ \phi$——励磁磁通（Wb）；

$\quad\ C_e$——由电动机结构决定的电动势常数。

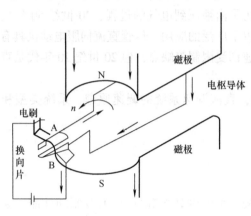

图1-1　直流伺服电动机的基本结构

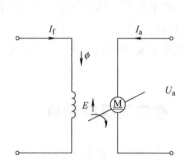

图1-2　直流伺服电动机工作原理

由式(1-1) 可见，可通过改变电枢电压 U_a 或改变每极磁通 ϕ 来控制直流伺服电动机的转速，前者称为电枢电压控制，后者称为励磁磁场控制。由于电枢电压控制具有机械特性和调节特性的线性度好、输入损耗小、控制回路电感小且响应速度快等优点，因此在直流伺服系统中多采用电枢电压控制。

1.1.2　直流伺服电动机主要特性

1. 运行特性

电动机稳态运行时，回路中电流保持不变，电枢电流切割磁力线所产生的电磁转矩 T_m 为

$$T_m = C_m \phi I_a \tag{1-2}$$

式中　C_m——转矩常数，仅与电动机结构有关。

将式(1-2) 代入式(1-1)，则直流伺服电动机运行特性表达式为

$$\omega = \frac{U_a}{C_e \phi} - \frac{R_a}{C_e C_m \phi^2} T_m \tag{1-3}$$

（1）机械特性

当直流伺服电动机的电枢控制电压 U_a 和激励磁场强度 ϕ 均保持不变时，则角速度 ω 可看作是电磁转矩 T_m 的函数，即 $\omega = f(T_m)$，该特性称为直流伺服电动机的机械特性，表达式为

$$\omega = \omega_0 - \frac{R_a}{C_e C_m \phi^2} T_m \tag{1-4}$$

$$\omega_0 = \frac{U_a}{C_e\phi}$$

根据式(1-4)，给定不同的 T_m 值，可绘出直流伺服电动机的机械特性曲线，如图1-3所示。

由图1-3可知：

1）直流伺服电动机的机械特性曲线是一组斜率相同的直线簇，每条机械特性和一种电枢电压 U_a 相对应，且随着 U_a 增大，平行地向转速和转矩增加的方向移动。

2）与 ω 轴的交点是该电枢电压下的理想空载角速度 ω_0，与 T_m 轴的交点则是该电枢电压下的起动转矩 T_d。

3）机械特性的斜率为负，说明在电枢电压不变时，电动机转速随负载转矩增加而降低。

4）机械特性的线性度越高，系统的动态误差越小。

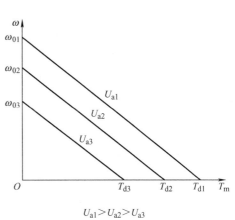

$U_{a1} > U_{a2} > U_{a3}$

图 1-3　直流伺服电动机的机械特性

（2）调节特性

当直流伺服电动机的电激励磁场强度 ϕ 和电磁转矩 T_m 均保持不变时，则角速度 ω 可看作是电枢控制电压 U_a 的函数，即 $\omega = f(U_a)$，该特性称为直流伺服电动机的调节特性，表达式为

$$\begin{cases} \omega = \dfrac{U_a}{C_e\phi} - kT_m \\ k = \dfrac{R_a}{C_e C_m \phi^2} \end{cases} \tag{1-5}$$

根据式(1-5)，给定不同的 T_m 值，可绘出直流伺服电动机的调节特性曲线，如图1-4所示。

由图1-4可知：

1）直流伺服电动机的调节特性曲线是一组斜率相同的直线簇，每条调节特性和一种电磁转矩 T_m 相对应，且随着 T_m 增大，平行地向电枢电压增加的方向移动。

2）与 U_a 轴的交点表示在一定的负载转矩下，电动机起动时的电枢电压，且随负载的增大而增大。

3）调节特性的斜率为正，说明在一定负载下，电动机转速随电枢电压的增加而增加。

4）调节特性的线性度越高，系统的动态误差越小。

2. 工作特性

直流伺服电动机的工作特性是指电动机的输入功率、输出功率、效率、转速、电枢电流与输出转矩的关系。图1-5所示为电磁式直流伺服电动机的工作特性，图1-6所示为永磁式直流伺服电动机的工作特性。

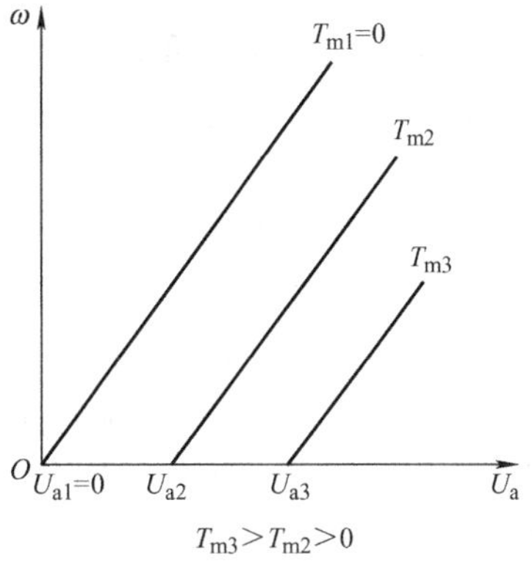

图 1-4　直流伺服电动机的调节特性

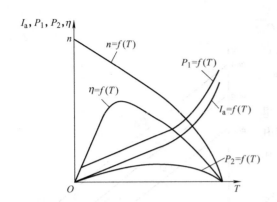

图1-5　电磁式直流伺服电动机的工作特性
P_1—输入功率　P_2—输出功率　η—效率
n—转速　I_a—电枢电流　T—输出转矩

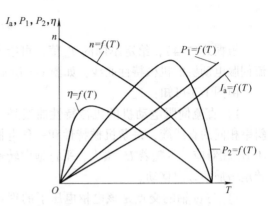

图1-6　永磁式直流伺服电动机的工作特性
P_1—输入功率　P_2—输出功率　η—效率
n—转速　I_a—电枢电流　T—输出转矩

3. 主要参数

（1）空载起动电压 U_{s0}

空载起动电压 U_{s0} 是指直流伺服电动机在空载和一定激励条件下，使转子在任意位置开始连续旋转所需的最小控制电压。U_{s0} 一般为额定电压的 2% ~ 12%，U_{s0} 越小，表示伺服电动机的灵敏度越高。

（2）机电时间常数 τ_j

机电时间常数 τ_j 是指直流伺服电动机在空载和一定激励条件下加以阶跃的额定控制电压，转速从零升至空载转速的 63.2% 所需的时间。由于电气时间常数非常小，因此往往只考虑机械时间常数，一般机电时间常数 $\tau_j \leqslant 0.03\text{s}$，$\tau_j$ 越小，系统的快速性越好。

1.1.3　直流伺服电动机类型及选用

1. 直流伺服电动机的类型

直流伺服电动机的分类可按励磁方式、转子转动惯量的大小和电枢的结构与形状等分成多种类型。

（1）按励磁方式分类

直流伺服电动机按励磁方式可分为电磁式和永磁式两种。电磁式直流伺服电动机是一种普遍使用的伺服电动机，特别是大功率电动机（100W 以上）。永磁式伺服电动机具有体积小、转矩大、力矩和电流成正比、伺服性能好、响应快、功率体积比大、功率重量比大以及稳定性好等优点。由于功率的限制，目前主要应用在办公自动化、家用电器和仪器仪表等领域。

（2）按转子转动惯量的大小分类

直流伺服电动机按转子转动惯量的大小可分成大惯量、中惯量和小惯量三种。大惯量直流伺服电动机（又称为直流力矩伺服电动机）负载能力强，易于与机械系统匹配。而小惯量直流伺服电动机的加减速能力强，响应速度快，动态特性好。

（3）按电枢的结构与形状分类

直流伺服电动机按电枢的结构与形状可分为平滑电枢型、空心电枢型和有槽电枢型等类型。平滑电枢型直流伺服电动机的电枢无槽，其绕组用环氧树脂粘固在电枢铁心上，因而转子形状细长，转动惯量小。空心电枢型直流伺服电动机的电枢无铁心，且常做成杯形，其转子转动惯量最小。有槽电枢型直流伺服电动机的电枢与普通直流电动机的电枢相同，因而转子转动惯量较大。

2. 直流伺服电动机的选用

在伺服系统中选用直流伺服电动机，主要是根据系统中所采用的电源、功率以及系统对电动机的要求来决定。伺服系统要求电动机的机电时间常数小、起动和反转频率高。短时工作制的伺服系统要求电动机体积和质量小，堵转转矩和输出功率大。连续工作制的伺服系统要求电动机工作寿命长。

直流伺服电动机在实际使用时应注意以下两点：

1）电磁式电枢控制的直流伺服电动机在使用时，先接通励磁电源，然后再加电枢电压。在工作过程中，应避免励磁绕组断电，以免造成电动机超速和电枢电流过大。

2）在用晶闸管整流电源时，最好采用三相全波桥式整流电路，在选用其他形式的整流电路时，应有适当的滤波装置。否则，直流伺服电动机只能在降低容量的情况下使用。

1.2　直流伺服电动机调速系统

调速是指在某一具体负载情况下，通过改变电动机或电源参数的方法，使机械特性曲线得以改变，从而使电动机转速发生变化或保持不变。由于直流电动机具有良好的起/制动性能，而且可以在较大范围内平滑地调速。因此，在轧钢设备、矿井升降设备、挖掘钻探设备、金属切削设备、造纸设备和电梯等需要高性能可控制电力拖动的场合得到广泛的应用。

近年来，随着计算机控制技术和电力电子技术的发展，推动了交流伺服技术的迅猛发展，交流伺服系统有代替直流伺服系统的趋势。然而，直流伺服系统在理论和实践等方面发展比较成熟，从控制角度考虑，它是交流伺服系统的基础，故应学好直流伺服系统。

从生产设备的控制对象来看，电力拖动控制系统有调速系统、位置伺服系统和张力控制系统等多种类型，而各种系统基本上都是通过控制转速（实质上是控制电动机的转矩）来实现的。因此，直流调速系统是最基本的拖动控制系统。

1.2.1　单闭环调速系统

直流伺服电动机由于具有调速性能好，起动、制动和过载转矩大、以及便于控制等特点，是许多大容量高性能生产机械的理想电动机。尽管近年来，交流电动机的控制系统不断普及，但直流电动机仍在一些场合得到广泛应用。

开环调速系统可实现一定范围的无级调速，且开环调速系统的结构简单。但在实际应用中，许多要求无级调速的工作机械常要求达到较高的调速性能指标，开环调速系统往往不能满足高性能工作机械对性能指标的要求。根据反馈控制原理，要稳定哪个参数，就引入哪个参数的负反馈，与恒值给定相比较，构成闭环系统。必须引入转速负反馈，构成闭环调速系统。

1. 系统的组成及工作原理

根据自动控制原理，为满足调速系统的性能指标，在开环系统的基础上引入反馈，构成单闭环有静差调速系统，采用不同物理量的反馈形成不同的单闭环系统。在此以引入速度负反馈为例，构成转速负反馈直流调速系统。

在电动机轴上安装一台测速发电机 TG，引出与转速成正比的电压信号 U_{fn} 作为反馈信号与给定电压信号 U_n 比较，所得差值电压 ΔU_n，经放大器产生控制电压 U_{ct}，再经过晶闸管装置输出可控电压 U_d，用以控制电动机转速，从而构成了转速负反馈调速系统，其控制原理如图 1-7 所示。

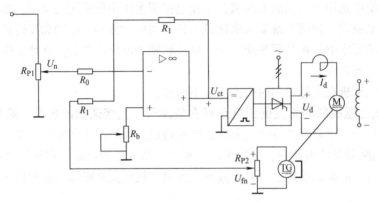

图 1-7　转速负反馈调速系统

给定电位器 R_{P1} 一般由稳压电源供电，以保证转速给定信号的精度。R_{P2} 为调节反馈系数而设置，测速发电机输出电压 U_{tg} 与电动机 M 的转速成正比，即

$$U_{tg} = C_n n \tag{1-6}$$

式中　　C_n——直流永磁式发电机的电势常数。

$$U_{fn} = K_f U_{tg} = \alpha n \tag{1-7}$$

式中　　K_f——电位器的 R_{P2} 分压系数；

　　　　α——转速反馈系数，$\alpha = K_f C_n$。

U_{fn} 与 U_n 极性相反，以满足负反馈关系。

2. 系统特性

（1）静态特性

闭环系统的静态特性比开环系统的机械特性的硬度有极大提高；对此相同理想空载转速状态下的开环和闭环两种系统，闭环系统的静差率要小得多；由于闭环系统静态特性的静差率小，当要求的静差率指标一定时，闭环系统可以大大提高调速范围。但是要达到上述要求，闭环系统必须设置放大器。

单闭环有静差调速系统，其静态特性较硬。当静差率一定情况下，系统调速范围宽，且具有良好的抗干扰性能。但该系统存在两个问题，一是系统的静态精度和动态稳定性的矛盾，二是起动时冲击电流太大。

（2）动态特性

在单闭环调速系统中，引入转速负反馈且有足够大放大系数 K 后，就可以满足系统的静态特性硬度要求。由自动控制理论可知，系统开环放大系数太大时，可能会引起闭环系统的不稳定，需采取校正措施才能使系统正常工作。因此由系统稳态误差要求所计算的 K 值还必须按系统稳定性条件进行校核。

为兼顾静态和动态两种特性，一般采用比例-积分（PI）调节器进行调节，在系统由动态到静态变化的过程中，PI 调节器相当于自动改变放大倍数的放大器，动态时小，静态时大，从而解决了动态稳定性、快速性和静态精度之间的矛盾。

1.2.2　双闭环调速系统

通过前面分析可知，转速负反馈单闭环直流调速系统是一种以存在偏差为前提，并依据偏差对系统进行调节的系统，这种系统虽然可以用 PI 调节器来实现系统的无静差调速，但同时也给系统带来不利的影响，如动态响应中的上升时间和调节时间变长等问题。因此，这种单闭环调速系统不能在充分利用电动机过载能力的条件下获得最快速的动态响应，且系统抑制扰动的能力较差，使其应用受到一定的限制。

在实际的生产过程中，有许多生产机械很大一部分时间是工作在过渡过程中，即它们被要求频繁地起动，或总是处于正反转切换状态（如龙门刨床的主传动），若能缩短起、制动时间，便能大大提高生产率。因此充分利用直流电动机的过载能力，使在起、制动过程中始终保持最大电流（即最大转矩），电动机便能以最大的角加速度起动。当转速达到稳态转速后，又让电流（转矩）立即下降，最后使电动机电磁转矩与负载转矩相平衡，以稳定转速运行。为达到此目的，把电流负反馈和转速负反馈分别施加到两个调节器上形成转速、电流双闭环调速系统。

1. 系统组成及工作原理

为了实现转速和电流两种负反馈分别起作用，在系统中设置了两个调节器，分别调节转速和电流，两者之间实行串级连接。转速负反馈的闭环在外面，称为外环，电流负反馈的闭环在里面，称为内环，其原理图如图 1-8 所示。

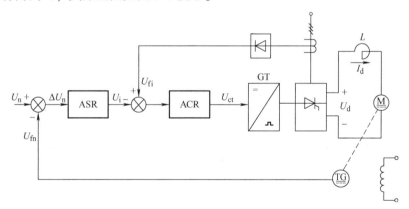

图 1-8　双闭环调速系统原理图

图 1-8 中，ASR 为速度调节器，ACR 为电流调节器，两调节器作用互相配合，相辅相成。为了使转速、电流双闭环调速系统具有良好的静、动态性能。电流、转速两个调节器一般采用 PI 调节器，且均采用负反馈。触发装置的控制电压为正电压，运算放大器具有倒向作用。图 1-8 中标出了相应信号的实际极性。

速度调节器与电流调节器串联，通常都采用 PI 控制。双闭环系统采用 PI 调节器，则其稳态时输入偏差信号一定为零，即给定信号与反馈信号的差值为零，属无静差调节。

（1）电流调节环

电流调节环是由 ACR 和电流负反馈组成的闭环，它的主要作用是稳定电流。设电流调节环的给定信号是速度调节器的输出信号 U_i，电流调节环的反馈信号采自交流电流互感器及整流电路或霍尔电流传感器，其值为

$$U_{fi} = \beta I_d \tag{1-8}$$

式中　β——电流反馈系数。

则

$$\Delta U_i = U_i - U_{fi} = 0 \tag{1-9}$$

故

$$I_d = \frac{U_i}{\beta} \tag{1-10}$$

U_i 一定的条件下，在电流调节器的作用下，输出电流保持不变，而由电网电压波动引起的电流波动将被有效抑制。此外，由于限幅的作用，速度调节器的最大输出只能是限幅值 $-U_{im}$，调整反馈环节的反馈系数 β，可使电动机的最大电流对应的反馈信号等于输入限幅值，即

$$U_{fm} = \beta I_d = U_{im} \tag{1-11}$$

I_{dm} 取值应考虑电动机允许过载能力和系统允许最大加速度，一般为额定电流的 1.5 ~ 2 倍。

（2）速度调节环

速度调节环是由 ASR 和转速负反馈组成的闭环，它的主要作用是保持转速稳定，最后消除转速静差。速度调节环给定信号 U_n，反馈信号 $U_{fn} = \alpha n$，稳态时 $\Delta U_n = U_n - U_{fn} = 0$，则

$$U_n = U_{fn} = \alpha n \tag{1-12}$$

即

$$\alpha = \frac{U_n}{n} \tag{1-13}$$

式中　α——速度反馈系数。

物理意义：当 U_n 为一定的情况下，由于速度调节器 ASR 的调节作用，转速 n 将稳定在 U_n/α 的数值上。

ASR 调节器的给定输入由稳压电源提供，其幅值不可能太大，一般在十几伏以下，当给定为最大值 U_{nmax} 时，电动机应达到最高转速，一般为电动机的额定转速 n_{nom}，则

$$\alpha = \frac{U_{nmax}}{n_{nom}} \tag{1-14}$$

ACR 调节器输出给触发装置的控制电压为

$$U_{ct} = \frac{U_{d0}}{K_S} = \frac{C_e n + I_d R}{K_S} = \frac{C_e \dfrac{U_n}{\alpha} + I_d R}{K_S} \tag{1-15}$$

式中　K_S——触发器与晶闸管系统装置的电压放大倍数。

由式（1-15）可知，当 U_n 为定值时，ASR 调节器可使电动机转速恒定。

2. 系统特性

（1）静态特性

双闭环调速系统的静特性如图1-9所示。在 $n_0 A$ 段，负载电流 $I_d < I_{dm}$ 时。由于速度调

器不饱和,表现为转速无静差,这时,转速负反馈起主要调节作用,这就是静态特性的运行段。当速度调节器饱和时,负载电流 I_d 达到 I_{dm},对应图 1-9 中 AB 段,转速外环呈开环状态,转速的变化对系统不再产生影响,电流调节器起主要调节作用,双闭环系统变成一个电流无静差的单闭环系统。

（2）动态特性

一般来说,双闭环调速系统具有比较满意的动态性能。

1）动态跟随性能。由于直流伺服电动机在起动过程中速度调节器 ASR 经历了不饱和、饱和及退饱和三种情况,整个动态过程就分成图 1-10 中标明的 Ⅰ、Ⅱ、Ⅲ三个阶段。

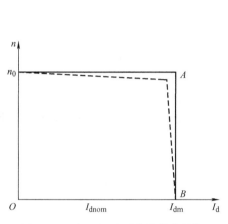

图 1-9　双闭环调速系统的静态特性

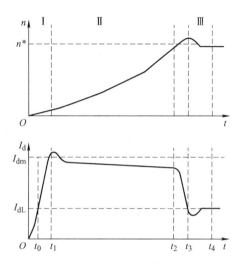

图 1-10　双闭环调速系统起动过程

第Ⅰ阶段——电流上升阶段。突加给定电压后,I_d 上升,当 $I_d < I_{dL}$ 时,电动机还不能转动。当 $I_d \geq I_{dL}$ 后,电动机开始起动,由于惯性作用,转速不会很快增长,因而速度调节器 ASR 的输入偏差电压的数值较大,ASR 很快饱和,其输出限幅值 U_{im} 强迫电流 I_d 迅速上升。当 $I_d = I_{dm}$ 时,由于电流调节器的作用使 I_d 不再迅猛增长。在这一阶段中速度调节器由不饱和很快达到饱和,而电流调节器不饱和。

第Ⅱ阶段——恒流升速阶段。在这个阶段,ASR 始终是饱和的,转速环相当于开环,系统表现为恒值电流给定 U_{im} 作用下的电流调节系统。基本上保持电流 $I_d \approx I_{dm}$ 恒定,因而传动系统的加速度恒定,转速呈线性增长。与此同时,电动机的反电动势 E 也线性增长。可以看出,此阶段是起动过程中的主要阶段。

第Ⅲ阶段——转速调节阶段。这个阶段开始时,转速已经达到给定值。ASR 的给定与反馈电压相平衡,输入偏差电压为零,但其输出却由于积分作用还维持在限幅值 U_{im}。所以电动机仍在最大电流下加速,使转速超调。转速超调后,ASR 输入端出现负的偏差电压,使速度调节器退出饱和状态。ASR 的输出电压 U_i 和主电流 I_d 很快下降。但是,只要 I_d 大于负载电流 I_{dL},转速就继续上升。在最后的转速调节阶段,ASR 和 ACR 都不饱和,ASR 起主导的转速调节作用,而 ACR 则力图使 I_d 尽快地跟随其给定值 U_i,或者说,电流内环是一个电流伺服系统。

由上述可见,双闭环直流调速系统在起动和升速过程中,能够在最大转矩下,表现出很快的动态转速跟随性能。在减速和制动过程中，由于主电路电流的不可逆性，系统跟随性能变差。

2) 动态抗扰性能。电网电压有扰动时，由于电网电压扰动被包围在电流调节环之内，可以通过电流反馈得到及时的调节，不必像单闭环调速系统那样，等到影响到转速后才在系统中有所反应。因此，双闭环调速系统中，由电网电压波动引起的动态速降比单闭环系统中小得多，对内环扰动调节起来更及时些。

若有负载扰动作用在电流调节环之后，只能靠转速调节产生抗扰动作用，因此，突然加（减）负载时，必然会引起动态速降（升）。为了减少动态速降（升），在设计速度调节器时，要求系统具有较好的抗扰动性能指标。

3. 双闭环调速系统的优点

综上所述，双闭环调速系统具有如下优点：

1) 具有良好的静特性（接近理想的"挖土机特性"）。

2) 具有较好的动态特性，起动时间短（动态响应快），超调量也较小。

3) 系统抗扰动能力强，电流调节环能较好地克服电网电压波动的影响，而转速环能抑制被它包围的各个环节扰动的影响，并最后消除转速偏差。

4) 由两个调节器分别调节电流和转速。这样，可以分别进行设计，分别调整（先调好电流环，再调转速环），调整方便。

1.3 晶闸管直流调速系统

工程应用上调压调速是调速系统的主要方式。这种调速方式需要有专门的、连续可调的直流电源供电。根据系统供电形式的不同，常用的调压调速系统主要有晶闸管可控整流系统和直流脉宽调速系统。本节主要介绍直流伺服电动机晶闸管调速系统，如图 1-11 所示。

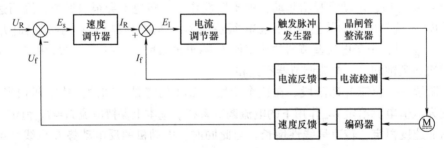

图 1-11　直流伺服电动机晶闸管调速系统

U_R—数控装置的速度指令电压　I_R—电流指令信号　U_f—速度反馈电压　I_f—电流反馈信号

1.3.1 主回路

晶闸管调速系统的主回路主要是晶闸管整流放大装置，其作用是：将电网的交流电转变为直流电；将调节回路的控制功率放大，得到较大电流与较高电压以驱动电动机；在可逆控制电路中，电动机制动时，把电动机运转的惯性机械能转变成电能并反馈回交流电网。

晶闸管整流调速装置的接线方式有单相半桥式、单相全控式、三相半波、三相半控桥和三相全控桥式。如图 1-12 所示为由大功率晶闸管构成的三相全控桥式（三相全波）调压电路，三相整流器分成两大部分（Ⅰ和Ⅱ），每部分内按三相桥式连接成半波整流电路，二组反并联连接，分别实现正转和反转。每个半波整流电路内部又分成共阴极组（1、3、5）和共阳极组（2、4、6）。为构成回路，这两组中必须各有一个晶闸管同时导通。1、3、5在正半周导通，2、4、6在负半周导通，工作波形如图1-13所示。

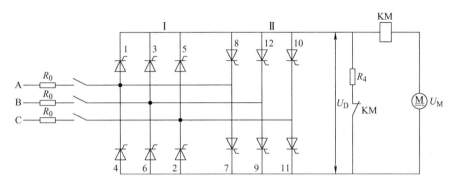

图 1-12　晶闸管三相全控桥式调压电路

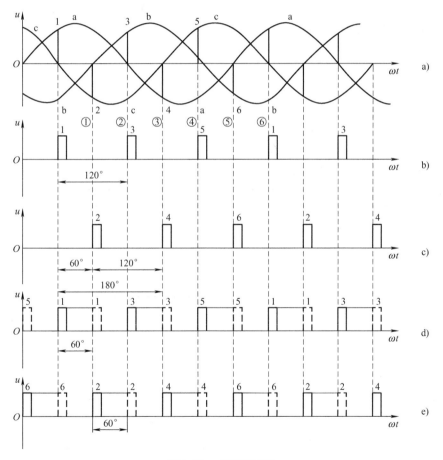

图 1-13　主回路波形

每组内（即两相间）触发脉冲相位相差120°，每相内两个触发脉冲相差180°。按管号排列，触发脉冲的顺序为1-2-3-4-5-6，相邻之间相位差60°。为保证合闸后两个串联晶闸管能同时导通或已截止的再次导通，采用双脉冲控制。即每个触发脉冲在导通60°后，再补发一个辅助脉冲；也可以采用宽脉冲控制，宽度在60°~120°之间。

因此，只要改变晶闸管触发角（即改变导通角），就能改变晶闸管的整流输出电压，从而改变直流伺服电动机的转速。触发脉冲提前来，增大整流输出电压；触发脉冲延后来，减小整流输出电压。

1.3.2　控制回路

控制回路主要由电流调节回路（内环）、速度调节回路（外环）和触发脉冲发生器等组成。速度调节环采用 PI 方式调节速度，要求具有良好的静态、动态特性。电流调节环采用 P 或 PI 方式调节电流，能加快系统响应、提高起动速度和低频稳定性。触发脉冲发生器主要产生移相脉冲，使晶闸管触发角前移或后移。

1. PI 控制器

为了获得良好的静、动态性能，转速和电流两个调节器一般都采用 PI 控制器，所以对于系统来说，PI 调节器是系统的核心。比例积分（PI）控制器是具有静差小、响应快特点的控制器，结合了积分器无静差但响应慢和比例调节器有静差但响应快的优点。PI 控制器模拟电路如图 1-14 所示。

输出电压为

$$U_{ex} = K_p U_{in} + \frac{1}{\tau_I}\int U_{in} dt \tag{1-16}$$

式中　K_p——比例系数，$K_p = \dfrac{R_1}{R_0}$；

　　　　τ_I——积分时间常数，$\tau_I = R_0 C_1$。

PI 控制器的工作过程：当突然加上输入电压时，电容 C_1 相当于短路，这时便是一个比例调节器。因此，输出量产生一个立即响应输出量的跳变，随着对电容的充电，输出电压逐渐升高，这时相当于一个积分环节。只要 $U_{in} \neq 0$，U_{ex} 将继续增长下去，直到 $U_{in} = 0$ 时，才达到稳定状态。输入、输出信号波形如图 1-15 所示。

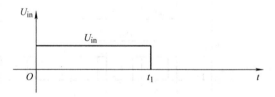

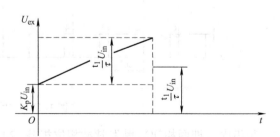

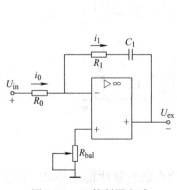

图 1-14　PI 控制器电路　　　　　　　　　　图 1-15　PI 控制器信号波形

可见，PI 控制器既具有快速响应性能，又足以消除调速系统的静差。除此以外，比例积分调节器还是提高系统稳定性的校正装置，因此，它在调速系统和其他控制系统中获得了广泛的应用。

2. 触发脉冲发生器

触发脉冲发生器是为晶闸管门极提供所需的触发信号，并能根据控制要求使晶闸管可靠导通，实现整流装置的控制。常见的电路主要有单结晶体管触发电路、正弦波触发电路和锯齿波触发电路。下面以单结晶体管触发电路为例，介绍其工作原理。

触发脉冲发生电路如图 1-16 所示，图中的电位器 R_p 用来调节电容 C 的充电时间，当电容上的电压达到单结晶体管的转折电压（峰点）时，单结晶体管进入负阻特性状态。突然导通的大电流在负载电阻 R_f 上产生一个电压信号 u_{b1}。同时，电容迅速放电使发射极的电压又下降至截止状态，由此周而复始重复上述过程，不断产生由电容 C 充电时间控制的脉冲信号。该电路的电源电压一般在 $15 \sim 20V$，电容 C 的数值约为 $0.1 \sim 1\mu F$，控制充电时间的电阻约为几千到几万欧姆，负载端的电阻值在几百欧姆的范围内调整。图 1-17 是电路中电容充、放电过程和输出脉冲的波形图。

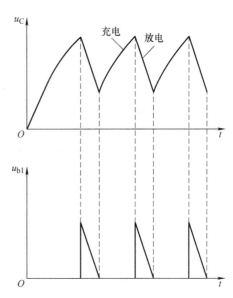

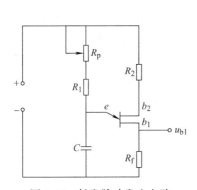

图 1-16 触发脉冲发生电路　　　　　　图 1-17 充放电及脉冲波形

1.3.3　晶闸管调速系统的特点

根据前面分析可知，晶闸管调速系统具有以下特点：

1）调速性能好。当给定的指令信号增大时，有较大的偏差信号加到调节器的输入端，产生前移的触发脉冲，晶闸管整流器输出的直流电压提高，电动机转速上升。此时测速反馈信号也增大，与大的速度给定相匹配，达到新的平衡，电动机以较高的转速运行。

2）抗干扰能力强。若系统受到外界干扰，如负载增加，电动机转速下降，速度反馈电压降低，则速度调节器的输入偏差信号增大，其输出信号也增大，经电流调节器使触发脉冲前移，晶闸管整流器输出电压升高，使电动机转速恢复到干扰前的数值。

3）抑制电网波动。电流调节器通过电流反馈信号还起到快速维持和调节电流的作用，如电网电压突然短时下降，整流输出电压也随之降低，在电动机转速由于惯性还未变化之前，首先引起主回路电流的减小，立即使电流调节器的输出增加，触发脉冲前移，使整流器输出电压恢复到原来值，从而抑制了主回路电流的变化。

4）起/制动及加/减速性能好。电流调节器能保证电动机起动、制动时的大转矩、加减速的良好动态性能。

1.4 脉宽调制（PWM）直流调速系统

在工作电流（或者电功率）较大时，由于控制器件性能的限制，直流电压的获取与直流电压的方便调节较难同时完成。但因为电动机所驱动的机械系统固有频率较低，在直流电动机电枢电压调速方法中，可以选用频率较高的脉宽调制方式达到调节电压的目的。

脉冲宽度调制（Pulse Width Modulation，PWM）技术，就是把恒定的直流电源电压调制成频率一定、宽度可变的脉冲电压序列，从而可以改变平均输出电压的大小。通常把采用脉冲宽度调制（PWM）的直流电动机调速系统，简称为直流脉宽调速系统，即直流 PWM 调速系统。

1.4.1 PWM 直流调速系统构成

对直流调速系统而言，一般动、静态性能较好的调速系统都采用双闭环控制系统，因此，直流脉宽调速系统以双闭环为例予以介绍。

直流脉宽调速系统的原理如图 1-18 所示，由主回路和控制回路两部分组成。系统采用转速、电流双闭环控制方案，速度调节器和电流调节器均为 PI 调节器，转速反馈信号由直流测速发电机 TG 得到，电流反馈信号由霍尔电流变换器 TA 得到。与晶闸管调速系统相比，转速调节器和电流调节器原理一样，不同的是脉宽调制器和功率放大器。

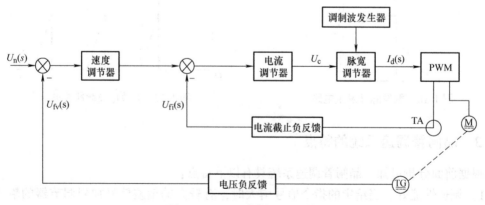

图 1-18　PWM 直流调速系统

1.4.2 直流脉宽调制原理

直流脉宽调制是利用电子开关，将直流电源电压转换成为一定频率的方波脉冲电压，再通过对方波脉冲宽度的控制来改变供电电压大小与极性，从而达到对电动机进行变压调速的一种方法。

在直流脉宽调速系统中，晶体管基极的驱动信号是脉冲宽度可调的电压信号。脉宽调制器实际上是一种电压—脉冲变换器，由电流调节器的输出电压 U_c 控制，给 PWM 装置输出脉冲电压信号，其脉冲宽度和 U_c 成正比。常用的脉宽调制器按调制信号不同分为锯齿波脉宽调制器、三角波脉宽调制器、由多谐振荡器和单稳态触发电路组成的脉宽调制器和数字脉宽调制器等几种。下面以锯齿波脉宽调制器为例来说明脉宽调制原理。

锯齿波脉宽调制器是一个由运算放大器和几个输入信号组成的电压比较器，如图 1-19 所示。加在运算放大器反相输入端上的有三个输入信号，一个输入信号是锯齿波调制信号 U_{sa}，由锯齿波发生器提供，其频率是主电路所需的开关调制频率。另一个输入信号是控制电压 U_c，是系统的给定信号经转速调节器、电流调节器输出的直流控制电压，其极性与大小随时可变。U_c 与 U_{sa} 在运算放大器的输出端叠加，从而在运算放大器的输出端得到周期不变、脉冲宽度可变的调制输出电压 U_{pw}。为了得到双极式脉宽

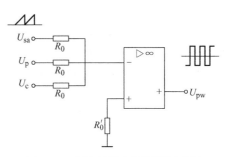

图 1-19　锯齿波脉宽调制器原理图

调制电路所需的控制信号，再在运算放大器的输入端引入第三个输入信号——负偏差电压 U_p，其值为

$$U_p = -\frac{1}{2}U_{samax} \tag{1-17}$$

由式(1-17) 可分析得：

1）当 $U_c = 0$ 时，输出脉冲电压 U_{pw} 的正负脉冲宽度相等，如图 1-20a 所示。

2）当 $U_c > 0$ 时，$+U_c$ 的作用和 $-U_p$ 相减，经运算放大器倒相后，输出脉冲电压 U_{pw} 的正半波变窄，负半波变宽，如图 1-20b 所示。

3）当 $U_c < 0$ 时，$-U_c$ 的作用和 $-U_p$ 相加，则输出脉冲电压 U_{pw} 的正半波增宽，负半波变窄，如图 1-20c 所示。

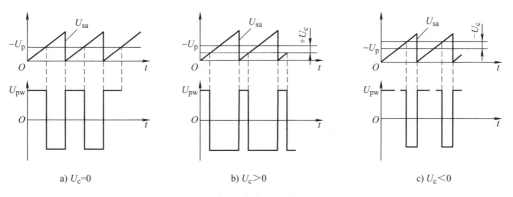

a) $U_c = 0$　　　　　　　　b) $U_c > 0$　　　　　　　　c) $U_c < 0$

图 1-20　锯齿波脉宽调制器波形图

这样，通过改变控制电压 U_c 的极性，就改变了双极式 PWM 变换器输出平均电压的极

性，因而改变电动机的转向。通过改变控制电压 U_c 的大小，就能改变输出脉冲电压的宽度，从而改变电动机的转速。

1.4.3　PWM 变换器

脉宽调制变换器实际上就是一种直流斩波器。当电子开关在控制电路作用下按某种控制规律进行通断时，在电动机两端就会得到调速所需的、有不同占空比的直流供电电压 U_d。采用单管控制时的脉宽电路被称为直流斩波器，后来逐渐发展成用各种脉冲宽度调制开关的控制电路，这种器件被称为脉宽调制变换器（Pulse Width Mocdulation，PWM）。PWM 脉宽调制电路系统结构框图如图 1-21 所示。

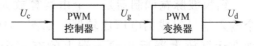

图 1-21　PWM 脉宽调制器电路的系统结构框图

脉宽调制变换器按电路不同，主要分为不可逆与可逆两大类，其中不可逆 PWM 变换器又分为有制动力和无制动力两类，可逆 PWM 变换器在控制方式上可分双极式、单极式和受限单极式三种。

1. 不可逆 PWM 变换器

不可逆 PWM 变换器就是直流斩波器，是最简单的 PWM 变换器，其原理如图 1-22 所示，采用全控式的电力晶体管，开关频率可达数十千赫。直流电压 U_s 由不可控整流电源提供，采用大电容滤波，二极管 VD 在晶体管 VT 关断时为电枢回路提供释放电感储能的续流回路。

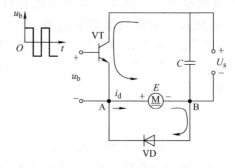

图 1-22　不可逆 PWM 变换器原理

大功率晶体管 VT 的基极由脉宽可调的脉冲电压 u_b 驱动，当 u_b 为正时，VT 饱和导通，电源电压 U_s 通过 VT 的集电极回路加到电动机电枢两端；当 u_b 为负时，VT 截止，电动机电枢两端无外加电压，电枢的磁场能量经二极管 VD 释放（续流）。电动机电枢两端得到的电压 U_{AB} 为脉冲波，其平均电压为

$$U_d = \frac{t_{on}}{T}U_s = \rho U_s \tag{1-18}$$

式中　ρ——负载电压系数或占空比，$\rho = \dfrac{t_{on}}{T}$，其变化范围在 $0 \sim 1$ 之间。

一般情况下周期 T 固定不变，当调节 t_{on}，使 t_{on} 在 $0 \sim T$ 范围内变化时，则电动机电枢端电压 U_d 在 $0 \sim U_s$ 之间变化，而且始终为正。因此，电动机只能单方向旋转，为不可逆调速系统，这种调节方法也称为定频调宽法。

图 1-23 所示为稳态时电动机电枢的脉冲端电压 U_s、电枢电压平均值 U_d、电动机反电势 E 和电枢电流 i_d 的波形。

由于晶体管开关频率较高，利用二极管 VD 的续流作用，电枢电流 i_d 是连续的，而且脉动幅值不是很大，对转速和反电动势的影响都很小，为突出主要问题，可忽略不计，即认为转速和反电动势为恒值。

2. 双极式 H 型 PWM 变换器

双极式 PWM 变换器主电路的结构形式有 H 型和 T 型两种,现主要讨论常用的 H 型变换器。如图 1-24 所示,双极式 H 型 PWM 变换器由四个晶体管和四个二极管组成,其连接形状如同字母 H,因此称为"H 型" PWM 变换器,实际上是两组不可逆 PWM 变换器电路的组合。

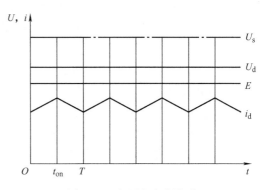

图 1-23　电压和电流波形

在图 1-24 所示的电路中,四个晶体管的基极驱动电压分为两组,VT_1 和 VT_4 同时导通和关断,驱动电压 $u_{b1} = u_{b4}$;VT_2 和 VT_3 同时导通和关断,驱动电压 $u_{b2} = u_{b3} = -u_{b1}$,波形如图 1-25 所示。

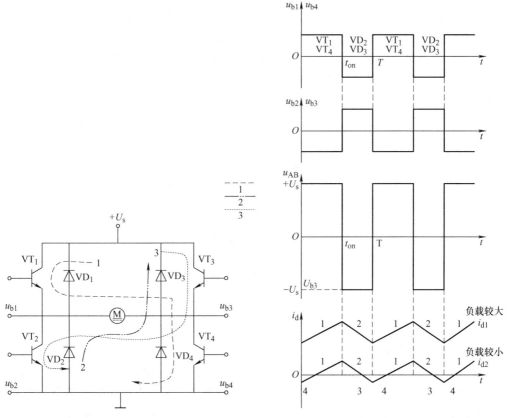

图 1-24　双极式 H 型 PWM 变换器原理图　　　图 1-25　双极式 PWM 变换器电压、电流波形图

在一个周期内,当 $0 \leqslant t < t_{on}$ 时,u_{b1} 和 u_{b4} 为正,晶体管 VT_1 和 VT_4 饱和导通;而 u_{b2} 和 u_{b3} 为负,VT_2 和 VT_3 截止。这时,电动机电枢 AB 两端电压 $u_{AB} = +U_s$,电枢电流 i_d 从电源 U_s 的正极→VT_1→电动机电枢→VT_4 到电源 U_s 的负极。

当 $t_{on} \leqslant t < T$ 时,u_{b1} 和 u_{b4} 变负,VT_1 和 VT_4 截止;u_{b2} 和 u_{b3} 变正,但 VT_2 和 VT_3 并不能立即导通,因为在电动机电枢电感向电源 U_s 释放能量的作用下,电流 i_d 沿回路 2 经 VD_2 和

VD_3 形成续流，在 VD_2 和 VD_3 上的压降使 VT_2 和 VT_3 的集电极 – 发射极间承受反压，当 i_d 过零后，VT_2 和 VT_3 导通，i_d 反向增加，到 $t = T$ 时 i_d 达到反向最大值，这期间电枢 AB 两端电压 $u_{AB} = -U_s$。

由于电枢两端电压 u_{AB} 的正负变化，使得电枢电流波形根据负载大小分为两种情况：

1）当负载电流较大时，电流 i_d 的波形如图 1-25 中的 i_{d1}，由于平均负载电流大，在续流阶段（$t_{on} < t < T$），电流仍维持正方向，电动机工作在正向电动状态。

2）当负载电流较小时，电流 i_d 的波形如图 1-25 中的 i_{d2}，由于平均负载电流小，在续流阶段，电流很快衰减到零。于是 VT_2 和 VT_3 的 c – e 极间反向电压消失，VT_2 和 VT_3 导通，电枢电流反向，i_d 从电源 U_s 正极→VT_2→电动机电枢→VT_3→电源 U_s 负极，电动机处在制动状态。同理，在 $0 \leqslant t < T$ 期间，电流也有一次倒向。

由于在一个周期内，电枢两端电压正负相间，即在 $0 \leqslant t < t_{on}$ 期间为 $+U_s$，在 $t_{on} < t < T$ 期间为 $-U_s$，所以称为双极性 PWM 变换器。利用双极性 PWM 变换器，只要控制其正负脉冲电压的宽窄，就能实现电动机的正转和反转。

当正脉冲较宽时（$t_{on} > T/2$），则电枢两端平均电压为正，电动机正转；当正脉冲较窄时（$t_{on} < T/2$），电枢两端平均电压为负，电动机反转。如果正负脉冲电压宽度相等（$t_{on} = T/2$），平均电压为零，则电动机停止。此时电动机的停止与四个晶体管都不导通时的停止是有区别的，四个晶体管都不导通时的停止是真正的停止。平均电压为零时的电动机停止，电动机虽然不动，但电动机电枢两端瞬时电压值和瞬时电流值都不为零，而是交变的，电流平均值为零，不产生平均力矩，但电动机带有高频微振，因此能克服静摩擦阻力，消除正反向的静摩擦死区。

双极式可逆 PWM 变换器电枢平均端电压可用公式表示为

$$U_d = \frac{t_{on}}{T} U_s - \frac{T - t_{on}}{T} U_s = \left(\frac{2t_{on}}{T} - 1 \right) U_s \tag{1-19}$$

以 $\rho = \dfrac{U_d}{U_s}$ 来定义 PWM 电压的占空比，则 ρ 与 t_{on} 的关系为

$$\rho = \frac{2t_{on}}{T} - 1 \tag{1-20}$$

调速时，其值变化范围变成 $-1 \leqslant \rho \leqslant 1$。当 ρ 为正值时，电动机正转；当 ρ 为负值时，电动机反转；当 $\rho = 0$ 时，电动机停止。

双极式 PWM 变换器的优点是：①电流连续；②可使电动机在四个象限中运行；③电动机停止时，有微振电流，能消除静摩擦死区；④低速时，每个晶体管的驱动脉冲仍较宽，有利于晶体管的可靠导通，平稳性好，调速范围大。缺点是：在工作过程中，四个大功率晶体管都处于开关状态，开关损耗大，且容易发生上下两管同时导通的事故，降低了系统的可靠性。为了防止双极式 PWM 变换器的上、下两管同时导通，一般在一管关断和另一管导通的驱动脉冲之间设置逻辑延时环节。

1.4.4　PWM 调速系统的特点

PWM 调速系统的脉宽调压与晶闸管调速系统的触发角方式调压相比，脉宽调压有以下优点：

　　1）电流脉动小。由于 PWM 调制频率高，电动机负载呈感性，这对电流脉动有平滑作用，波形系数接近于 1。

　　2）电路损耗小，装置效率高。主电路简单，所用的功率元件少。控制用的开关频率较高，对电网的谐波干扰小，电动机的损耗和发热都比较小。

　　3）频带宽、频率高。晶体管"结电容"小，开关频率远高于晶闸管的开关频率（约 50Hz），可达 2 ~ 10kHz，快速性好。

　　4）动态硬度好。抗正瞬态负载扰动能力强，频带宽，动态硬度高。

　　5）电网的功率因数较高。SCR 系统由于导通角的影响，使交流电源的波形发生畸变，因受高次谐波的干扰而降低了电源功率因数。而 PWM 系统的直流电源为不受控的整流输出，功率因数高。

第2章 交流伺服控制系统

你知道当前最主要的伺服系统是什么类型吗？有哪些优越性？由于直流伺服电动机存在机械结构复杂、维护工作量大等缺点，在运行过程中转子容易发热，影响了与其连接的其他机械设备的精度，难以应用到高速及大容量的场合，机械换向器成为直流伺服驱动技术发展的瓶颈。从 20 世纪 70 年代后期到 80 年代初期，随着微处理器技术、大功率高性能半导体功率器件技术和电动机永磁材料制造工艺的发展，交流伺服电动机和交流伺服控制系统逐渐成为主导产品。交流伺服电动机克服了直流伺服电动机存在的电刷、换向器等机械部件所带来的各种缺点，特别是交流伺服电动机的过负荷特性和低惯性体现出交流伺服系统的优越性。现代交流伺服系统，经历了从模拟到数字化的转变，现在数字控制已经无处不在，比如换相、电流、速度和位置控制均为数字控制，并采用了新型功率半导体器件、高性能数字信号处理器（DSP）加现场可编程门阵列（FPGA）以及伺服专用模块（如国际整流器公司推出的伺服控制专用引擎）。

现代交流伺服系统最早应用于航天和军事领域，如火炮、雷达控制，并逐渐进入到工业领域和民用领域。工业应用主要包括高精度数控机床、机器人和其他广义的数控机械，比如纺织机械、印刷机械、包装机械、医疗设备、半导体设备、邮政机械、冶金机械、自动化流水线和各种专用设备等。

本章主要介绍交流伺服电动机的工作原理及特性、交流伺服系统的组成及类型、交流调速相关技术等知识。

2.1 交流伺服电动机

交流伺服电动机在伺服系统中用作执行元件，其任务是将控制电信号快速地转换为转轴转动。输入的电压信号称为控制信号或控制电压，改变控制电压可以改变伺服电动机的转速及转向。自动控制系统对交流伺服电动机的要求主要有以下几点：

1）转速和转向应方便地受控制信号的控制，调速范围大。
2）整个运行范围内的特性应接近线性关系，保证运行的稳定性。
3）当控制信号消除时，伺服电动机应立即停转，即电动机无"自转"现象。
4）控制功率小，起动力矩大。
5）机电时间常数小，起动电压低。当控制信号变化时，反应快速灵敏。

2.1.1 交流伺服电动机结构与特点

交流伺服电动机的结构主要分为两大部分，即定子部分和转子部分。定子的结构与旋转变压器的定子基本相同，在定子铁心中也安放着空间互成 90° 电角度的两相绕组，如图 2-1 所示。其中 $L_1 - L_2$ 称为励磁绕组，$K_1 - K_2$ 称为控制绕组，所以交流伺服电动机是一种两相的交流电动机。转子的常用结构有笼型转子和非磁性杯型转子。

1. 笼型转子

笼型转子交流伺服电动机的结构如图 2-2 所示，转子由转轴、转子铁心和转子绕组等组成。如果去掉铁心，整个转子绕组形成一鼠笼状，"笼型转子"即由此得名。笼的材料有用铜的，也有用铝的。与非磁性杯形转子相比较，笼型转子体积小、质量轻、效率高，起动电压低，灵敏度高，激励电流较小，机械强度较高，可靠性好，能经受高温、振动和冲击等恶劣环境条件。但在低速运转时不够平滑，有抖动等现象。因此，在功率伺服控制系统中得到了广泛的应用。

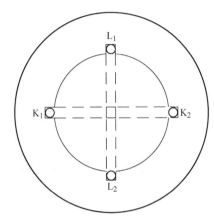

图 2-1　两相绕组分布图

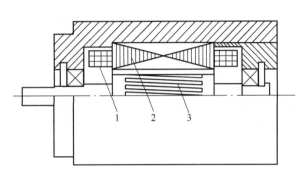

图 2-2　笼型转子交流伺服电动机
1—定子绕组　2—定子铁心　3—笼型转子

2. 非磁性杯型转子

非磁性杯型转子交流伺服电动机的结构如图 2-3 所示，外定子与笼型转子伺服电动机的定子完全一样，内定子由环形钢片叠成。通常内定子不放绕组，只是代替笼型转子的铁心，作为电动机磁路的一部分。在内、外定子之间有细长的空心转子装在转轴上，空心转子做成杯子形状，所以又称为空心杯型转子。空心杯由非磁性材料铝或铜制成，杯壁极薄，一般在 0.3mm 左右。杯型转子套在内定子铁心外，并通过转轴可以在内、外定子之间的气隙中自由转动，而内、外定子是不动的。

可见，杯型转子与笼型转子虽然外形上不一样，但在内部结构上，杯型转子可

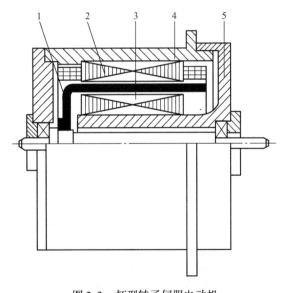

图 2-3　杯型转子伺服电动机
1—杯型转子　2—外定子　3—内定子　4—机壳　5—端盖

以看作是笼条数非常多、条与条之间彼此紧靠在一起的笼型转子，杯型转子的两端也可看作由短路环相连接。因此，杯型转子只是笼型转子的一种特殊形式。与笼型转子相比较，非磁性杯型转子惯量小，轴承摩擦阻转矩小，由于转子没有齿和槽，转子一般不会有抖动现象，

运转平稳。由于杯型转子内、外定子间气隙较大（杯壁厚度加上杯壁两边的气隙），所以励磁电流大，降低了电动机的利用率。另外，杯型转子伺服电动机结构和制造工艺比较复杂。因此，目前广泛应用的是笼型转子伺服电动机，只有在要求低噪声及运转非常平稳的某些特殊场合下，才采用非磁性杯型转子伺服电动机。

2.1.2　交流伺服电动机基本工作原理

交流伺服电动机使用时，在励磁绕组两端施加恒定的励磁电压 U_f，控制绕组两端施加控制电压 U_k，如图 2-4 所示。定子两相的轴线在空间互差 90°电角度绕组中，通入相位上互差 90°的电压，产生一旋转磁场。转子导体切割该磁场，从而产生感应电动势，该电动势在短路的转子导体中产生电流。转子载流导体在旋转磁场中受力，从而使得转子沿旋转磁场转向旋转。当无控制信号（控制电压）时，只有励磁绕组产生的脉动磁场，转子不能转动。

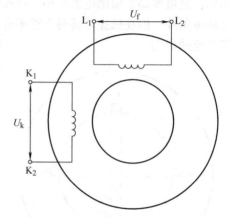

图 2-4　两相交流伺服电动机原理图

通常将有效匝数相等的两个绕组称为两相对称绕组，若在两相对称绕组上施加两个幅值相等且相位差 90°电角度的对称电压，则电动机处于对称状态。此时，两绕组在定子、转子之间的气隙中产生的合成磁势是一个圆形旋转磁场。若两个电压幅值不相等或相位差不为 90°电角度，则会得到一椭圆形旋转磁场。

设旋转磁场的转速为同步转速 n_s，其值只与电动机极数和电源频率有关，关系式为

$$n_s = \frac{60f}{P} \qquad (2\text{-}1)$$

式中　n_s——同步转速（r/min）；

　　　f——频率（Hz）；

　　　P——极对数。

于是，转子随旋转磁场旋转。转子的实际转速为 n，转差率 s 为

$$s = \frac{n_s - n}{n_s} \qquad (2\text{-}2)$$

可见：

1）当转子静止时，$s = 1$；

2）当转子以 n_s 转速逆旋转磁场旋转时，$s = 2$；

3）当转子以 n_s 转速顺旋转磁场旋转时，$s = 0$。

由于交流伺服电动机转速总是低于旋转磁场的同步转速，而且随着负载阻转矩值的变化而变化，因此交流伺服电动机又称为两相异步伺服电动机。

2.1.3　交流伺服电动机运行特性

下面介绍两相交流伺服电动机的主要运行特性。

1. 机械特性

机械特性是指转矩 T 和转速 n（转差率 s）的关系，称为电动机的机械特性，即

$T=f(s)$。不同大小转子电阻的异步电动机的机械特性如图 2-5 所示。T_d 为 $n=0$ 时的输出转矩。即堵转转矩从图 2-5 中的几条曲线形状的比较可看出，转子串阻越大，机械特性越接近直线（如图 2-5 中特性 3 比特性 2、1 更接近直线）但同步速和最大转矩不变，但临界转差率 S_m 增大，当恒转矩负载时，电机的转速随转子串电阻增大而减小。使用中往往对伺服电动机的机械特性非线性度有一定限制，为了改善机械特性线性度，必须提高转子电阻。具有大的转子电阻和下垂的机械特性是交流伺服电动机的主要特点。通常用有效系数来表示控制的效果，有效系数用 a_e 表示，定义为

$$a_\mathrm{e} = \frac{U_\mathrm{k}}{U_\mathrm{kn}} \tag{2-3}$$

式中　U_k——实际控制电压；

　　　　U_kn——额定控制电压。

当控制电压 U_k 在 $0 \sim U_\mathrm{kn}$ 变化时，有效信号系数 a_e 在 $0 \sim 1$ 之间变化。相同负载下，a_e 越大，电动机的转速越高。图 2-6 是幅值控制时，电动机不同 a_e 下的一组机械特性曲线族。

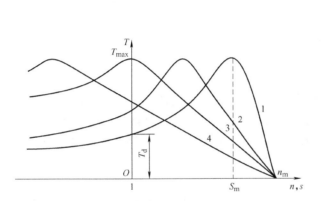

图 2-5　不同转子的机械特性（$R_4 > R_3 > R_2 > R_1$）

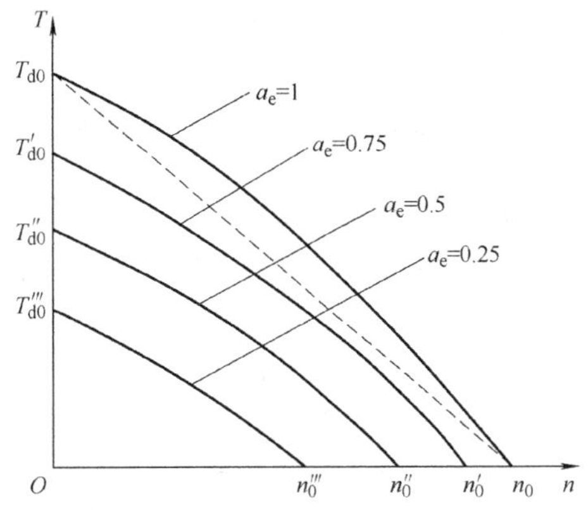

图 2-6　不同信号系数 a_e 时的机械特性

2. 输入、输出特性

输入特性是指电动机在一定的控制电压下，控制绕组和励磁回路的功率与转速的关系 $P_1 = f(s)$ 或输入电流与转速的关系 $I = f(s)$。输出特性是指在一定的控制电压下，电动机的输出功率与转速的关系 $P_2 = f(s)$。输入、输出特性曲线如图 2-7 所示。

3. 调节特性

对伺服电动机关心的是转速与控制电压信号的关系，为清楚表示转速随控制电压信号变化的关系，常用调节特性曲线表示。调节特性就是表示当输出转矩一定的情况下，转速与有效信号系数 a_e 的变化关系 $n = f(a_\mathrm{e})$。如图 2-8 所示，为不同转矩时的调节特性曲线。

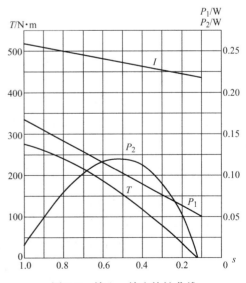

图 2-7　输入、输出特性曲线

4. 堵转特性

堵转特性是指伺服电动机堵转转矩与控制电压的关系曲线，即 $T_d = f(a_e)$ 曲线，如图 2-9 所示。不同有效信号系数 a_e 时的堵转转矩就是各条机械特性曲线与纵坐标的交点。如图 2-6 所示。

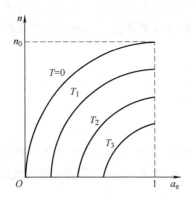
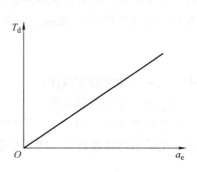

图 2-8　不同转矩下的调节特性曲线（$T_3 > T_2 > T_1 > T = 0$）　　　图 2-9　堵转特性曲线

2.1.4　交流伺服电动机主要性能指标

1. 空载始动电压 U_{s0}

在额定励磁电压和空载的情况下，使转子在任意位置开始连续转动所需的最小控制电压，定义为空载始动电压 U_{s0}，用额定控制电压的百分比来表示。U_{s0} 越小，表示伺服电动机的灵敏度越高。一般 U_{s0} 要求不大于额定控制电压的 3%～4%；使用于精密仪器仪表中的两相伺服电动机，有时要求不大于额定控制电压的 1%。

2. 机械特性非线性度 k_m

在额定励磁电压下，任意控制电压时的实际机械特性与线性机械特性在转矩 $T = T_d/2$ 时的转速偏差 Δn 与空载转速 n_0（对称状态时）之比的百分数，定义为机械特性非线性度，如图 2-10 所示，表达式为

$$k_m = \frac{\Delta n}{n_0} \times 100\% \tag{2-4}$$

3. 调节特性非线性度 k_v

在额定励磁电压和空载情况下，当 $a_e = 0.7$ 时，实际调节特性与线性调节特性的转速偏差 Δn 与 $a_e = 1$ 时的空载转速 n_0 之比的百分数定义为调节特性非线性度，如图 2-11 所示，表达式为

$$k_v = \frac{\Delta n}{n_0} \times 100\% \tag{2-5}$$

4. 堵转特性非线性度 k_d

在额定励磁电压下，实际堵转特性与线性堵转特性的最大转矩偏差 $(\Delta T_{dn})_{max}$ 与 $a_e = 1$ 时的堵转转矩 T_{d0} 之比值的百分数，定义为堵转特性非线性度，如图 2-12 所示，表达式为

$$k_d = \frac{(\Delta T_{dn})_{max}}{T_{d0}} \times 100\% \tag{2-6}$$

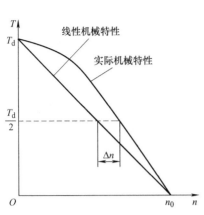

图 2-10　机械特性的非线性度

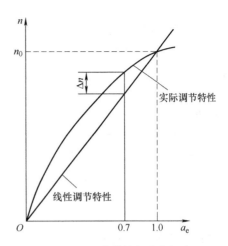

图 2-11　调节特性的非线性度

以上这几种特性的非线性度越小，特性曲线越接近直线，系统的动态误差就越小，工作就越准确，一般要求 $k_m \leqslant 10\% \sim 20\%$，$k_v \leqslant 20\% \sim 25\%$，$k_d \leqslant \pm 5\%$。

5. 机电时间常数 τ_j

当转子电阻相当大时，交流伺服电动机的机械特性接近于直线。如果把 $a_e = 1$ 时的机械特性近似地用一条直线代替，如图 2-6 中的虚线所示，那么与这条线性机械特性相对应的机电时间常数就与直流伺服电动机机电时间常数表达式相同。

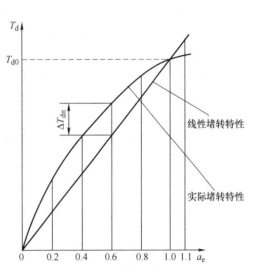

图 2-12　堵转特性的非线性度

$$\tau_j = \frac{J\omega_0}{T_{d0}} \qquad (2-7)$$

式中　　J——转子转动惯量；

　　　　ω_0——空载角速度；

　　　　T_{d0}——堵转转矩。

当电动机工作于非对称状态时，随着 a_e 的减小，相应的时间常数 τ_j 会变大。

2.1.5　交流伺服电动机主要技术数据

1. 型号说明

交流伺服电动机的型号说明主要包括机座号、产品代号、频率代号和性能参数序号四个部分。

例如：36SL04，其中，36 代表机座号：机壳外径 36mm；SL 代表产品代号：笼型转子伺服电动机；0 代表频率代号：400Hz；4 代表性能参数序号：第 4 种性能参数。

2. 电压

技术数据表中励磁电压和控制电压指的都是额定值。励磁绕组的额定电压一般允许变动

的范围为 ±5% 左右。电压太高，电动机会发热；电压太低，电动机的性能将变坏，如堵转转矩和输出功率明显下降，加速时间增长等。

当电动机作为电容伺服电动机使用时，励磁绕组两端电压高于电源电压，而且随转速升高而增大，其值如果超过额定值太多，会使电动机过热。控制绕组的额定电压有时也称为最大控制电压，在幅值控制条件下加上这个电压就能得到圆形旋转磁场。

3. 频率

目前控制电动机常用的频率有低频和中频两大类，低频为 50Hz（或 60Hz），中频为 400Hz（或 500Hz）。因为频率越高，涡流损耗越大，所以中频电动机的铁心用较薄的（0.2mm 以下）硅钢片叠成，以减少涡流损耗；低频电动机则用 0.35～0.5mm 的硅钢片。一般情况下，低频电动机不应该用中频电源，中频电动机也不应该用低频电源，否则电动机性能会变差。

4. 堵转转矩和堵转电流

定子两相绕组加上额定电压，转速等于 0 时的输出转矩，称为堵转转矩。这时流经励磁绕组和控制绕组的电流分别称为堵转励磁电流和堵转控制电流。堵转电流通常是电流的最大值，可作为设计电源和放大器的依据。

5. 空载转速

定子两相绕组加上额定电压，电动机不带任何负载时的转速称为空载转速 n_0，空载转速与电动机的极数有关。由于电动机本身阻转矩的影响，空载转速略低于同步速。

6. 额定输出功率

当电动机处于对称状态时，输出功率 P_2 随转速 n 变化的情况如图 2-13 所示。当转速接近空载转速 n_0 的一半时，输出功率最大。通常就把这点规定为交流伺服电动机的额定状态。

电动机可以在这个状态下长期连续运转而不过热。这个最大的输出功率就是电动机的额定功率 P_{2n}，对应这个状态下的转矩和转速称为额定转矩 T_n 和额定转速 n_n。

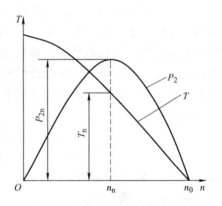

图 2-13　伺服电动机的额定状态

2.2　交流伺服系统

2.2.1　交流伺服系统组成

交流伺服系统如图 2-14 所示，通常由交流伺服电动机，功率变换器，速度、位置传感器及位置、速度、电流控制器等组成。

交流伺服系统具有电流反馈、速度反馈和位置反馈三闭环结构形式，其中电流环和速度环为内环（局部环），位置环为外环（主环）。电流环的作用是使电动机绕组电流实时、准确地跟踪电流指令信号，限制电枢电流在动态过程中不超最大值，使系统具有足够大的加速转矩，提高系统的快速性。速度环的作用是增强系统抗负载扰动的能力，抑制速度波动，实现稳态无静差。位置环的作用是保证系统静态精度和动态跟踪的性能，这直接关系到交流伺

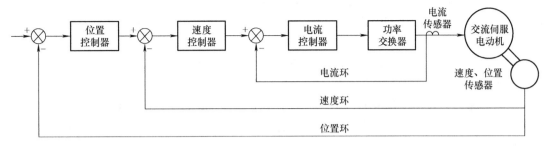

图 2-14 交流伺服系统

服系统的稳定性和能否高性能运行，是设计的关键所在。

当传感器检测的是电动机输出轴的速度、位置时，系统称为半闭环系统；当检测的是负载的速度、位置时，称为闭环系统；当同时检测输出轴和负载的速度、位置时，称为多重反馈闭环系统。

1. 交流伺服电动机

交流伺服电动机的电动机本体为三相永磁同步电动机或三相笼型感应电动机，其功率变换器采用三相电压型 PWM 逆变器。在数十瓦的小容量交流伺服系统中，也有采用电压控制两相高阻值笼型感应电动机作为执行元件的，这种系统称为两相交流伺服系统。

采用三相永磁同步电动机的交流伺服系统，相当于把直流电动机的电刷和换向器置换成由功率半导体器件构成的开关，因此又称为无刷直流伺服电动机；交流伺服电动机单指采用了三相笼型感应电动机的伺服电动机，当把两者都叫作交流伺服电动机时，通常称前者为同步型交流伺服电动机，称后者为感应型交流伺服电动机。

（1）同步型交流伺服电动机

交流伺服电动机中最为普及的是同步型交流伺服电动机，其励磁磁场由转子上的永磁体产生，通过控制三相电枢电流，使其合成电流矢量与励磁磁场正交而产生转矩。由于只需控制电枢电流就可以控制转矩，因此比感应型交流伺服电动机控制简单。而且利用永磁体产生励磁磁场，特别是数千瓦的小容量同步型交流伺服电动机比感应型效率更高。

在伺服系统中，有时要求在出现异常时进行制动，由于同步型交流伺服电动机的转子上有永磁体，用接触器和电阻把电枢绕组短路，就可以实现制动。

（2）感应型交流伺服电动机

近年来，随着电力电子技术、微处理器技术与磁场定向控制技术的快速发展，使感应电动机可以达到与他励式直流电动机相同的转矩控制特性，再加上感应电动机本身价格低廉、结构坚固及维护简单，因此感应电动机在高精密速度及位置控制系统中得到越来越广泛的应用。感应型交流伺服电动机的转矩控制比同步型复杂，但是电动机本身结构坚固，主要应用于较大功率的伺服系统中。

2. 功率变换器

交流伺服系统功率变换器的主要功能是根据控制电路的指令，将电源单元提供的直流电能转变为伺服电动机电枢绕组中的三相交流电流，以产生所需要的电磁转矩。功率变换器主要包括功率变换主电路、控制电路和驱动电路等。

功率变换主电路主要由整流电路、滤波电路和逆变电路三部分组成。为了保证逆变电路的功率开关器件能够安全、可靠地工作，对于高压、大功率的交流伺服系统，有时需要有抑制电压、电流尖峰的"缓冲电路"。另外，对于频繁运行于快速正反转状态的伺服系统，还需要有消耗多余再生能量的"制动电路"。

控制电路主要由运算电路、PWM 生成电路、检测信号处理电路、输入/输出电路和保护电路等构成，其主要作用是完成对功率变换主电路的控制和实现各种保护功能等。

驱动电路的主要作用是根据控制信号对功率半导体开关器件进行驱动，并为交流伺服电动机及其控制器件提供保护，主要包括开关器件的前级驱动电路和辅助开关电源电路等。

3. 传感器

在伺服系统中，需要对伺服电动机的绕组电流及转子速度、位置进行检测，以构成电流环、速度环和位置环，因此需要相应的传感器及其信号变换电路。

电流检测通常采用电阻隔离检测或霍尔电流传感器。直流伺服电动机只需一个电流环，而交流伺服电动机（两相交流伺服电动机除外）则需要两个或三个电流环。其构成方法也有两种：一种是交流电流直接闭环；另一种是把三相交流变换为旋转正交双轴上的矢量之后再闭环，这就需要一个能把电流传感器的输出信号进行坐标变换的接口电路。

速度检测可采用无刷测速发电机、增量式光电编码器、磁编码器或无刷旋转变压器。

位置检测通常采用绝对式光电编码器或无刷旋转变压器，也可采用增量式光电编码器进行位置检测。由于无刷旋转变压器具有既能进行转速检测又能进行绝对位置检测的优点，且抗机械冲击性能好，可在恶劣环境下工作，在交流伺服系统中的应用日趋广泛。

4. 控制器

在交流电动机伺服系统中，控制器的设计直接影响着伺服电动机的运行状态，从而在很大程度上决定了整个系统的性能。

交流电动机伺服系统通常有两类，一类是速度伺服系统；另一类是位置伺服系统。前者的伺服控制器主要包括电流（转矩）控制器和速度控制器，后者还要增加位置控制器。其中电流（转矩）控制器是最关键的环节，因为无论是速度控制还是位置控制，最终都将转化为对电动机的电流（转矩）控制。电流环的响应速度要远远大于速度环和位置环。为了保证电动机定子电流响应的快速性，电流控制器的实现不应太复杂，这就要求其设计方案必须恰当，使其能有效地发挥作用。对于速度和位置控制，由于时间常数较大，因此可借助计算机技术实现许多较复杂的基于现代控制理论的控制策略，从而提高伺服系统的性能。

（1）电流控制器

电流环由电流控制器和逆变器组成，其作用是使电动机绕组电流实时、准确地跟踪电流指令信号。为了能够快速、精确地控制伺服电动机的电磁转矩，在交流伺服系统中，需要分别对永磁同步电动机（或感应电动机）的直轴 d（或 M 轴）和交轴 q（或 T 轴）电流进行控制。q 轴电流指令来自于速度环的输出；d 轴电流指令直接给定，或者由磁链控制器给出。将电动机的三相反馈电流进行 3/2 旋转变换，得到 d、q 轴的反馈电流。d、q 轴的给定电流和反馈电流的差值，通过电流控制器得到给定电压，再根据 PWM 算法产生 PWM 信号。

（2）速度控制器

速度环的作用是保证电动机的转速与速度指令值一致，消除负载转矩扰动等因素对电动机转速的影响。速度指令与反馈的电动机实际转速相比较，其差值通过速度控制器直接产生 q 轴指令电流，并进一步与 d 轴电流指令共同作用，控制电动机加速、减速或匀速旋转，使电动机的实际转速与指令值保持一致。速度控制器通常采用的是 PI 控制方式，对于动态响应、速度恢复能力要求特别高的系统，可以考虑采用变结构（滑模）控制方式或自适应控制方式等。

（3）位置控制器

位置环的作用是产生电动机的速度指令并使电动机准确定位和跟踪。通过比较设定的目标位置与电动机的实际位置，利用其偏差通过位置控制器产生电动机的速度指令，当电动机起动后在大偏差区域，产生最大速度指令，使电动机加速运行后以最大速度恒速运行；在小偏差区域，产生逐次递减的速度指令，使电动机减速运行直至最终定位。为避免超调，位置环的控制器通常设计为单纯的比例（P）调节器。为了系统能实现准确的等速跟踪，位置环还应设置前馈环节。

2.2.2 交流伺服系统的类型

交流伺服系统的分类方法有多种，按控制方式分类，与一般伺服系统相同，有开环伺服系统、闭环伺服系统和半闭环伺服系统；按伺服系统控制信号的处理方法分，有模拟控制方式、数字控制方式、数字模拟混合控制方式和软件伺服控制方式等。

1. 模拟控制方式

模拟控制交流伺服系统的显著标志是其调节器及各主要功能单元由模拟电子器件构成，偏差的运算及伺服电动机的位置信号、速度信号均用模拟信号控制。系统中的输入指令信号、输出控制信号及转速和电流检测信号都是连续变化的模拟量，因此控制作用是连续施加于伺服电动机上的。

模拟控制方式的特点是：

1）控制系统的响应速度快，调速范围宽。

2）容易与常见的输出模拟速度指令的 CNC（Computerized Numerical Control）接口。

3）系统状态及信号变化易于观测。

4）系统功能由硬件实现，易于掌握，有利于使用者进行维护、调整。

5）模拟器件的温漂和分散性对系统的性能影响较大，系统的抗干扰能力较差。

6）难以实现较复杂的控制算法，系统缺少柔性。

2. 数字控制方式

数字控制交流伺服系统的明显标志是其调节器由数字电子器件构成，目前普遍采用的是微处理器、数字信号处理器（DSP）及专用 ASIC（Application Specific Integrated Circuit）芯片。系统中的模拟信号需经过离散化后，以数字量的形式参与控制。

以微处理器技术为基础的数字控制方式的特点是：

1）系统的集成度较高，具有较好的柔性，可实现软件伺服。

2）温度变化对系统的性能影响小，系统的重复性好。

3）易于应用现代控制理论，实现较复杂的控制策略。

4）易于实现智能化的故障诊断和保护，系统具有较高的可靠性。

5）容易与采用计算机控制的系统相接。

3. 数字—模拟混合控制方式

由于数字控制方式的响应速度由微处理器的运算速度决定，在现有技术条件下，要实现包括电流调节器在内的全数字控制，就必须采用 DSP 等高性能微处理器芯片，这导致全数字控制系统结构复杂、成本较高。为满足电流调节快速性的要求，全数字控制永磁交流伺服系统产品中，电流调节器已数字化，但其控制策略一般仍采用 PD 调节方式，同时考虑到系统中模拟传感器（如电流传感器）的温漂和信号噪声的干扰及其数字化时引起的误差的影响，全数字化控制在性价比上并没有明显的优势。目前永磁交流伺服系统产品中常用的是数模混合式控制方式，即伺服系统的内环调节器（如电流调节器）采用模拟控制，外环调节器（如速度调节器和位置调节器）采用数字控制。数模混合式控制兼有数字控制的高精度高柔性和模拟控制的快速性低成本的优点，成为现有技术条件下满足机电一体化产品发展对高性能伺服驱动系统需求的一种较理想的伺服控制方式，在数控机床和工业机器人等机电一体化装置中得到了较为广泛的应用。

4. 软件伺服控制方式

位置与速度反馈环的运算处理全部由微处理器进行处理的伺服控制，称为软件伺服控制。脉冲编码器、测速发电机检测到的电动机的转角和速度信号输入到微处理器内，微处理器中的运算程序对上述信号按照采样周期进行运算处理后，发出伺服电动机的驱动信号，对系统实施伺服控制。这种伺服控制方法不但硬件结构简单，而且软件可以灵活地对伺服系统做各种补偿。但是，因为微处理器的运算程序直接插入到伺服系统中，所以若采样周期过长，对伺服系统的特性有影响，不但会使控制性能变差，还会使伺服系统变得不稳定。这就要求微处理器具有高速运算和高速处理的能力。基于微处理器的全数字伺服（软件伺服）控制器与模拟伺服控制器相比，具有以下优点：

1）控制器硬件体积小、成本低。随着高性能、多功能微处理器的不断涌现，伺服系统的硬件成本变得越来越低。体积小、重量轻及耗能少是数字类伺服控制器的共同优点。

2）控制系统可靠性高。集成电路和大规模集成电路的平均无故障时间（MBF）远比分立器件电子电路要长；在电路集成过程中采用有效的屏蔽措施，可以避免主电路中过大的瞬态电流、电压引起的电磁干扰问题。

3）系统稳定性好、控制精度高。数字电路温漂小，不存在参数的影响。

4）硬件电路标准化容易。可以设计统一的硬件电路，软件采用模块化设计，组合构成适用于各种应用对象的控制算法，满足不同的用途。软件模块可以方便地增加、更改、删减或者当实际系统变化时彻底更新。

5）系统控制灵活性好，智能化程度高。高性能微处理器的广泛应用，使信息的双向传递能力大大增强，容易和上位机联网运行，可随时改变控制参数；提高了信息监控、通信、诊断、存储及分级控制的能力，使伺服系统趋于智能化。

6）控制策略更新、升级能力强。随着微处理器芯片运算速度和存储容量的不断提高，性能优异但算法复杂的控制策略有了实现的基础，为高性能伺服控制策略的实现提供了可能性。

2.3　交流电动机的速度控制

2.3.1　交流传动与交流伺服

交流电动机控制系统是以交流电动机为执行元件的位置、速度或转矩控制系统的总称。

按照传统的习惯，只进行转速控制的系统称为"传动系统"，而能实现位置控制的系统称为"伺服系统"。

交流传动系统通常用于机械、矿山、冶金、纺织、化工和交通等行业，使用较普遍。交流传动系统一般以感应电动机为对象，变频器是当前常用的控制装置。交流伺服系统主要用于数控机床、机器人和航天航空等需要大范围调速与高精度位置控制的场合，其控制装置为交流伺服驱动器，驱动电动机为专门生产的交流伺服电动机。

调速是交流传动与交流伺服系统的共同要求。根据前面交流伺服电动机工作原理分析，电动机的实际转速为

$$n = \frac{60f(1-s)}{p} \tag{2-8}$$

由式(2-8)可知，改变三个参数中的任意一个，均可改变电动机的转速，因此，交流电机常用的调速方法有变极（p）调速、变转差（s）调速和变频（f）调速。

2.3.2 交流电动机速度调节

1. 变极调速

变极调速通过转换感应电动机的定子绕组的接线方式(丫-丫丫、△-丫丫)，变换了电动机的磁极数，改变的是电动机的同步转速，它只能进行有限级（一般为 2 级）变速，故只能用于简单变速或辅助变速，且需要使用专门的变极电动机。

2. 变转差调速

变转差调速系统主要由定子调压、转子变阻、滑差调节和串级调速等装置组成。因此变转差调速又可分为定子调压调速、转子变阻调速和串级调速等方式。由于组成装置均为大功率部件，其体积大、效率低、成本高，且调速范围、调速精度及经济性等指标均较低。因此，随着变频器、交流伺服驱动器的应用与普及，变频调速已经成为交流电动机调速技术的发展趋势。

3. 变频调速

交流伺服系统的速度调节同样可采用变频技术，但使用的是中小功率交流永磁同步电动机，可实现电动机位置（转角）、转速和转矩的综合控制。与感应电动机相比，交流伺服电动机的调速范围更大，调速精度更高，动态特性更好。但由于永磁同步电动机的磁场无法改变，因此，原则上只能用于机床的进给驱动、起重机等恒转矩调速的场合。很少用于诸如机床主轴、卷取控制等恒功率调速的场合。

对交流电动机控制系统来说，无论速度控制还是位置或转矩控制，都需要调节电动机转速，因此，变频是所有交流电动机控制系统的基础，而电力电子器件、晶体管脉宽调制（PWM）技术和矢量控制理论则是实现变频调速的关键技术。

2.3.3 交流调速技术

1. 晶闸管调压调速技术

晶闸管调压调速控制系统的结构如图 2-15 所示（图中 ST 为转速调节器，CF 为触发器，SF 为转速反馈环节，G 为测速发电机）。通过晶闸管调压电路改变感应电动机的定子电压，从而改变磁场的强弱，使转子产生的感应电动势发生相应变化，因而转子的短路电流也发生

相应改变,转子所受到的电磁转矩随之变化。如果电磁转矩大于负载转矩,则电动机加速;反之,电动机减速。该技术主要应用于短时或重复短时调速的设备上。

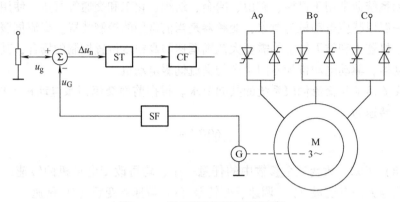

图 2-15　晶闸管调压调速原理图

　　图 2-15 的电路是采用丫联结的三相调压电路,控制方式为转速负反馈的闭环控制。反馈电压 u_G 与 u_g 比较得到转速差电压 Δu_n,用 Δu_n 通过转速调节器控制晶闸管的导通角。改变 u_g 的值即可改变感应电动机的定子电压和电动机的转速,当 $u_g > u_G$,调压器的控制角因 $\Delta u_n = u_g - u_G$ 的增加而变小,输出电压提高,转速升高,至 $u_g = u_G$ 才会稳定转速;反之上述过程向反方向进行。

　　闭环调压调速系统可得到比较硬的机械特性,如图 2-16 所示。当电网电压或负载转矩出现波动时,转速不会因扰动出现大幅度波动。当转差率 $s = s_1$(图 2-16 中 a 点)时,随着负载转矩由 T_1 变为 T_2 时,若是开环控制,转速将下降到 b 点;若是闭环控制,随着转速下降,u_G 下降而 u_g 不变,则 Δu_n 变大,调压器的控制角前移,输出电压由 u_1 上升到 u_2,电动机的转速上升到 c 点,这对减少低速运行时的静差度、增大调速范围是有利的。

　　晶闸管调压调速在低速时感应电动机的转差功率损耗大,运行效率低,调速性能差;采用相位控制方式时,电压为非正弦,电动机电

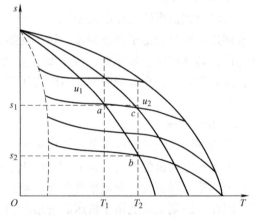

图 2-16　速度-转矩特性

流中存在较大的高次谐波,电动机产生附加谐波损耗,电磁转矩因谐波的存在而发生脉动,对输出转矩有较大的影响。因此,晶闸管电压调速往往只能用在有限的场合。

2. 转子串电阻调速技术

　　转子串电阻调速是改变转子的电阻大小,进而调节交流电动机的转速。对于线绕式交流异步电动机,如果在转子回路中串联附加电阻,电动机的工作特性变软,但由于定子绕组上的输入电压没有改变,因此电动机能够承受的最大转矩基本得到维持。从机械特性来看,电磁转矩与转子等效电阻有非线性的关系,改变其大小会改变电磁转矩的值,从而实现调速。

　　这种调速方法虽然简单方便,却存在着以下缺点:

1）串联电阻通过的电流较大，难以采用滑线方式，更无法以电气控制的方式进行控制，因此调速只能是有级的。

2）串联较大附加电阻后，电动机的机械特性变得很软。低速运转时，只要负载稍有变化，转速的波动就很大。

3）电动机在低速运转时，效率甚低，电能损耗很大。异步电动机经气隙传送到转子的电磁功率中只有一部分成为机械输出功率，其他则被串联在转子回路中的电阻所消耗，以发热的形式浪费掉了。因此，转子串电阻调速方式的工作总效率往往低于 50%，而且转速愈低，效率更差。从节能的角度来看，这种调速方法性能很低。对于大、中容量的绕线转子异步电动机，若要求长期在低速下运转，不宜采用这种低效率的能耗调速方法。

3. 晶闸管串级调速技术

若在转子回路串电阻调速原理的基础上，使电动机转子回路串联接入与转子电势同频率的附加电势，通过改变该电势的幅值和相位，同样可实现调速。这样，电动机在低速运转时，转子中的转差功率只是小部分在转子绕组本身的内阻上消耗掉，而转差功率的大部分被串入的附加电势所吸收，利用装置，将所吸收的这部分转差功率回馈入电网，就能够使电动机在低速运转时仍具有较高的效率。这种方法称为串级调速方法。

图 2-17 为晶闸管串级调速系统主回路的接线图，在被调速电动机 M 的转子绕组回路上接入一个受三相桥式晶闸管网络控制的直流-交流逆变电路，使电动机根据需要将运转中的一部分能量回馈到供电电网中去，同时达到调速的目的。

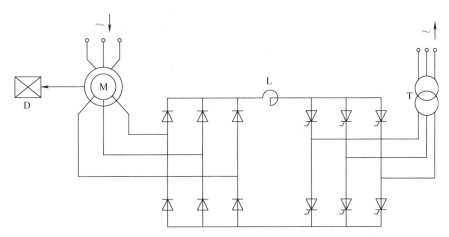

图 2-17 晶闸管串级调速系统主回路

D—电动机的负载 T—三相隔离变压器

4. 变频调速技术

交流电的交变频率是决定交流电动机工作转速的基本参数。因此，直接改变和控制供电频率应当是控制交流伺服电动机的最有效方法，它直接调节交流电动机的同步转速，控制的切入点直接而明确，变频调速的调速范围宽，平滑性好，具有优良的动、静态特性，是一种理想的高效率、高性能的调速手段。

对交流电动机进行变频调速，需要一套变频电源，过去大多采用旋转变频发电机组作为电源，但设备庞大、可靠性差。随着晶闸管及各种大功率电力电子器件如 GTR、TOMOSFET

和 IGBT 等的问世，各种静止变频电源得到了迅速发展，具有重量轻、体积小、维护方便、惯性小和效率高等优点。以普通晶闸管构成的方波形逆变器被全控型高频率开关组成的 PWM 逆变器取代后，正弦波脉宽调制 SPWM 逆变器及其专用芯片得到普遍应用。下面详细叙述 SPWM 逆变器技术。

2.4　正弦波脉宽调制（SPWM）逆变器

为了更好地控制异步电动机的速度，不但要求变频器的输出频率和电压大小可调，而且要求输出波形尽可能接近正弦波。当用一般变频器对异步电动机供电时，存在谐波损耗和低速运行时出现转矩脉动的问题。为了提高电动机的运行性能，要求采用对称的三相正弦波电源为三相交流电动机供电。因而人们期望变频器输出波形为纯粹的正弦波形。随着电力电子技术的发展，各种半导体开关器件的可控性和开关频率获得了很大的发展，使得这种期望得以实现。

2.4.1　工作原理

在采样控制理论中有一个重要结论，冲量（窄脉冲的面积）相等而形状不同的窄脉冲加在具有惯性的环节上时，其效果基本相同。该结论是 PWM 控制的重要理论基础。将图 2-18a 所示的正弦波分成 N 等份，即把正弦半波看成由 N 个彼此相连的脉冲所组成。这些脉冲宽度相等，为 π/N，但幅值不等，其幅值是按正弦规律变化的曲线。把每一等份的正弦曲线与横轴所包围的面积都用一个与此面积相等的等高矩形脉冲代替，矩形脉冲的中点与正弦脉冲的中点重合，且使各矩形脉冲面积与相应各正弦部分面积相等，得到如图 2-18b 所示的脉冲序列。根据上述冲量相等效果相同的原理，该矩形脉冲序列与正弦半波是等效的。同样，正弦波的负半周也可用相同的方法等效。由图 2-18 可见，各矩形脉冲在幅值不变的条件下，其宽度随之发生变化。这种脉冲的宽度按正弦规律变化并和正弦波等效的矩形脉冲序列，称为 SPWM（Sinusoidal PWM）波形。

图 2-18b 的矩形脉冲序列就是所期望的变频器输出波形，通常将输出为 SPWM 波形的变频器称为 SPWM 型变频器。显然，当变频器各开关器件工作在理想状态时，驱动相应开关器件的信号应为与图 2-18b 形状相似的一系列脉冲波形。由于各脉冲的幅值相等，所以逆变器可由恒定的直流电源供电，即变频器中的变流器采用不可控的二极管整流器就可以了。从理论上讲，这一系列脉冲波形的宽度可以严格地用计算方法求得，作为控制逆变器中各开关器件通断的依据。但在实际运用中以所期望的波形作为调制波，而受它调制的信号称为载波。通常采用等腰三角形作为载波，因为等腰三角波是上下宽度线性对称变化的，当它与任何一条光滑的曲线相交时，在交点的时刻控制开关器件的通断，即可得到一组等幅而脉冲宽度正比于该曲线函数值的矩形脉冲，这正是 SPWM 所需

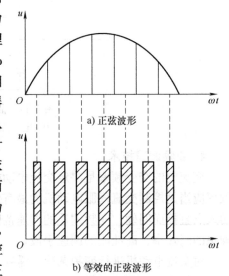

a) 正弦波形

b) 等效的正弦波形

图 2-18　与正弦波等效的等幅脉冲序列波

要的结果，图 2-19a 是 SPWM 变频器的主回路。图中，$VT_1 \sim VT_6$ 为逆变器的 6 个功率开关器件（以 GTR 为例），$VD_1 \sim VD_6$ 为用于处理无功功率反馈的二极管。整个逆变器由三相整流器提供的恒值直流电压供电。

图 2-19b 是控制电路，一组三相对称的正弦参考电压信号 u_{rA}、u_{rB}、u_{rC} 由参考信号发生器提供，其频率决定逆变器输出的基波频率，应在所要求的输出频率范围内可调；幅值也可在一定范围内变化，以决定输出电压的大小。三角波载波信号 u_t 是共用的，分别与每相参考电压比较后，给出"正"或"零"的饱和输出，产生 SPWM 脉冲序列波 u_{dA}、u_{dB}、u_{dC}，作为逆变器功率开关器件的输出控制信号。

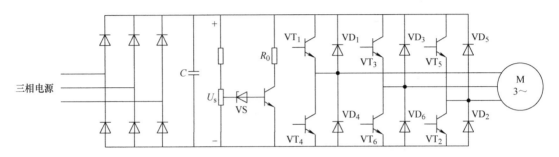

a) SPWM 变频器的主回路

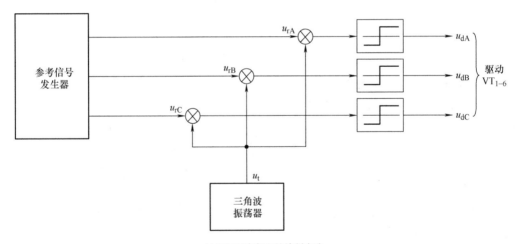

b) SPWM 变频器的控制电路

图 2-19　SPWM 变频器的主回路和控制电路

控制方式可以是单极式，也可以是双极式。采用单极式控制时，在正弦波的半个周期内，每相只有一个功率开关开通或关断。其调制情况如图 2-20 所示，首先由同极性的三角波调制电压 u_t 与参考电压 u_r 比较，如图 2-20a 所示，产生单极性的 SPWM 脉冲波如图 2-20b 所示，负半周用同样方法调制后再倒向而成。如图 2-20c 和图 2-20d 所示。

采用双极式控制时，在同一桥臂上下两个功率开关交替通断，处于互补的工作方式，其调制情况如图 2-21 所示。

由图 2-20 单极性脉宽调制模式（单相）和图 2-21 双极性脉宽调制模式（单相）可见，输

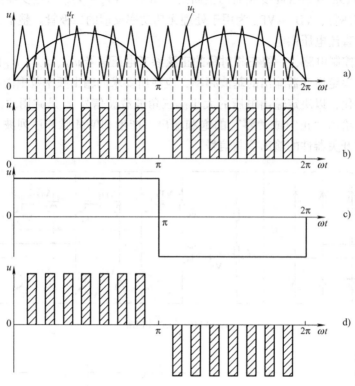

图 2-20　单极性脉宽调制模式(单相)

出电压波形是等幅不等宽，而且两侧窄中间宽的脉冲，输出基波电压的大小和频率，是通过改变正弦参考信号的幅值和频率而改变的。

2.4.2　调制方式

在 SPWM 逆变器中，三角波电压频率 f_t 与参照波电压频率（即逆变器的输出频率） f_r 之比 $N=f_t/f_r$，称为载波比，也称为调制比。根据载波比的变化与否，PWM 调制方式可分为同步式、异步式和分段同步式。

1. 同步调制方式

载波比 N 等于常数时的调制方式称同步调制方式。同步调制方式在逆变器输出

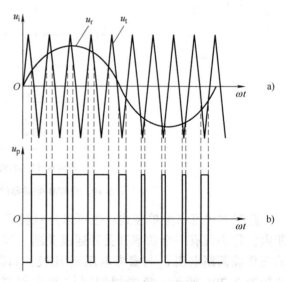

图 2-21　双极性脉宽调制模式(单相)

电压每个周期内，采用的三角波电压数目是固定的，因而所产生的 SPWM 脉冲数是一定的。其优点是在逆变器输出频率变化的整个范围内，皆可保持输出波形的正、负半波完全对称，只有奇次谐波存在，而且能严格保证逆变器输出三相波形之间具有 120°相位移的对称关系。缺点是：当逆变器输出频率很低时，每个周期内的 PWM 脉冲数过少，低频谐波分量较大，

使负载电动机产生转矩脉动和噪声。

2. 异步调制方式

为消除上述同步调制的缺点，可以采用异步调制方式。即在逆变器的整个变频范围内，载波比 N 不是一个常数。一般在改变参照波频率 f_r 时，保持三角波频率 f_t 不变，因而提高了低频时的载波比，这样逆变器输出电压每个周期内 PWM 脉冲数可随输出频率的降低而增加，相应地可减少负载电动机的转矩脉动与噪声，改善了调速系统的低频工作特性。但异步控制方式在改善低频工作性能的同时，又失去了同步调制的优点。当载波比 N 随着输出频率的降低而连续变化时，它不可能总是 3 的倍数，势必使输出电压波形及其相位都发生变化，难以保持三相输出的对称性，因而引起电动机工作不平稳。

3. 分段同步调制方式

实际应用中，多采用分段同步调制方式，它集同步和异步调制方式之所长，并且克服了两者的不足。在一定频率范围内采用同步调制，以保持输出波形对称的优点，在低频运行时，使载波比有级地增大，以采纳异步调制的长处，这就是分段同步调制方式。具体地说，把整个变频范围划分为若干频段，在每个频段内都维持 N 恒定，对不同的频段取不同的 N 值，频率低时，N 值取大些。采用分段同步调制方式，需要增加调制脉冲切换电路，从而增加控制电路的复杂性。

2.4.3　SPWM 波的形成

SPWM 波就是根据三角载波与正弦调制波的交点来确定功率器件的开关时刻，从而得到幅值不变而宽度按正弦规律变化的一系列脉冲。开关点的算法可分为两类：一是采样法，二是最佳法。采样法是从载波与调制波相比较产生 SPWM 波的思路出发，导出开关点的算法，然后按此算法实时计算或离线算出开关点，通过定时控制，发出驱动信号的上升沿或下降沿，形成 SPWM 波。最佳法则是预先通过某种指标下的优化计算，求出 SPWM 波的开关点，其突出优点是可以预先去掉指定阶次的谐波。最佳法计算的工作量很大，一般要先离线算出最佳开关点，以表格形式存入内存，运行时再查表进行定时控制，发出 SPWM 信号。

通常产生 SPWM 波形的方法主要有两种：一种是利用微处理器计算查表得到，这种算法比较复杂；另一种是利用专用集成电路（ASIC）产生 PWM 脉冲，不需或只需少量编程，使用起来较为方便。如 MOTOROLA 公司生产的交流电动机微控制器集成芯片 MC3PHAC，就是为满足三相交流电动机变速控制系统需求专门设计的，其引脚排列如图 2-22 所示。

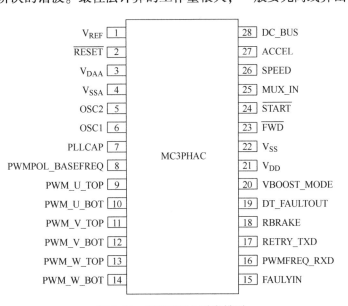

图 2-22　MC3PHAC 引脚排列

　　MC3PHAC 有 3 种封装方式，图 2-22 采用的是 28 个引脚的 DIP 封装。MC3PHAC 主要组成部分有：引脚 9～14 组成了 6 个输出脉冲宽度调制器（PWM）驱动输出端；MUX_IN、SPEED、ACCEL 和 DC_BUS 在标准模式下为输出引脚，指示 PWM 的极性和基频，在其他情况为模拟量输入，MC3PHAC 内置 4 通道模拟/数字转换器（ADC）；PWMFREQ_RXD、RETRY_TXD 为串行通信接口引脚；引脚 OSC1 和 OSC2 组成了锁相环（PLL）系统振荡器和低功率电源电压检测电路。

　　芯片 MC3PHAC 能实现三相交流电动机 V/F 开环速度控制、正/反转、起/停运动、系统故障输入、低速电压提升和上电复位（POR）等控制功能。该器件有如下特点：

　　1）V/F 速度控制。MC3PHAC 可按需要提升低速电压，调整 V/F 速度控制特性。

　　2）DSP（数字信号处理器）滤波。

　　3）32 位运算，使速度分辨率增大 4MHz 高精度操作得到平滑运行。

　　4）6 相输出脉宽调制器（PWM）。

　　5）三相波形输出：MC3PHAC 产生控制三相交流电动机需要的 6 个 PWM 信号。三次谐波信号叠加到基波频率上，充分利用总线电压，和纯正弦波调制相比较，最大输出幅值增加 15%。

　　6）4 通道模拟/数字转换器（ADC）。

　　7）串行通信接口（SCI）。

　　8）欠电压检测。

第3章 电气传动基础知识

当前全球许多国家的工业生产已非常现代化，这经历了漫长的发展过程，主要分为三个阶段：第一次工业革命阶段、第二次工业革命阶段和第三次工业革命阶段。工业革命又叫产业革命。

第一次工业革命从18世纪60年代开始，标志是瓦特改良的蒸汽机。蒸汽机的广泛使用使人类社会由工场手工业过渡到大机器生产，人类从此进入了"蒸汽时代"。

第二次工业革命从19世纪70年代开始，以电力的广泛应用为显著特点，人类从此进入了"电气时代"。在电力的使用中，发电机和电动机是两个相互关联的重要组成部分。发电机是将机械能转化为电能，电动机则是将电能转化为机械能。发电机原理的基础是1819年丹麦人奥斯特发现的电流的磁效应以及1831年英国科学家法拉第发现的电磁感应现象。1866年德国人西门子制成了自激式的直流发电机，但这种发电机还不够完善。经过许多人的努力，发电机逐步得到改进，到了19世纪70年代，发电机投入实际运行产生了直流电能。1892年，法国学者德普勒发明了远距离送电的方法，同年，美国发明家爱迪生在纽约建立了美国第一个火力发电站，并把输电线联结成网络。1886年意大利科学家法拉弟提出的旋转磁场原理，对交流电机的发展有重要的意义。19世纪80年代末90年代初，制出了三相异步电动机。1891年以后，较为经济、可靠的三相交流电得以推广，电力工业的发展进入新阶段。

第三次工业革命从20世纪40年代开始，以计算机技术的广泛应用为显著特点，人类从此进入了"信息时代"。

3.1 电气传动系统概述

电气传动是第二次工业革命时期产生的，一直沿用到现在。初期是直流电气传动，后来出现了交流电气传动。早期的交流电气传动主要用于恒速拖动的场合，需要高性能调速的场合仍然使用直流电气传动，直到高性能变频器出现以后，这种分工才有所改变，需要高性能调速的场合也可以使用交流电气传动。目前，交流电气传动在整个电气传动里占据主导地位。

3.1.1 电气传动的概念和类型

电气传动又称电力拖动，是以电动机作为原动机驱动各种生产机械的系统总称。国际电工委会员（IEC）将电气传动控制归入"运动控制"范畴。据统计，电气传动系统的用电量占我国总发电量的60%以上。2010年以来，我国电气传动产品市场需求年增长率为20%以上，市场前景广阔。

电气传动的主要特点：功率范围极大，单个设备的功率可从几毫瓦到几百兆瓦；调速范围极宽，转速从每分钟几转到每分钟几十万转，在无变速机构的情况下调速范围可达

1:10000；适用范围极广，可适用于任何工作环境与各种各样的负载。

电气传动与国民经济和人民生活密切相关并起着重要的作用，广泛用于矿山、冶金、机械、轻工、港口、石化、铁路运输、航空和航天等各个行业以及日常生活中。比如矿井提升、矿山机械、轧钢机、起重机、泵、风机、精密机床、电气化列车、空调、电冰箱和洗衣机等。

电气传动系统的主体之一是电动机。电动机是一种能量转换机构，负责把电能转变成机械能，然后通过传动机构传递给各种生产机械，从而驱动生产机械运动，满足各种生产加工需要。根据自身工作所使用的电源形式不同，电动机分为直流电动机和交流电动机两种类型，因此电气传动可分为直流电气传动和交流电气传动。

直流电气传动诞生于 19 世纪 70 年代。由于直流电动机具有良好的起、制动性能，宜于在大范围内平滑调速，在许多需要调速和快速正反向的电气传动领域得到了广泛的应用。

交流电气传动诞生于 19 世纪 90 年代，由于交流电动机具有结构简单、造价低、维护简单、单机容量大和运行转速高等优点，在许多需要恒速运行或简单变速的电气传动领域得到了广泛的应用。

高性能变频器诞生于 20 世纪 80 年代，在此之前交流电气传动主要用于恒速或要求简单变速的场合，直流电气传动主要用于要求高性能变速的场合。这种分工主要原因是受到当时生产力发展水平的限制。随着科学技术的不断发展，各种高性能的交流变频器不断涌现，交流电气传动的调速性能越来越好，应用越来越广泛。目前交流电气传动在各种电气传动里处于主导地位。

3.1.2　电气传动的组成结构和作用

一个完整的交、直流电气传动系统组成结构如图 3-1 所示。其中电源装置和控制装置构成了调速装置，调速装置和电动机这两部分是电气传动系统的核心，它们各自有多种设备或电路可供选择，不同的组合导致了电气传动系统的多样性和复杂性。

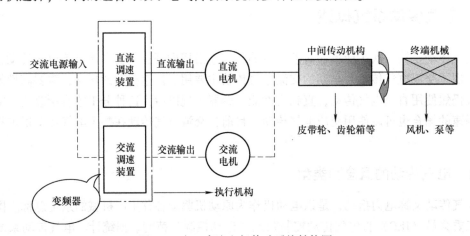

图 3-1　交、直流电气传动系统结构图

电源装置分母线供电装置、机组变流装置和电力电子变流装置三大类。母线供电装置包括交流母线供电和直流母线供电，机组变流装置包括直流发电机组和变频机组。电力电子变流装置包括整流装置、交流调压装置和变频器。

1. 控制装置按所用器件划分

1）电器控制。又称继电器-接触器控制，与母线供电装置配合使用。

2）电机扩大机和磁放大器控制。与机组供电装置配合使用，在 20 世纪 30 ~ 60 年代盛行，随着电力电子技术的发展，已逐步被淘汰。

3）电子控制。分为分立器件、中小规模集成电路及微机和专用大规模集成电路等几代产品。

2. 控制装置按工作原理划分

1）逻辑控制。通过电气控制装置控制电动机起动、停止、正反转或有级变速，控制信号来自主令电器或可编程序控制器。

2）连续速度调节。与机组或电力电子变流装置配合使用，连续改变电动机转速。这类系统按控制原则分为开环控制、闭环控制及负荷控制三类。

3. 控制装置按控制信号的处理方法划分

1）模拟控制。

2）数字控制。

3）模拟/数字混合控制。

电气传动的主要作用是通过改变电动机的转速或输出转矩，改变各种生产机械的转速或输出转矩，从而实现节能、提高产品质量、改善工作环境等设备和工艺的要求。

3.2　电气传动系统的工作原理

电气传动系统的工作原理图如图 3-2 所示，其中 T_M 为电动机轴上输出的电磁转矩，T_L 为负载轴上的阻转矩，T_0 为摩擦力矩，J_G 为电气传动系统的转速惯量，n 为电动机轴上输出的转速。

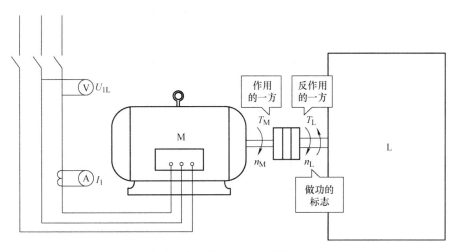

图 3-2　电气传动系统的工作原理图

根据电气传动系统的运动方程 $T_M - T_L - T_0 = J_G \dfrac{dn}{dt}$，分析电气传动系统的工作原理，当 $T_M > T_L + T_0$ 时，转速 n 上升，即电动机加速运行；当 $T_M < T_L + T_0$ 时，转速 n 下降，即电

动机减速运行；当 $T_M = T_L + T_0$ 时，n 为常数，即电动机恒速运行。

电气传动系统的工作分为两种工作模式：速度工作模式和转矩工作模式。

速度工作模式。以保持电动机轴上输出转速恒定为目的，比如常规的调速系统（电梯、各类生产线）。控制设备根据转速要求，自动调整电动机的输出转矩以适应外部负载的变化。但是恒速时电动机输出的电磁转矩一定等于负载阻转矩和摩擦阻转矩之和。

转矩工作模式。以保持电动机轴上输出电磁转矩恒定为目的，比如开卷收卷控制，如果电动机轴上输出电磁转矩始终大于负载阻转矩和摩擦阻转矩之和，则电动机转速持续上升至设备限速或损坏；如果电动机轴上输出电磁转矩始终小于负载阻转矩和摩擦阻转矩之和，则电动机转速持续下降到 0 或至下限速度；如果电动机轴上输出电磁转矩始终等于负载阻转矩和摩擦阻转矩之和，则电动机转速恒定但不确定。

3.3　电气传动系统的负载特性

任何机械在运行过程中，都有阻碍其运动的力或转矩，称为阻力或阻转矩。负载转矩在极大多数情况下，都呈阻转矩性质。电气传动系统的负载特性包括负载机械特性和负载功率特性。负载机械特性通常是指负载阻转矩与负载轴上转速之间的关系。负载功率特性通常是指负载消耗的功率与负载轴上转速之间的关系。电气传动系统的负载特性一般分为三种类型：恒转矩负载特性、恒功率负载特性和二次方率负载特性。

3.3.1　恒转矩负载特性

带式输送机是恒转矩负载的典型例子，其基本结构和工作情况如图 3-3a 所示。负载的阻力来源于皮带与滚筒间的摩擦力，作用半径就是滚筒的半径。故负载阻转矩的大小决定于 $T_L = Fr$，式中 F 为皮带与滚筒间的摩擦阻力，r 为滚筒的半径。

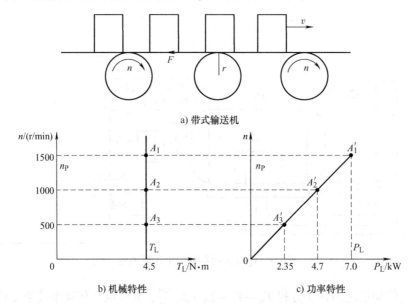

a) 带式输送机

b) 机械特性　　　　　　c) 功率特性

图 3-3　恒转矩负载及其负载特性

1. 机械特性

由于 F 和 r 的大小都和转速的快慢无关，所以在调节转速 n 运转的过程中，负载的阻转矩 T_L 保持不变，即 T_L = 常数，其机械特性曲线如图 3-3b 所示。

特别辨析：这里所说的恒转矩，是指负载阻转矩相对于转速变化而言的，是恒定不变的，不能和负载轻重变化时，负载阻转矩大小的变化相混淆。或者说，负载阻转矩的大小，仅仅取决于负载的轻重，而和转速大小无关。比如带式输送机，当传输带上的物品较多时，不论转速高低，负载阻转矩都较大；而当传输带上的物品较少时，不论转速有多大，负载阻转矩都较小。

2. 功率特性

在负载转矩 T_L 不变的情况下，转速 n 和负载消耗的功率 P_L 之间的关系为 $P_L = \dfrac{T_L n}{9550} \propto n$，即在调节转速 n 的过程中负载消耗的功率 P_L 与转速 n 成正比，功率特性曲线如图 3-3c 所示。

3.3.2　恒功率负载特性

薄膜的卷取机械是恒功率负载的典型例子，其基本结构和工作情况如图 3-4a 所示。为了保证在卷绕过程中被卷物的物理性能不发生变化，随着"薄膜卷"的卷径不断增大，卷取辊的转速应逐渐减小，以保持薄膜的线速度恒定，从而保持张力的恒定。

1. 功率特性

因为要保持线速度和张力恒定，即 v = 常数，F = 常数，所以在不同的转速下，负载消耗的功率基本恒定，即 $P_L = Fv$ = 常数，功率特性曲线如图 3-4c 所示。

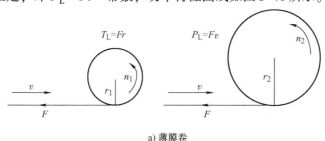

a) 薄膜卷

b) 机械特性

c) 功率特性

图 3-4　恒功率负载及其负载特性

2. 机械特性

负载阻转矩的大小决定于 $T_L = Fr$，式中 F 为卷取物的张力，r 为卷取物的卷取半径。由于张力要求恒定，而且随着卷取物不断地卷绕到卷取辊上，r 将越来越大，所以负载阻转矩越来越大。由于 P_L 保持不变，所以负载阻转矩与转速的关系为 $T_L = \dfrac{9550 P_L}{n} \propto \dfrac{1}{n}$，即负载阻转矩的大小与转速成反比，机械特性如图 3-4b 所示。

3.3.3　二次方律负载特性

离心式风机和水泵是二次方律负载的典型例子，其基本结构和工作情况如图 3-5a 所示。这类负载大多用于控制流体（气体或液体）的流量，由于流体本身无一定形状，且在一定程度上具有可压缩性（尤其是气体），故难以详细分析其阻转矩的形成，此处将只引用有关的结论。

1. 机械特性

负载的阻转矩 T_L 转速 n 的关系为 $T_L = K_T n^2$，其中 K_T 为二次方律负载的转矩常数，即负载阻转矩与转速的平方成正比，其机械特性曲线如图 3-5b 所示。

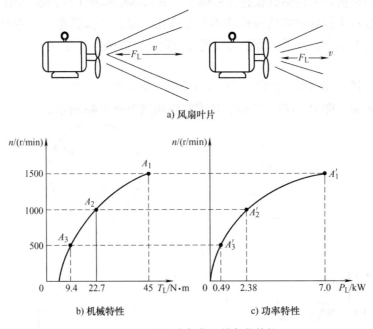

a) 风扇叶片

b) 机械特性　　　　　c) 功率特性

图 3-5　二次方律负载及其负载特性

2. 功率特性

负载的消耗功率 P_L 与转速 n 的关系为 $P_L = K_P n^3$，其中 K_P 为二次方律负载的功率常数，即负载的消耗功率与转速的三次方成正比，其功率特性曲线如图 3-5c 所示。

特别提示：事实上，无论是哪一类负载特性，即使在空载的情况下，电动机的输出轴上也会有空载转矩 T_0 和空载损耗 P_0，如摩擦转矩及其功率损耗等。因此严格地讲，负载阻转矩表达式应为 $T_L' = T_0 + T_L$，负载消耗的功率表达式应为 $P_L' = P_0 + P_L$。

3.4　变频器及其特点

前面提到，交流电气传动目前在所有电气传动里处于主导地位，主要原因是三相交流异步电动机的结构简单、坚固，运行可靠，价格低廉，在冶金、建材、矿山和化工等工业领域发挥着巨大作用。许多场合如果使用交流调速，每台电动机将节能30%以上，而且在恒转矩条件下，能降低轴上的输出功率，既提高了电动机效率，又可获得节能效果。异步电动机调速系统的种类很多，但是效率最高、性能最好、应用最广泛的是变频调速系统。其中的关键是如何把固定电压、固定频率的交流电变换为可调电压、可调频率的交流电，这些要求恰恰就是变频器的任务。

3.4.1　变频器的概念

通俗地讲，变频器就是一种静止式的交流电源供电装置，其功能是将工频交流电（三相或单相）变换成频率连续可调的三相交流电源。

变频器（Variable Voltage Variable Frequence，VVVF）精确的概念描述为：利用电力电子器件的通断作用，将电压和频率固定不变的工频交流电源，变换成电压和频率可变的交流电源，供给交流电动机，实现软起动，变频调速，提高运转精度，改变功率因数和过电流、过电压、过载保护等功能的电能变换控制装置。

变频器的控制对象是三相交流异步电动机和同步电动机，标准适配电机极数是2/4极。

变频电气传动的优势：

1）平滑软起动，降低起动冲击电流，减少变压器占有量，确保电动机安全。

2）在机械允许的情况下可通过提高变频器的输出频率提高工作速度。

3）无级调速的调速精度大大提高。

4）电动机正反向无需通过接触器切换。

5）非常方便接入通信网络控制，实现生产自动化控制。

3.4.2　变频器的特点

变频器诞生于20世纪80年代。随着微机技术、电力电子技术和调速控制理论的不断发展，通用变频器主要经历以下几个发展阶段：20世纪80年代初期的模拟式变频器，20世纪80年代中期的数字式变频器，20世纪90年代及以后的智能式、多功能型通用变频器。通用变频器发展主要有以下特点：

（1）功率器件不断更新换代

变频器的发展受到电力半导体器件的限制。20世纪80年代初主要使用门极可关断晶闸管GTO，开关频率低，变频器的调速性能较差。20世纪80年代后期主要使用大功率晶体管GTR，其开关频率一般在2kHz以下，载波频率和最小脉宽都受到限制，难以得到较为理想的正弦脉宽调制波形，并使异步电动机在变频调速时产生噪声。20世纪90年代以后主要使用绝缘栅双极晶体管IGBT、集成门极换流晶闸管IGCT，其开关频率达到20kHz以上，变频器的调速性能更优。

（2）应用范围不断扩大

在纺织、印染、塑胶、石油、化工、冶金、造纸、食品、装卸搬运和铁路运输等行业都有着广泛应用。随着各种专用变频器的出现，变频器的应用领域进一步扩大，可以说有交流电动机的地方就有变频器。

（3）控制理论不断成熟

早期通用变频器主要采用恒压频比（V/F）和 SPWM 控制方式，随着矢量控制技术、直接转矩控制技术的出现，交流电动机的变频调速机械特性可以和直流电动机的调压调速机械特性相媲美。随着变频调速控制技术的不断成熟，功率电子器件的不断发展，成本的不断降低，变频器的应用日益广泛，在电气传动和节能领域发挥着越来越重要的作用。

通用变频器未来发展趋势如下：

（1）低电磁噪声、静音化

新型通用变频器除了采用高频载波方式的正弦波 SPWM 调制实现静音化（载波频率越高，电磁噪声越小，漏电流噪声越大）外，还在通用变频器输入侧加交流电抗器或有源功率因数校正电路 APFC。而在逆变电路中采取柔性 PWM 控制技术等，以改善输入电流波形、降低电网谐波，在抗干扰抑制高次谐波方面符合 EMC 国际标准，实现清洁电能的变换。如三菱公司的柔性 PWM 控制技术，实现了更低噪声运行。

（2）专用化

新型通用变频器为更好地发挥变频调速控制技术的独特功能，并尽可能地满足现场控制的需要，派生了许多专用机型如风机水泵空调专用型、起重机专用型、恒压供水专用型、交流电梯专用型、纺织机械专用型、机械主轴传动专用型、电源再生专用型、中频驱动专用型和机车牵引专用型等。

（3）系统化

通用变频器除了发展单机的数字化、智能化和多功能化外，还向集成化、系统化方向发展。如西门子公司提出的集通信、设计和数据管理三者于一体的"全集成自动化"（TIA）平台概念，可以使变频器、伺服装置、控制器及通信装置等集成配置，甚至自动化和驱动系统、通信和数据管理系统都可以嵌入"全集成自动化"系统，目的是为用户提供最佳的系统功能。

（4）网络化

新型通用变频器可提供多种兼容的通信接口，支持多种不同的通信协议，内装 RS485 接口，可由个人计算机向通用变频器输入运行命令和设置功能码数据等，通过选件可与现场总线，如 Profibus-DP, Interbus-S, Device Net, Modbus Plus, CC-Link, LONWORKS、Ethernet、CAN Open 和 T-LINK 等通信。如西门子、VACON、富士、日立、三菱、台安和东洋等品牌的通用变频器，均可通过各自可提供的选件支持上述几种或全部类型的现场总线。

（5）操作傻瓜化

新型通用变频器机内固化的"调试指南"引导用户一步一步地填入调试表格，无须记住任何参数，充分体现了易操作性。如西门子公司的新一代 MICROMASTER420/440，采用了一种"易于使用"的成功概念，使得在连接技术、安装和调试方面的操作变得非常简单。

（6）内置式应用软件

新型通用变频器可以内置多种应用软件，有的品牌可提供 130 余种应用软件，满足现场过程控制的需要。如 PID 控制软件、张力控制软件，还有速度级链、速度跟随、电流平衡、变频器功能设置软件和通信软件等。

（7）参数自调整

用户只要设置数据组编码，不必逐项设置，通用变频器就会将运行参数自动调整到最佳状态（矢量型变频器可对电动机参数进行自整定）。

（8）功能设置软件化

3.5　通用变频器的结构和工作原理

3.5.1　通用变频器的结构

通用变频器的基本结构如图 3-6 所示，由整流、中间直流、逆变和控制电路四部分组成。

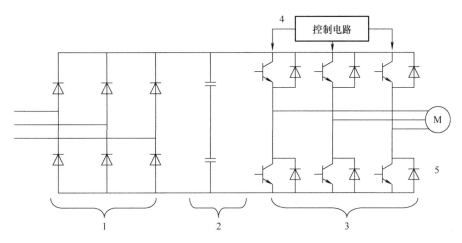

图 3-6　通用变频器的基本结构图

1—整流部分　2—中间直流部分　3—逆变部分　4—控制电路部分　5—负载

1）整流部分。把来自电网的恒压恒频交流电变成直流电，通常采用三相不可控整流电路。

2）中间直流部分。把脉动的直流电变成比较平滑的直流电，并且和负载之间进行无功能量交换。

3）逆变部分。把直流电变换成变压变频交流电，通常采用 SPWM 逆变电路，其输出是 SPWM 脉冲电压，这个电压加到电动机负载上，经电感滤波变成接近正弦波的电流波形。

4）控制电路部分。用来产生逆变电路所需要的各种驱动信号，这些信号由外部指令决定，有频率、频率上升/下降速率、外部通断控制、变频器内部各种保护和反馈信号综合控制等。

通用变频器对负载输出的波形通常都是双极性 SPWM 波，这种波形可以大幅度提高变频器的效率，但同时这种波形使变频器的输出区别于正常的正弦波，产生了变频器的很多特殊之处，需要使用者特别重视。双极性 SPWM 调制器如图 3-7 所

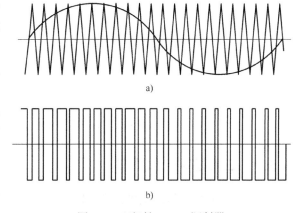

a)

b)

图 3-7　双极性 SPWM 调制器

示，图 3-7a 所示为三角形载波与正弦波调制信号进行比较的情形，图 3-7b 所示为比较后获得的双极性 SPWM 波形。

3.5.2 单相逆变工作原理

单相逆变电路和逆变波形如图 3-8 所示。

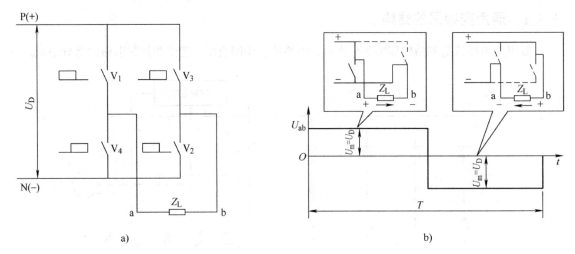

图 3-8　单相逆变电路和逆变波形

逆变工作原理：

1）前半周期。令 V_1、V_2 导通，V_3、V_4 截止，则负载 Z_L 中的电流由 a 流向 b，Z_L 上得到的电压是 a+，b-，设这时的电压 U_{ab} 为 "+"；

2）后半周期。令 V_1、V_2 截止，V_3、V_4 导通，则负载 Z_L 中的电流由 b 流向 a，Z_L 上得到的电压是 a-，b+，这时的电压 U_{ab} 为 "-"。

上述两种状态不断地反复交替进行，则负载 Z_L 上所得到的便是交变电压，需要改变交变电压的频率时，只需改变两组开关管的切换频率就行。改变逆变器输出交变信号频率原理示意图如图 3-9 所示。

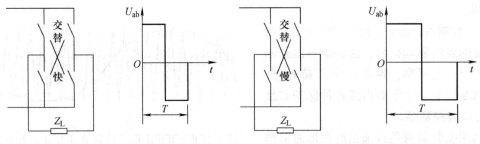

图 3-9　改变逆变器输出交变信号频率原理示意图

3.5.3 三相逆变工作原理

三相逆变电路和逆变波形如图 3-10 所示，其中 $V_1 \sim V_6$ 六个开关管如果采用不同的通断控制方式(180°导电方式、120°导电方式和 SPWM 控制)，同时有 2 ~ 3 个位于不同相的开关管导通，则在负载上得到三相对称的交流电。例如开关管采用普通晶闸管，控制方式采用 180°导电方式的三相逆变电路及逆变电压和线电流波形如图 3-11 所示。开关管采用 IGBT、控制方式采用 SPWM 控制的三相逆变电路及逆变线电压和线电流波形如图 3-12 所示。

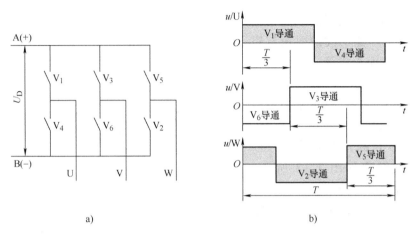

图 3-10　三相逆变电路和逆变波形

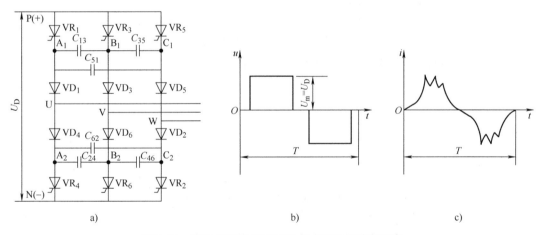

图 3-11　普通晶闸管 180°导电方式的三相逆变电路

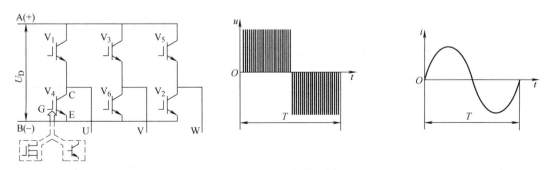

图 3-12　IGBT、SPWM 控制三相逆变电路

3.5.4　SPWM 逆变工作原理

正弦波脉宽调制：采用周期性变化的一列等幅不等宽的矩形波表示正弦波，在每半个周期内矩形脉冲宽度呈现两边窄中间宽，按照波形面积相等的原则，每一个矩形波的面积与相应位置的正弦波面积相等，因而这个序列的矩形波与正弦波等效，这种等效方法称为正弦波脉宽调制（Sinusoidal Pulse Width Modulation，SPWM），这种序列的矩形波称为 SPWM 波，调制原理如图 3-13 所示。调制方式包括单极性调制和双极性调制两种，原理如图 3-14 和图 3-15 所示。

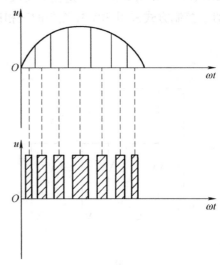

图 3-13　SPWM 调制原理图

SPWM 逆变原理：以一列 SPWM 波控制逆变器某一相上下两个开关器件的通断，从而在逆变器的该相输出端获得幅值放大了的 SPWM 波。由于控制三相逆变器不同相开关器件通断的 SPWM 波是三相对称的，因此三相逆变器输出的三列 SPWM 波也是对称的。SPWM 三相逆变原理如图 3-16 所示。

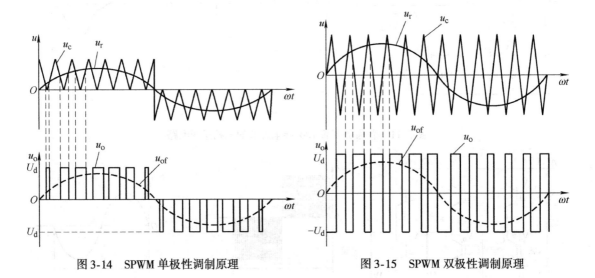

图 3-14　SPWM 单极性调制原理　　　　　图 3-15　SPWM 双极性调制原理

用于控制逆变器开关器件通断的 SPWM 波产生方式包括模拟电子电路，专用数字电子电路和软件编程三种方式。模拟电子电路方式采用正弦波发生器、三角波发生器和电压比较器产生 SPWM 波。模拟电子电路方式形象直观，不仅方便理解 SPWM 调制

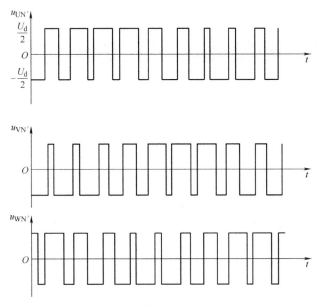

图 3-16　SPWM 三相逆变原理图

原理，而且也是另外两种方式的理论基础，但是应用越来越少。目前使用较多的是软件编程方式。

第4章 变频器的工作原理与控制方式

4.1 变频器的构成

变频器是利用电力电子器件把工频电源变换成各种频率的交流电源，实现电动机变速运行的设备，是运动控制系统中的功率变换器。

下面以变频器的概念为主线，从组成元件、控制目标、工作原理及实质等方面介绍变频器。

变频器由电力电子器件组成。电力电子器件是指那些应用于电力领域的电子器件，具体地说，就是对电能进行变换和控制的半导体器件。

1. 电力变换和控制

通常所用的电力有交流和直流两种，从公用电网直接得到的电力是交流的，从蓄电池和干电池上得到的电力是直流的。许多情况下，从这些电源得到的电力往往不能直接满足用户要求，需要进行某种形式的变换和控制。电力变换通常分为四大类，见表4-1。

表4-1 电力变换的种类

输入　　　　　　　输出	交流	直流
直流	逆变	直流斩波
交流	交流电力控制变频、变相	整流

各种形式的电力变换都可以看成弱电对强电的控制，是弱电和强电之间的接口。控制理论是连接这种接口的强有力的纽带，电力电子器件是实现这种变换的基础元件和重要支撑。

2. 电力电子器件

变频器主电路的整流电路和逆变电路中都要用到电力电子器件。电力电子器件是变频器的基础及核心，其性能的好坏对变频器的内在品质起重要作用。目前，用于变频器的电力电子器件主要有晶闸管、门极可关断晶闸管、电力晶体管、电力场效应管、绝缘栅双极晶体管和智能功率模块等。

（1）晶闸管

晶闸管（Sillicon Controlled Rectifier，SCR）是晶体闸流管的简称，又称可控硅整流器，是一种能够控制其导通而不能控制其关断（半控型）的电力半导体器件。晶闸管的电气图形符号和阳极伏安特性如图4-1所示。

晶闸管导通的条件一是阳极要承受正向电压，二是对处于阻断状态的晶闸管，门极也要施加正向触发电压，两个条件必须同时具备。门极所加正向触发脉冲的最小宽度应能使阳极电流达到维持通态所需的最小阳极电流，即擎住电流 I_L 以上。导通后的晶闸管管压降很小。晶闸管在导通情况下，只要一定的正向阳极电压存在，不论门极电压如何，晶闸管都会保持导通，即晶闸管导通后门极失去作用。

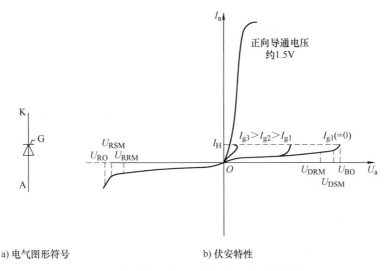

a) 电气图形符号　　　　　　　　b) 伏安特性

图 4-1　晶闸管的电气图形符号和阳极伏安特性

导通的晶闸管关断的条件是使流过晶闸管的电流减小至一个小的数值，即维持电流 I_H 以下。对晶闸管来说，为使其进入关断状态，只有从外部切断电流，或者在阳极和阴极之间加上反向电压（强迫换流电路）。强迫换流电路的增加使得晶闸管变频器的电路结构变得比较复杂，增加了变频器的成本。但是，从生产工艺和制造技术角度来说，大容量（高电压、大电流）的晶闸管器件更容易制造，而且和其他电力半导体器件相比，晶闸管具有更好的耐过电流特性，所以在 1000kVA 以上的大容量变频器中，晶闸管仍然得到广泛应用。

（2）门极可关断晶闸管

门极可关断晶闸管（Gate Turn Off Thyristor，GTO）是晶闸管的一种派生器件，可以通过在门极施加负脉冲电流使其关断，因而属于全控型器件。与普通晶闸管相比，使用 GTO 的装置主电路元件少，结构简单，不需要强迫换流装置；采用脉冲换流，易于实现脉宽调制控制，具有体积小，成本低，损耗小，噪声小，应用范围广等优点，因此在大容量变频器中 GTO 正逐渐取代 SCR。

（3）电力晶体管

电力晶体管（Giant Transistor，GTR）又叫功率晶体管，是一种高反压晶体管。GTR 既保留了晶体管的饱和压降低、开关时间短和安全工作区宽等固有特性，又增大了功率容量。因此，由 GTR 组成的电路灵活、成熟、开关损耗小及开关时间短，在中小容量的 PWM 变频器中得到了广泛应用。GTR 的缺点是驱动电流较大，耐浪涌电流能力差，易受二次击穿而损坏。在开关电源和 UPS 内，GTR 正逐步被功率 MOSFET 和 IGBT 所代替。

（4）电力场效应管

电力场效应管也叫功率场效应管（P-MOSFET），是一种单极型的电压控制元件。电力场效应管既具有传统 MOSFET 的特点，又兼具电力晶体管的特点，具有通态电阻大，损耗小，开关速度快，驱动电流小，安全工作区域（SOA）宽，耐过电流和抗干扰能力强，无二次击穿现象等特点，近年来很受重视，广泛应用于小容量变频器中。

（5）绝缘栅双极晶体管

绝缘栅双极晶体管（Isolated Gate Bipolar Transistor，IGBT）是目前广泛应用于中小容量变频器的一种半导体开关器件，集 P-MOSFET 和 GTR 的优点于一身，具有输入阻抗高、开关速度快、驱动电路简单、通态电压低及耐压高等特点，在各种电力变换中得到极广泛的应用。另外，采用了 IGBT 的 PWM 变频器载频可以达到 10kHz～15kHz，可以降低电动机运行的噪声，所以 IGBT 还广泛应用于低噪声变频器中。IGBT 的结构、简化等效电路及电气图形符号如图 4-2 所示。

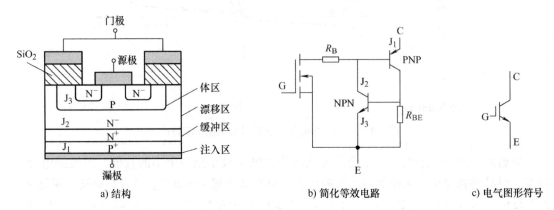

a) 结构　　　　　　　　　　　b) 简化等效电路　　　　　　c) 电气图形符号

图 4-2　IGBT 的结构、简化等效电路及电气图形符号

目前变频器主要生产厂家推出的中小容量新产品变频器，大都采用 IGBT 作为换流器件。不难看出，IGBT 大有取代电力晶体管和功率 MOSFET 的趋势。

（6）智能功率模块 IPM

智能功率模块（Intelligent Power Module，IPM）是一种将功率开关器件及其驱动电路、保护电路等集成在同一封装内的先进的专用功能模块。目前的 IPM 较多采用 IGBT 为基本功率开关器件，通过光耦合接收信号后对 IGBT 进行驱动，同时具有过电流保护、过热保护，以及驱动电压欠电压保护等各种保护功能，在中小容量变频器中广泛应用。

由于 IPM 内部集成了逻辑、控制、检测和保护电路，不仅使用方便，减小了系统的体积及缩短了开发时间，也大大增强了系统的可靠性，适应了当今功率器件的发展方向——模块化、复合化和功率集成电路（PIC），在电力电子领域得到越来越广泛的应用。

4.2　变频器的工作原理

由变频器的概念可知，变频器是实现电动机变速运行的设备，也就是说，变频器的控制对象是电动机，目标是实现电动机的变速运行。

4.2.1　电动机的分类

电动机的种类很多，分类方法也很多。按运动方式来分，静止的有变压器，运动的有直线电动机和旋转电动机；按电源性质来分，有直流电动机和交流电动机两大类。

4.2.2　交流电动机的调速方式

1. 异步电动机的基本工作原理

一台三相异步电动机，当在它的定子绕组上加上三相交流电压时，该电压产生一个旋转磁场，旋转磁场的转速由加在定子绕组上的三相交流电压的频率决定。当磁场旋转时，位于该旋转磁场中的转子绕组切割磁力线运动，在转子绕组中产生相应的感应电动势和感应电流，此感应电流受到旋转磁场的作用产生电磁力，即转矩，使转子跟随旋转磁场旋转。这就是异步电动机的基本工作原理。

当将三相异步电动机定子绕组的任意两相进行交换时，旋转磁场的方向发生改变，因此电动机的转向发生改变。

异步电动机定子磁场的转速称为异步电动机的同步转速，异步电动机的转速总是小于其同步转速，这是因为如果转子的转速达到电动机的同步转速，那么其转子绕组不再切割定子旋转磁场，因此转子绕组中不会产生感应电流，也不会产生转矩。异步电动机正是因此而得名。

2. 异步电动机的数学模型

为了分析和理解，进行如下假设：

1）忽略空间谐波，设三相绕组对称，在空间互差120°电角度，所产生的磁动势沿气隙周围按正弦规律分布。

2）忽略磁路饱和，各绕组的自感和互感都是恒定的。

3）忽略铁心损耗。

4）不考虑频率变化和温度变化对绕组电阻的影响。

无论电动机转子是绕线转子还是笼型转子，都等效成三相绕线转子，并将转子侧参数折算到定子侧，折算后的定子和转子绕组匝数都相等。这样，实际电动机绕组就等效成图4-3所示的三相异步电动机的物理模型。

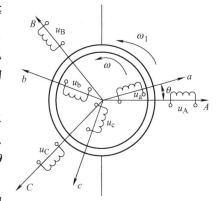

图4-3中，定子三相绕组轴线 A、B、C 在空间上是固定的，以 A 轴为参考坐标轴；转子绕组轴线 a、b、c 随转子旋转，转子 a 轴和定子 A 轴间的电角度 θ 为空间角位移变量。

规定各绕组电压、电流和磁链的正方向符合电动机惯例和右手螺旋法则。这时，异步电动机的数学模

图4-3　三相异步电动机的物理模型

型由下述电压方程式、磁链方程式、转矩方程式和运动方程组成。式（4-1）为三相定子绕组的电压平衡方程，与此相应，式（4-2）为三相转子绕组折算到定子侧后的电压方程。

$$\begin{cases} u_A = i_A R_s + \dfrac{\mathrm{d}\psi_A}{\mathrm{d}t} \\[2mm] u_B = i_B R_s + \dfrac{\mathrm{d}\psi_B}{\mathrm{d}t} \\[2mm] u_C = i_C R_s + \dfrac{\mathrm{d}\psi_C}{\mathrm{d}t} \end{cases} \qquad (4\text{-}1)$$

$$
\begin{cases}
u_{\mathrm{a}} = i_{\mathrm{a}}R_{\mathrm{r}} + \dfrac{\mathrm{d}\psi_{\mathrm{a}}}{\mathrm{d}t} \\[2mm]
u_{\mathrm{b}} = i_{\mathrm{b}}R_{\mathrm{r}} + \dfrac{\mathrm{d}\psi_{\mathrm{b}}}{\mathrm{d}t} \\[2mm]
u_{\mathrm{c}} = i_{\mathrm{c}}R_{\mathrm{r}} + \dfrac{\mathrm{d}\psi_{\mathrm{c}}}{\mathrm{d}t}
\end{cases}
\tag{4-2}
$$

式中　u_{A}、u_{B}、u_{C}、u_{a}、u_{b} 和 u_{c}——定子和转子相电压的瞬时值；

　　　　i_{A}、i_{B}、i_{C}、i_{a}、i_{b}、i_{c}——定子和转子相电流的瞬时值；

　　　ψ_{A}、ψ_{B}、ψ_{C}、ψ_{a}、ψ_{b}、ψ_{c}——各项绕组的磁链；

　　　　　　R_{s}、R_{r}——定子和转子绕组电阻。

　　上述转子各量都已折算到定子侧，为了简单起见，表示折算的上角标均省略，以下同此。将电压方程写成矩阵形式，如式(4-3) 所示，也可以写为式(4-4) 的形式，并以微分算子 p 代替微分符号 $\mathrm{d}/\mathrm{d}t$。

$$
\begin{pmatrix} u_{\mathrm{A}} \\ u_{\mathrm{B}} \\ u_{\mathrm{C}} \\ u_{\mathrm{a}} \\ u_{\mathrm{b}} \\ u_{\mathrm{c}} \end{pmatrix}
=
\begin{pmatrix}
R_{\mathrm{s}} & 0 & 0 & 0 & 0 & 0 \\
0 & R_{\mathrm{s}} & 0 & 0 & 0 & 0 \\
0 & 0 & R_{\mathrm{s}} & 0 & 0 & 0 \\
0 & 0 & 0 & R_{\mathrm{r}} & 0 & 0 \\
0 & 0 & 0 & 0 & R_{\mathrm{r}} & 0 \\
0 & 0 & 0 & 0 & 0 & R_{\mathrm{r}}
\end{pmatrix}
\begin{pmatrix} i_{\mathrm{A}} \\ i_{\mathrm{B}} \\ i_{\mathrm{C}} \\ i_{\mathrm{a}} \\ i_{\mathrm{b}} \\ i_{\mathrm{c}} \end{pmatrix}
+ p
\begin{pmatrix} \psi_{\mathrm{A}} \\ \psi_{\mathrm{B}} \\ \psi_{\mathrm{C}} \\ \psi_{\mathrm{a}} \\ \psi_{\mathrm{b}} \\ \psi_{\mathrm{c}} \end{pmatrix}
\tag{4-3}
$$

$$
u = Ri + p\psi \tag{4-4}
$$

　　每个绕组的磁链是它本身的自感磁链和其他绕组对它的互感磁链之和，因此，6 个磁链方程如式(4-5)，也可以写为式(4-6) 的形式。

$$
\begin{pmatrix} \psi_{\mathrm{A}} \\ \psi_{\mathrm{B}} \\ \psi_{\mathrm{C}} \\ \psi_{\mathrm{a}} \\ \psi_{\mathrm{b}} \\ \psi_{\mathrm{c}} \end{pmatrix}
=
\begin{pmatrix}
L_{\mathrm{AA}} & L_{\mathrm{AB}} & L_{\mathrm{AC}} & L_{\mathrm{Aa}} & L_{\mathrm{Ab}} & L_{\mathrm{Ac}} \\
L_{\mathrm{BA}} & L_{\mathrm{BB}} & L_{\mathrm{BC}} & L_{\mathrm{Ba}} & L_{\mathrm{Bb}} & L_{\mathrm{Bc}} \\
L_{\mathrm{CA}} & L_{\mathrm{CB}} & L_{\mathrm{CC}} & L_{\mathrm{Ca}} & L_{\mathrm{Cb}} & L_{\mathrm{Cc}} \\
L_{\mathrm{aA}} & L_{\mathrm{aB}} & L_{\mathrm{aC}} & L_{\mathrm{aa}} & L_{\mathrm{ab}} & L_{\mathrm{ac}} \\
L_{\mathrm{bA}} & L_{\mathrm{bB}} & L_{\mathrm{bC}} & L_{\mathrm{ba}} & L_{\mathrm{bb}} & L_{\mathrm{bc}} \\
L_{\mathrm{cA}} & L_{\mathrm{cB}} & L_{\mathrm{cC}} & L_{\mathrm{ca}} & L_{\mathrm{cb}} & L_{\mathrm{cc}}
\end{pmatrix}
\begin{pmatrix} i_{\mathrm{A}} \\ i_{\mathrm{B}} \\ i_{\mathrm{C}} \\ i_{\mathrm{a}} \\ i_{\mathrm{b}} \\ i_{\mathrm{c}} \end{pmatrix}
\tag{4-5}
$$

$$
\psi = Li \tag{4-6}
$$

式中　L——6×6 电感矩阵，其中对角线元素 L_{AA}、L_{BB}、L_{CC}、L_{aa}、L_{bb}、L_{cc} 是各有关定子或转子绕组的自感，其余各项则是绕组间的互感。

　　实际上，与电动机绕组交链的磁通主要有两类：一类是穿过气隙的相间互感磁通，即主磁通，另一类是与一相绕组交链而不穿过气隙的漏磁通，前者是主要的。

　　对于每一相绕组来说，它所交链的磁通是互感磁通与漏感磁通之和，定子各相自感如式(4-7)，转子各相自感如式(4-8)。

$$
L_{\mathrm{AA}} = L_{\mathrm{BB}} = L_{\mathrm{CC}} = L_{\mathrm{ms}} + L_{\mathrm{ls}} \tag{4-7}
$$

$$
L_{\mathrm{aa}} = L_{\mathrm{bb}} = L_{\mathrm{cc}} = L_{\mathrm{mr}} + L_{\mathrm{lr}} + L_{\mathrm{ms}} + L_{\mathrm{ls}} \tag{4-8}
$$

式中　L_{ls}——定子各相漏磁通所对应的电感，由于绕组的对称性，各相漏感值均相等；

L_{lr}——转子各相漏磁通所对应的电感；

L_{mr}——与转子相绕组交链的最大互感。

由于折算后定、转子绕组匝数相等，且各绕组间互感都通过气隙，磁阻相同，故可认为 $L_{mr} = L_{ms}$。

如果把磁链方程式(4-6)代入电压方程式(4-4)中，即得展开后的电压方程

$$u = Ri + p(Li) = Ri + L\frac{di}{dt} + \frac{dL}{dt}i = Ri + L\frac{di}{dt} + \frac{dL}{d\theta}\omega i \tag{4-9}$$

式中　　θ——转子位置角；

Ldi/dt——属于电磁感应电动势中的脉动电动势（或称变压器电动势）；

$(dL/d\theta)\omega i$——属于电磁感应电动势中与转速成正比的旋转电动势。

根据机电能量转换原理，在多绕组电动机中，在线性电感的条件下，磁场的储能 W_m 和磁共能 W'_m 表达式为

$$W_m = W'_m = \frac{1}{2}i^T\psi = \frac{1}{2}i^T Li \tag{4-10}$$

而电磁转矩等于机械角位移变化时磁共能的变化率 $\dfrac{\partial W'_m}{\partial \theta_m}$（电流约束为常值），且机械角位移为 $\theta_m = \theta/n_p$，n_p 为磁极对数。于是电磁转矩 T_e 表达式为

$$T_e = \frac{\partial W'_m}{\partial \theta_m}\bigg|_{i=\cos st.} = n_p\frac{\partial W'_m}{\partial \theta}\bigg|_{i=\cos st.} = \frac{1}{2}n_p\left(i_r^T\frac{\partial L_{rs}}{\partial \theta}i_s + i_s^T\frac{\partial L_{sr}}{\partial \theta}i_r\right), \begin{array}{l} i_s = (i_A \quad i_B \quad i_C)^T \\ i_r = (i_a \quad i_b \quad i_c)^T \end{array} \tag{4-11}$$

将电感表达式代入，展开可以得到 T_e 表达式为

$$T_e = n_p L_{ms}\big[(i_A i_a + i_B i_b + i_C i_c)\sin\theta + (i_A i_b + i_B i_c + i_C i_a)\sin(\theta + 120°)$$
$$+ (i_A i_c + i_B i_a + i_C i_b)\sin(\theta - 120°) \big] \tag{4-12}$$

电磁转矩的正方向为使 θ 减小的方向。

式(4-1)~式(4-12)是在线性磁路、磁动势在空间按正弦分布的假定条件下得出来的，但对定、转子电流对时间的波形未作任何假定，式中的 i 都是瞬时值。因此，上述电磁转矩公式完全适用于变压变频器供电的含有电流谐波的三相异步电动机调速系统。

在一般情况下，电力拖动系统的运动方程式为

$$T_e = T_L + \frac{J}{n_p}\frac{d\omega}{dt} + \frac{D}{n_p}\omega + \frac{K}{n_p}\theta \tag{4-13}$$

式中　T_L——负载阻转矩；

J——机组的转动惯量；

D——与转速成正比的阻转矩阻尼系数；

K——扭转弹性转矩系数。

对于恒转矩负载，$D = 0$，$K = 0$，则 T_e 表达式为

$$T_e = T_L + \frac{J}{n_p}\frac{d\omega}{dt}, \quad \omega = \frac{d\theta}{dt} \tag{4-14}$$

因此，异步电动机的动态数学模型是一个高阶、非线性和强耦合的多变量系统。

3. 坐标变换和变换矩阵

在得到异步电动机的动态数学模型后，要分析和求解这组非线性方程十分困难。在实际

应用中必须设法简化。要简化数学模型，须从简化磁链关系入手，简化的基本方法是坐标变换。

　　坐标变换的思路是，将交流电动机的物理模型（如图4-3所示）等效地变换成类似直流电动机的模式，这样分析和控制就可以大大简化。不同电动机模型彼此等效的原则是：在不同坐标下所产生的磁动势完全一致。

　　根据电机学知识，交流电动机三相对称的静止绕组 A、B、C，通以三相平衡的正弦电流时，所产生的合成磁动势是旋转磁动势 F，在空间上呈正弦分布，以同步转速 ω_1（即电流的角频率）顺着 A－B－C 的相序旋转，如图4-4所示。

　　然而，旋转磁动势并不一定非要三相不可，除单相以外，二相、三相和四相等任意对称的多相绕组，通以平衡的多相电流，都能产生旋转磁动势，当然以两相最为简单。

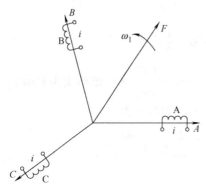

图4-4　三相交流绕组

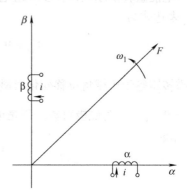

图4-5　两相交流绕组

　　图4-5中绘出了两相静止绕组 α 和 β，它们在空间上互差90°，通以时间上互差90°的两相平衡交流电流，产生旋转磁动势 F。当图4-4和图4-5中的两个旋转磁动势大小和转速都相等时，即认为图4-5的两相绕组与图4-4的三相绕组等效。

　　在图4-6中，两个匝数相等且互相垂直的绕组 M 和 T，其中分别通以直流电流 i_m 和 i_t，产生合成磁动势 F，其位置相对于绕组来说是固定的。

　　让包含两个绕组在内的整个铁心以同步转速旋转，则磁动势 F 自然随之旋转，成为旋转磁动势。如果这个旋转磁动势的大小和转速控制成与图4-4和图4-5中的磁动势一样，那么这套旋转的直流绕组就和前面两套固定的交流绕

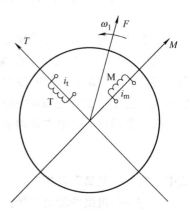

图4-6　旋转的直流绕组

组都等效。当观察者站到铁心上随绕组一起旋转时，M 和 T 就是两个通以直流而相互垂直的静止绕组。

　　如果控制磁通的位置在 M 轴上，就和直流电动机物理模型没有本质上的区别了。这时，绕组 M 相当于励磁绕组，T 相当于伪静止的电枢绕组。

　　由此可见，以产生同样的旋转磁动势为准则，图4-4的三相交流绕组、图4-5的两相交

流绕组和图 4-6 中整体旋转的直流绕组彼此等效。或者说,在三相坐标系下的 i_A、i_B、i_C,在两相坐标系下的 i_α、i_β 和在旋转两相坐标系下的直流 i_m、i_t 是等效的,它们能产生相同的旋转磁动势。利用坐标变换就可以求出 i_A、i_B、i_C 与 i_α、i_β 和 i_m、i_t 之间准确的等效关系。

在三相静止绕组 A、B、C 和两相静止绕组 α、β 之间的变换,称三相静止坐标系和两相静止坐标系间的变换,简称 3/2 变换。为方便起见,取 A 轴和 α 轴重合。设三相绕组每相有效匝数为 N_3,两相绕组每相有效匝数为 N_2,各相磁动势为有效匝数与电流的乘积,其空间矢量均位于有关相的坐标轴上。考虑变换前后总功率不变,在此前提下,可以证明,匝数比应为 $N_3/N_2 = \sqrt{2/3}$。i_A、i_B、i_C 与 i_α、i_β 之间的等效关系为

$$\begin{pmatrix} i_\alpha \\ i_\beta \end{pmatrix} = \sqrt{\frac{2}{3}} \begin{pmatrix} 1 & -\dfrac{1}{2} & -\dfrac{1}{2} \\ 0 & \dfrac{\sqrt{3}}{2} & -\dfrac{\sqrt{3}}{2} \end{pmatrix} \begin{pmatrix} i_A \\ i_B \\ i_C \end{pmatrix} \tag{4-15}$$

从三相坐标系变换到两相坐标系的变换矩阵为

$$C_{3/2} = \sqrt{\frac{2}{3}} \begin{pmatrix} 1 & -\dfrac{1}{2} & -\dfrac{1}{2} \\ 0 & \dfrac{\sqrt{3}}{2} & -\dfrac{\sqrt{3}}{2} \end{pmatrix} \tag{4-16}$$

按照所采用的条件,电流变换矩阵就是电压变换矩阵,也是磁链的变换矩阵。

如果三相绕组是 Y 联结不带中性线,则有 $i_A + i_B + i_C = 0$,或 $i_C = -i_A - i_B$。代入式(4-15),整理后得

$$\begin{pmatrix} i_A \\ i_B \end{pmatrix} = \begin{pmatrix} \sqrt{\dfrac{2}{3}} & 0 \\ -\dfrac{1}{\sqrt{6}} & \sqrt{\dfrac{1}{2}} \end{pmatrix} \begin{pmatrix} i_\alpha \\ i_\beta \end{pmatrix} \tag{4-17}$$

在等效的交流电动机绕组和直流电动机绕组物理模型中,从两相静止坐标系到两相旋转坐标系 M、T 的变换称作两相-两相旋转变换,简称 2s/2r 变换,其中 s 表示静止,r 表示旋转。把两个坐标系画在一起,即得图 4-7。图 4-7 中,两相交流电流 i_α、i_β 和两个直流电流 i_m、i_t 产生同样的以同步转速 ω_1 旋转的合成磁动势 F_s。由于各绕组匝数都相等,可以消去磁动势中的匝数,直接用电流表示,例如 F_s 可以直接标成 i_s。但必须注意,这里的电流都是空间矢量,而不是时间向量。

M、T 轴和矢量 $F_s(i_s)$ 都以转速 ω_1 旋转,分量 i_m、i_t 的长短不变,相当于 M、T 绕组的直流磁动势。由于 α、β 轴是静止的,α 轴与 M 轴的夹角 φ 随时间而变化,因此 i_s 在 α、β 轴上的分量的长短随时间变化,相当于绕组交流磁动势的瞬时值。由图 4-7 可见 i_α、i_β 和 i_m、i_t 之间存在关系

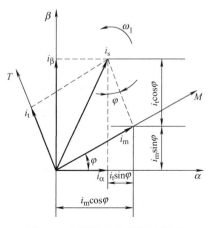

图 4-7　两相静止和旋转坐标系

$$
\begin{bmatrix} i_\alpha \\ i_\beta \end{bmatrix} = \begin{bmatrix} \cos\varphi & -\sin\varphi \\ \sin\varphi & \cos\varphi \end{bmatrix} \begin{bmatrix} i_m \\ i_t \end{bmatrix} = C_{2r/2s} \begin{bmatrix} i_m \\ i_t \end{bmatrix} \tag{4-18}
$$

式中，$C_{2r/2s}$ 是两相旋转坐标系变换到两相静止坐标系的变换矩阵。

经过坐标变换简化了电动机的数学模型，把电动机变换到两相坐标系上，由于两相坐标轴互相垂直，两相绕组之间没有磁的耦合，数学模型简单了许多。

4. 三相异步电动机在 $\alpha\beta$ 坐标系上的数学模型

在静止坐标系 α、β 上的数学模型是任意旋转坐标系数学模型当坐标转速等于零时的特例。电压矩阵方程为

$$
\begin{pmatrix} \mu_{s\alpha} \\ \mu_{s\beta} \\ \mu_{r\alpha} \\ \mu_{r\beta} \end{pmatrix} = \begin{pmatrix} R_s + L_s p & 0 & L_m p & 0 \\ 0 & R_s + L_s p & 0 & L_m p \\ L_m p & \omega L_m & R_r + L_r p & \omega L_r \\ -\omega L_m & L_m p & -\omega L_r & R_r + L_r p \end{pmatrix} \begin{pmatrix} i_{s\alpha} \\ i_{s\beta} \\ i_{r\alpha} \\ i_{r\beta} \end{pmatrix} \tag{4-19}
$$

式中，s 表示静止，r 表示旋转。i_s 与磁动势（电流）空间矢量和 i_r 在 $\alpha\beta$ 坐标系中 α 轴、β 轴上的电流分量分别为 $i_{s\alpha}$、$i_{s\beta}$ 和 $i_{r\alpha}$、$i_{r\beta}$。

磁链在 $\alpha\beta$ 坐标系中 α 轴、β 轴上的分量分别为 $\psi_{s\alpha}$、$\psi_{s\beta}$ 和 $\psi_{r\alpha}$、$\psi_{r\beta}$。$\alpha\beta$ 坐标系上的磁链 ψ 方程为（p 为微分算子，代替微分符号 $\mathrm{d}/\mathrm{d}t$）

$$
\begin{pmatrix} \psi_{s\alpha} \\ \psi_{s\beta} \\ \psi_{r\alpha} \\ \psi_{r\beta} \end{pmatrix} = \begin{pmatrix} L_s & 0 & L_m & 0 \\ 0 & L_s & 0 & L_m \\ L_m & 0 & L_\gamma & 0 \\ 0 & L_m & 0 & L_\gamma \end{pmatrix} \begin{pmatrix} i_{s\alpha} \\ i_{s\beta} \\ i_{r\alpha} \\ i_{r\beta} \end{pmatrix} \tag{4-20}
$$

由式(4-19) 和式(4-20) 可以得到

$$
\begin{cases} u_{s\alpha} = R_s i_{s\alpha} + L_s p i_{s\alpha} + L_m p i_{r\alpha} = R_s i_{s\alpha} + p\psi_{s\alpha} \\ u_{s\beta} = R_s i_{s\beta} + L_s p i_{s\beta} + L_m p i_{r\beta} = R_s i_{s\beta} + p\psi_{s\beta} \end{cases} \tag{4-21}
$$

$$
\begin{cases} \psi_{s\alpha} = \int (u_{s\alpha} - R_s i_{s\alpha})\,\mathrm{d}t \\ \psi_{s\beta} = \int (u_{s\beta} - R_s i_{s\beta})\,\mathrm{d}t \end{cases} \tag{4-22}
$$

$$
T_e = n_p (i_{s\beta}\psi_{s\alpha} - i_{s\alpha}\psi_{s\beta}) = n_p L_m (i_{s\beta} i_{r\alpha} - i_{s\alpha} i_{r\beta}) \tag{4-23}
$$

式中　R——电阻；

　　　L——电感；

　　　ω——转子的角转速；

　　　L_s——定子等效两相绕组的自感；

　　　L_r——转子等效两相绕组的自感；

　　　L_m——定子和转子同轴等效绕组间的互感；

　　　T_e——转矩；

　　　n_p——电动机的磁极对数。

4.2.3　变频器的基本构成及工作原理

变频器的主要任务是将工频电源变换为另一种频率的交流电源，以满足交流电动机变频

调速的需要。目前使用的变频器大多采用交-直-交型的基本结构，即先把工频电源通过整流器转换成直流电，然后再把直流电转换成频率、电压均可调节的交流电供给电动机。

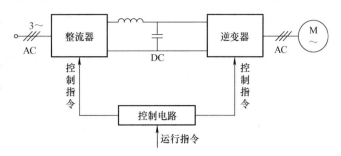

交-直-交变频器的基本结构如图 4-8 所示，主要由主电路（包括整流电路、中间直流电路和逆变电路）和控制电路组成。

图 4-8　交-直-交变频器的基本结构

主电路是给异步电动机提供调压调频电源的电力变换部分，主要由整流电路、中间直流电路和逆变电路构成。整流电路主要是将工频电源变换为直流电源；中间直流电路用于吸收整流电路和逆变电路产生的脉动电压（电流）；逆变电路是将直流电源变换为所需的交流电源。控制电路是给主电路提供控制信号的回路。

1. 主电路

交-直-交-变频器的主电路如图 4-9 所示，由整流电路、中间直流电路及逆变电路组成。

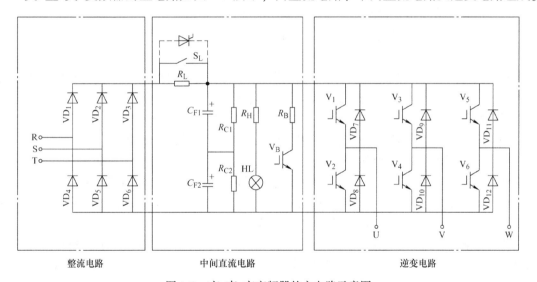

图 4-9　交-直-交变频器的主电路示意图

（1）整流电路

整流电路的功能是将交流电转换为直流电。整流电路按照所使用器件的不同，又可分为不可控整流电路和可控整流电路。不可控整流电路使用的器件是电力二极管，可控整流电路使用的器件为晶闸管。

图 4-9 中所示的整流电路是由 6 个整流二极管 $VD_1 \sim VD_6$ 组成三相整流桥，用于将输入电源的三相交流电全波整流成直流电。

如果电源的线电压为 U_L，那么三相全波整流后平均直流电压 U_D 为

$$U_D = 1.35 U_L$$

我国三相电源的线电压为 380V，因此全波整流后的平均直流电压为

$$U_D = 1.35 \times 380V = 513V$$

（2）中间直流电路

变频器的中间直流电路主要包括滤波电路和制动电路，位于整流电路和逆变电路之间。

滤波电路的功能是对整流电路输出的脉动电压或电流进行滤波，为逆变电路提供波动小的直流电压或电流，常用的滤波方式有电容滤波和电感滤波。

图4-9所示为电容滤波。电路中的 C_F 为滤波电容器，在电路中主要承担两个任务：一是对全波整流后的直流电压进行滤波；二是当负载变化时，使电路中的直流电压保持平稳。变频器滤波电路中采用的电容器要求容量大、耐压高，由于受到电解电容的电容量和耐压能力的限制，如果单个电容无法满足要求，则通常由若干个电容器进行串联或并联使用，如图4-9所示为两个电容 C_{F1} 和 C_{F2} 串联的方式。采用两个电容串联的方式，电容器两端必须并联均压电阻，以便使两个电容两端的电压保持相等。

当变频器合上电源的瞬间，滤波电容器 C_F 中流过较大的充电电流（亦称浪涌电流）。过大的冲击电流可能会损坏三相整流桥中的电力二极管，因此必须采取相应的措施。图4-9中，电阻 R_L 为限流电阻，和开关 S_L 一起用于抑制浪涌电流。在变频器刚接通电源后的一段时间，将限流电阻 R_L 串入电路内，将电容器 C_F 的充电电流限制在允许范围内，以减小冲击电流。当电容器 C_F 充电到一定程度时，令 S_L 接通，将 R_L 短路，避免 R_L 的存在影响后续电路。目前，在许多新型变频器中，开关 S_L 常由晶闸管代替。

图4-9中，HL为电源指示灯，除了用于指示工作电源是否接通以外，还用于指示变频器切断电源后滤波电容器 C_F 上的电荷是否已经释放完毕。由于 C_F 的容量较大，而切断电源必须在逆变电路停止工作的状态下进行，所以 C_F 没有快速放电的回路，其放电时间往往长达数分钟。又由于 C_F 上的电压较高，如不放电完毕，对人身安全构成威胁，因此在维修变频器时，必须等 HL 指示灯完全熄灭后才能接触变频器内部的导电部分。

制动电路的功能是消耗掉电动机减速或刹车过程中产生的再生电能。

变频器主要用来对电动机进行调速，电动机在减速或刹车过程中，逆变器输出电流的频率下降，但由于惯性的原因，电动机转子转速短时仍会高速运转，产生旋转磁场，使电动机处于再生制动状态，产生再生电能，这部分能量通过逆变电路回馈到中间直流电路中，对滤波电容进行反充电，使直流母线两端的电压 U_D 不断上升，甚至可能达到危险的地步。因此，必须将再生到直流电路的能量消耗掉，使 U_D 保持在允许范围内。图4-9中的制动单元由电力晶体管（GTR）或绝缘栅双极型晶体管（IGBT）V_B 及制动电阻 R_B 构成，当 U_D 不断上升，超过设定值时，控制电路自动给 V_B 的基极施加信号，使之导通，从而电容 C_F 通过 R_B 和 V_B 放电，使电压 U_D 下降，进而通过制动电阻 R_B 消耗掉存储于直流母线上的再生电能。

（3）逆变电路

逆变电路也简称逆变器，用于将直流电逆变为交流电。

图4-9中逆变电路主要由逆变管 $V_1 \sim V_6$ 组成。这6个逆变管组成三相全桥逆变电路，把 $VD_1 \sim VD_6$ 整流得到的直流电再"逆变"成频率可调的交流电。这是变频器实现变频的具体执行环节，是变频器的核心部分。

目前，逆变电路中常用的逆变管有门极可关断晶闸管（GTO）、电力晶体管（GTR）、电力场效应晶体管（P－MOSFET）和绝缘栅双极晶体管（IGBT）等。在中小型变频器中，IGBT比较常见。

由于电动机的绕组属于感性负载，其电流含有无功分量，因此续流二极管 $VD_7 \sim VD_{12}$ 为无功电流返回直流电路时提供"通道"。当频率下降、电动机处于再生制动状态时，再生电流通过 $VD_7 \sim VD_{12}$ 整流后返回给直流电路；当 $V_1 \sim V_6$ 进行逆变工作时，同一桥臂的两个逆变管处于交替导通和截止的状态，在这个交替导通和截止的换向过程中，也需要 $VD_7 \sim VD_{12}$ 提供通路。

2. 控制电路

控制电路是给异步电动机的主电路提供控制信号的回路，主要由频率、电压的"运算电路"、主电路的"电压、电流检测电路"、电动机的"速度检测电路"、将运算电路的控制信号进行放大的"驱动电路"、各种控制信号的"输入/输出电路"以及逆变器和电动机的"保护电路"组成。其主要任务是完成对整流器的电压控制、对逆变器的开关控制及各种保护功能。其控制方法可以采用模拟控制和数字控制，具有设定和显示运行参数、信号检测、系统保护、计算与控制和驱动逆变管等作用。目前，变频器的控制电路主要以单片机或数字信号处理器（DSP）为控制核心进行全数字化控制，采用尽可能简单的硬件电路，靠软件来完成各种控制功能。

4.2.4　变频器的调速方式

1. 异步电动机的转速公式

三相交流异步电动机的转速公式为

$$n_1 = n_0(1 - s) = \frac{60f_1}{p}(1 - s) \tag{4-24}$$

式中　n_1——电动机转速（r/min）；

　　　n_0——电动机的同步转速（r/min）；

　　　f_1——定子交流电源的频率（Hz）；

　　　p——电动机磁极对数；

　　　s——转差率。

由转速公式可知，电动机的转速与电源频率 f_1、电动机的磁极对数 p 和转差率 s 有关，只要改变 f_1、s 和 p 中的任意一个参数，就可以改变电动机的运转速度，即可达到对异步电动机进行调速控制的目的。

2. 交流异步电动机的调速方式

由式(4-24) 可知，只要改变 f_1、s 和 p 中的任意一个参数，就可以调节异步电动机的运转速度。

（1）变磁极对数调速

改变磁极对数的调速方式叫变极调速，适用于变极电动机。变极电动机在制造时安装有多套绕组，运行时可通过外部的开关设备控制绕组的连接方式来改变极数，从而改变电动机的转速。其优点是：在每一个转速等级下，具有较硬的机械特性，稳定性好。其缺点是：转速只能在几个速度级上改变，调速平滑性差；在某些接线方式下最大转矩减小，只适用于恒功率调速；电动机体积大，制造成本高。

图 4-10 和图 4-11 是两种典型的变极绕组连接方法，磁极对数分别由 $2p$ 变为 p，电动机的转速由 n 变为 $2n$。

变极调速的控制电路如图 4-12 所示，其机械特性曲线如图 4-13 所示。

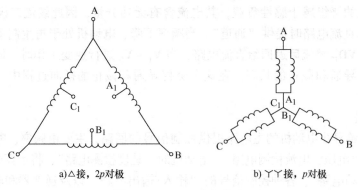

a)△接，$2p$对极   b)丫丫接，p对极

图 4-10 △/丫丫变极接法

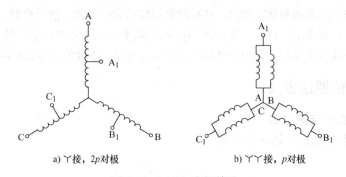

a)丫接，$2p$对极   b)丫丫接，p对极

图 4-11 丫/丫丫变极接法

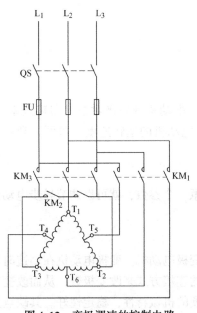

图 4-12 变极调速的控制电路

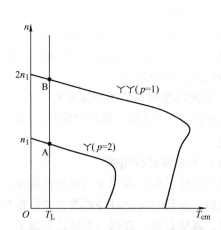

图 4-13 变极调速的机械特性曲线

（2）变转差率调速

1）转子回路串电阻调速。转子回路串电阻调速适用于绕线式异步电动机，通过在电动机转子回路中串入不同阻值的电阻，从而改变电动机的转差率，达到调速的目的。其特点是：设备简单、易于实现；只能有级调速，平滑性差；低速时机械特性软；转子铜损高；运

行效率低。图 4-14 为转子回路串电阻调速的机械特性曲线。

2）定子调压调速。定子调压调速适用于专门设计的转子电阻较大的高转差率异步电动机。当负载转矩一定时，随着电动机定子电压的改变，主磁通发生变化，进而转子的感应电动势及转子电流发生变化，转子受到的电磁力和转差率改变，从而达到调速的目的。降压调速的特点是：机械特性软，调速范围窄，适用范围窄。图 4-15 为定子调压调速的机械特性曲线。

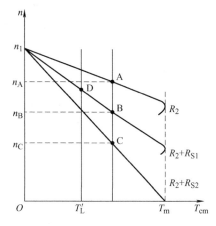

图 4-14 转子回路串电阻调速的机械特性曲线

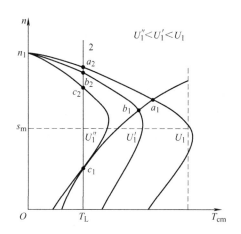

图 4-15 定子调压调速的机械特性曲线

3）串级调速。串级调速方式适用于绕线式异步电动机，是转子回路串电阻方式的改进。串级调速通过在转子回路中串入一个可变的电动势，从而改变转子回路的回路电流，进而改变电动机转速。相比于其他调速方式，串极调速的主要特点是：可以通过某种控制方式，使转子回路的能量回馈到电网，从而提高效率；在适当的控制方式下，可以实现低同步或高同步的连续调速；控制系统相对复杂。图 4-16 为串极调速的机械特性曲线。

3. 变频调速

由式(4-24)可知，电动机的转速与输入电源的频率成正比，只要改变供电电源的频率，电动机的转速随之改变，从而达到调速的目的，这种调速方式称为变频调速。

变频调速的机械特性曲线如图 4-17 所示。

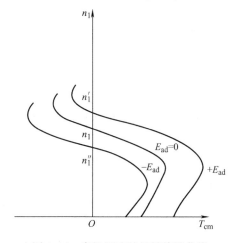

图 4-16 串极调速的机械特性曲线

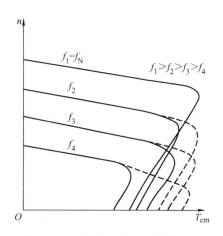

图 4-17 变频调速的机械特性曲线

由机械特性曲线可以看出，如果连续改变电动机的电源频率，则可以连续改变其同步转速，电动机的转速就可以在一个较宽的范围内连续改变，调速平滑性好；变频调速的任何一个速度段的硬度接近自然机械特性，调速特性好。另外，由于这种方式是通过改变电动机的定子电源实现的，所以变频调速可以适用于笼型电动机，因而应用范围广。

比较上述 5 种调速方式可以看出，变频调速在调速性能、运行经济性、调速平滑性以及机械特性等几个方面都具有明显的优势。如果能够有一个可以任意改变频率的交流电源，就可以通过改变该电源的频率来实现对异步电动机的调速控制。但在大功率电子器件及单片机广泛应用之前，这一实现需要极高的成本。目前，随着电力电子器件及单片机的大规模应用，交流异步电动机的变频调速已成为交流调速的首选方案。

4. 异步电动机的机械特性

图 4-18 给出了给定电压下异步电动机的机械特性（转速/转矩 – 电流特性）曲线。理解该特性曲线对理解和掌握异步电动机的调速控制非常重要，所以下面对图 4-18 中的一些术语进行简单说明。

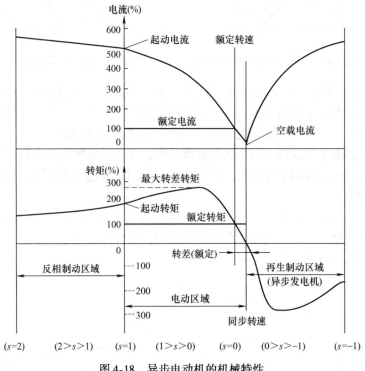

图 4-18   异步电动机的机械特性

1）起动转矩。给处于停止状态的异步电动机加上电压时，电动机产生的转矩称为起动转矩。通常起动转矩为额定转矩的 125% 以上。

2）停动转矩。电动机开始转动后，随着转速的增加，电动机产生的转矩也不断增加，直至达到最大值，而这个转矩的最大值则被称为停动转矩。

3）起动电流。给处于停止状态的异步电动机加上电压时，电动机（转子）中产生的电流称为起动电流，通常该电流为额定电流的 5～6 倍。

4）空载电流。电动机在空载状态时（不需要驱动负载时）的电流称为空载电流。此时电动机的转速基本上等于同步转速。

5）电动区域。电动机产生转矩，使负载机械转动的区域称为电动区域。

6）再生制动区域。由于负载的原因，使电动机以同步转速以上的速度旋转的区域称为再生制动区域。此时，负载机械的（旋转）能量被转换为电能，并被馈还给电源，即异步电动机作为异步发电机运行。

7）反相制动区域。对于三相交流异步电动机来说，将三相电源中的两相互换，即可以改变旋转磁场的方向，从而达到改变电动机转向的目的。而对于处于旋转状态的异步电动机来说，将三相电源中的两相互换后旋转磁场的方向发生改变，并对电动机的转子产生制动作用。在这种情况下，负载进行旋转的机械能量被转换为电能，并被电动机的转子电阻所消耗。值得注意的是，在进行反相制动时，由于电动机在停止转动后继续朝相反方向（旋转磁场方向）转动，在使用过程中应采取必要措施，以免造成机械设备的损坏。

4.3　变频器的控制方式

根据电机学原理，三相异步电动机定子每相感应电动势的有效值为

$$E_1 = 4.44 f_1 N_1 K_{N1} \Phi_m \tag{4-25}$$

式中　E_1——气隙磁通在定子每相感应的电动势的方均根值（V）；

　　　f_1——定子频率（Hz）；

　　　N_1——定子相绕组有效匝数；

　　　K_{N1}——基波绕组系数；

　　　Φ_m——电动机气隙中每极合成磁通量（Wb）。

三相异步电动机电磁转矩 T_e 为

$$T_e = C_m \Phi_m I_2' \cos\varphi_2 \tag{4-26}$$

$$I_2' = \frac{sE_1}{\sqrt{(R_2')^2 + (s\omega_1 L_{l2}')^2}} \tag{4-27}$$

$$\cos\varphi_2 = \frac{(R_2')^2}{\sqrt{(R_2')^2 + (s\omega_1 L_{l2}')^2}} \tag{4-28}$$

式中　C_m——电动机转矩常数；

　　　I_2'——转子电流折算到定子侧的电流有效值（A）；

　　$\cos\varphi_2$——转子电路的各相功率因数；

　　　R_2'——转子相绕组电阻折算到定子侧的值；

　　　L_{l2}'——转子相绕组电感值折算到定子侧的值；

　　　s——电动机的转差率。

由式（4-25）和式（4-26）可知，当改变定子侧频率 f_1 进行调速时，异步电动机的物理量 E_1、Φ_m 和 T_e 都会发生变化，影响电动机的电磁转矩特性和机械转矩特性，影响电动机的转差率。因此，当改变电动机的定子侧频率 f_1 进行调速时，必须考虑如何处理和控制其他物理量，以保证调速系统满足生产工艺的要求。

4.3.1　U/f 恒定控制

为了保证在改变定子侧频率 f_1 进行调速时，不影响异步电动机的运行性能，保持主磁通 $\varPhi_m$ 不发生改变。由式(4-26) 可以知道：主磁通 $\varPhi_m$ 是由电动势 E_1 和电源频率 f_1 共同决定的，对 E_1 和 f_1 进行适当控制，就可以保持主磁通 $\varPhi_m$ 在额定值不发生改变。

1. 基频以下 E_1/f_1 = 常数的调速控制方式

当定子绕组电源频率在基频以下时，即 $f_1 < f_{1N}$，定子侧电压 U_1 保持不变，由于 E_1 基本保持不变，根据式(4-26) 可以知道 $\varPhi_m$ 上升，造成励磁电流的急剧升高，铁心严重过热。另外，在负载不变的时候，为保持电动机的负载能力，需要保持 $\varPhi_m$ 不随供电频率 f_1 变化，这就要求在降低供电频率 f_1 的同时，也要降低定子感应电动势 E_1，这种方法为恒定的电动势频率比控制方式，即 E_1/f_1 = 常数。由式(4-26) 可知，$\varPhi_m$ 保持不变，则电动机电磁转矩 T_e 保持恒定，可以获得恒转矩的调速特性。

2. 基频以下 U_1/f_1 = 常数的调速控制方式

由电机学知识，异步电动机相电压 $\dot{U}_1$ 与相电动势 $\dot{E}_1$ 的关系为

$$\dot{U}_1 = \dot{E}_1 + \dot{I}_1 Z_1 = \dot{E}_1 + \dot{I}_1(r_1 + jx_1) = \dot{E}_1 + \dot{I}_1(r_1 + j2\pi f_1 L_1) \tag{4-29}$$

$$\dot{E}_1 = \dot{I}_0 Z_m = \dot{I}_0(r_m + j2\pi f_1 L_m) \tag{4-30}$$

式中　r_1——定子每相电阻值；

　　　x_1——定子每相漏磁电抗；

　　　Z_1——定子每相绕组漏磁阻抗；

　　　L_1——定子每相绕组漏电感系数；

　　　r_m——定子励磁电阻值；

　　　Z_m——励磁阻抗；

　　　L_m——定子励磁电感系数。

在绕组中的感应电动势很难直接控制，当定子侧交流电频率 f_1 较高时，电动势 $\dot{E}_1$ 的值较高，可以忽略定子绕组的漏磁阻抗压降，认为 $U_1 \approx E_1 = 4.44 f_1 N_1 K_{N1} \varPhi_m$，有 U_1/f_1 = 常数，也称为恒压频比的控制方式，近似为恒转矩调速。

在定子侧交流电频率 f_1 较低时，相电压 $\dot{U}_1$ 与 $\dot{E}_1$ 都较小，定子绕组漏磁阻抗 Z_1 上的压降 $\dot{I}_1 Z_1$ 所占的分量较大，不能忽略。这时，可以把电压 $\dot{U}_1$ 抬高一些，以便近似地补偿定子压降 $\dot{I}_1 Z_1$，补偿程度的大小可以根据实际调速系统的工作情况确定。恒压变频比控制特性如图4-19所示，图4-19 中特性曲线 1 为有电压补偿，曲线 2 为无补偿的控制特性，实际情况可以根据负载加以选择。

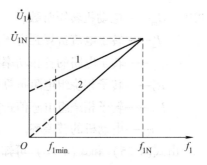

图 4-19　控制特性曲线

U_1/f_1 = 常数的调速控制方式，其特点是控制电路结构简单，成本较低，机械特性硬度

也较好，能够满足一般传动的平滑调速要求，已在产业的各个领域得到广泛应用。但是，这种控制方式在低频时，由于输出电压较低，转矩受定子电阻压降的影响比较显著，使输出最大转矩减小。另外，其机械特性终究没有直流电动机硬，动态转矩能力和静态调速性能都还不尽如人意，且系统性能不高，控制曲线会随负载的变化而变化，转矩响应慢、电动机转矩利用率不高，低速时因定子电阻和逆变器死区效应的存在而使性能下降，稳定性变差等。

3. 基频以上调速控制方式

当定子绕组电源频率在基频以上时，即 $f_1 > f_{1N}$，由于受到电动机定子侧额定电压的限制，在调节 f_1 使电动机转速升高时，电压 U_1 不能随着 f_1 比例上调，而是保持额定电压 U_{1N} 不变，所以 E_1 基本保持不变，根据式(4-25)可以知道 Φ_m 下降，由式(4-26)可知电动机电磁转矩 T_e 下降，为保证电动机正常运行仍需满足 $T_e > T_L$，T_L 为负载转矩。

在这种控制方式下，电动机的机械功率 P_m 基本保持不变，即转速与转矩的乘积基本不变。

$$P_m = T_e \frac{2\pi n}{60} \approx 常数 \tag{4-31}$$

这种控制方式称为恒功率控制方式。

4.3.2 转差频率控制

转差频率控制的基本思想是采用转子速度闭环控制，速度调节器通常采用 PI 控制。它的输入为速度设定信号和检测的电动机实际速度之间的误差信号，速度调节器的输出为转差频率设定信号。变频器的设定频率即电动机的定子电源频率，为转差频率设定值与实际转子转速的和。当电动机带动负载运行时，定子频率设定自动补偿由于负载产生的转差，保持电动机的速度为设定值。速度调节器的限幅值决定了系统的最大转差频率。

根据式(4-20) ~ 式(4-28)，三相异步电动机电磁转矩 T_e 可以写为

$$T_e = C_m \Phi_m \frac{E_1 R_2' s}{(R_2')^2 + (s\omega_1 L_{12}')^2} \tag{4-32}$$

定义 $\omega_2 = s\omega_1$ 为转差角频率，则 T_e 可以写为

$$T_e = C_m \Phi_m \frac{E_1 R_2' s}{(R_2')^2 + (\omega_2 L_{12}')^2} \tag{4-33}$$

一般而言，在控制过程中，转差角频率比较小，$\omega_2 \ll (2\% \sim 5\%)\omega_1$，即 $\omega_2 L_{12}' \ll R_2'$，所以分母中可以忽略 $\omega_2 L_{12}'$ 项。同时把式(4-25)代入式(4-33)，则 T_e 可写为

$$T_e = C_m \Phi_m^2 \omega_s / R_2' \tag{4-34}$$

控制电动机定子电流，使得 Φ_m 不发生改变，根据式(4-25)，Φ_m 是由电动势 E_1 和电源频率 f_1 共同决定的，根据式(4-34)，转差角频率 ω_s 在一定范围内与电动机的电磁转矩 T_e 成正比。因此，控制转差角频率可以实现对电磁转矩 T_e 的控制，达到控制转速的目的。

4.3.3 矢量控制

矢量控制（VC）变频调速的做法是将异步电动机在三相坐标系下的定子电流 i_A、i_B、i_C 通过三相/二相变换，等效成两相静止坐标系下的交流电流 i_α 与 i_β，再通过按转子磁场定向旋转变换，等效成同步旋转坐标系下的直流电流 i_m、i_t（i_m 相当于直流电动机的励磁电

流；i_t 相当于与转矩成正比的电枢电流），把上述等效关系用结构图的形式表示出来，如图 4-20 所示。从整体上看，输入为 A、B、C 三相电压，输出为转速 ω，是一台异步电动机。从内部看，经过 3/2 变换和同步旋转变换，变成一台由 i_m 和 i_t 输入，由 ω 为输出的直流电动机。

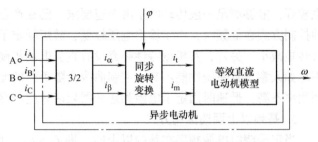

图 4-20　异步电动机的坐标变换结构图

　　既然异步电动机经过坐标变换可以等效成直流电动机，那么，模仿直流电动机的控制策略，得到直流电动机的控制量，经过相应的坐标反变换，就能够控制异步电动机了。

　　由于进行坐标变换的是电流（代表磁动势）的空间矢量，所以通过坐标变换实现的控制系统叫矢量控制系统（Vector Control System，VCS），控制系统的原理结构如图 4-21 所示。

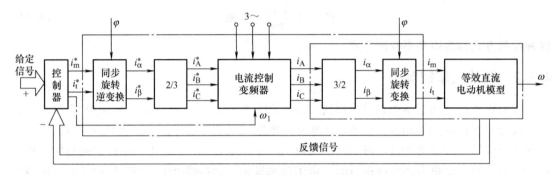

图 4-21　矢量控制系统原理结构图

　　反馈信号可以分为电流反馈和速度反馈。电流反馈用于反映负载的情况，使直流信号中与转矩对应的分量 I_t 能够随着负载变化，从而模拟出类似于直流电动机的工作状态。速度反馈反映实际转速与给定值之间的差异，并且以最快的响应速度进行校正，提高系统的动态性能。式(4-35) 和式(4-36) 构成矢量控制基本方程式，定子电流解耦成 i_{sm} 和 i_{st} 两个分量，i_{sm} 为励磁电流分量，i_{st} 为电枢电流分量，ψ_r 为转子磁链。

$$\omega_1 - \omega = \omega_s = \frac{L_m i_{st}}{T_r \psi_r} \tag{4-35}$$

$$\psi_r = \frac{L_m}{T_r p + 1} i_{sm} \tag{4-36}$$

　　在磁链闭环控制的矢量控制系统中，转子磁链反馈信号是由磁链模型获得的，其幅值和相位都受到电动机时间常数 T_r 和电感 L_m 变化的影响，造成控制的不准确性。

　　鉴于此，很多人认为，与其采用磁链闭环控制而反馈不准，不如采用磁链开环控制，系统反而会简单一些。在这种情况下，常利用矢量控制方程中的转差公式，构成转差型的矢量控制系统，又称间接矢量控制系统。

　　矢量控制的实质是将交流电动机等效为直流电动机，分别对速度和磁场两个分量进行独立控制。通过控制转子磁链，分解定子电流获得转矩和磁场两个分量，经坐标变换，实现正交或解耦控制。

4.3.4　直接转矩控制

直接转矩控制（DTC）直接在定子坐标系下分析交流电动机的数学模型，控制电动机的磁链和转矩。不需要将交流电动机等效为直流电动机，省去了矢量旋转变换中的许多复杂计算；不需要模仿直流电动机的控制，也不需要为解耦而简化交流电动机的数学模型。

直接转矩控制将逆变器和交流电动机作为一个整体进行控制，逆变器所有开关状态的变化都以交流电动机的电磁过程为基础，将交流电动机的转矩控制和磁链控制有机地统一。直接转矩控制估计定子磁链，由于定子磁链的估计只牵涉到定子电阻，因此对电动机参数的依赖性大大减弱了。直接转矩控制采用了转矩反馈的砰—砰控制，在加减速或负载变化的动态过程中，可以获得快速的转矩响应。

图4-22给出了直接转矩控制的原理框图。直接转矩控制系统分别控制异步电动机的转速和磁链。转速调节器（ASR）的输出作为电磁转矩的给定信号 T_e^*，在 T_e^* 后面设置转矩控制内环，可以抑制磁链变化对转速子系统的影响，从而使转速和磁链子系统实现近似的解耦。因此，能获得较高的静、动态性能。除转矩和磁链砰—砰控制外，DTC 系统的核心问题就是转矩和定子磁链反馈信号的计算模型，以及如何根据两个砰—砰控制器的输出信号来选择电压空间矢量和逆变器的开关状态。

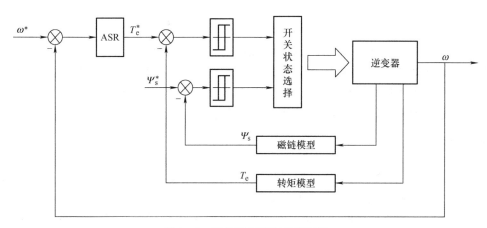

图4-22　直接转矩控制的原理图

DTC 系统采用的是两相静止坐标（$\alpha\beta$ 坐标），式(4-22) 就是图4-22 中所采用的定子磁链模型，其结构模型是电压模型，适合于中高速的系统，在低速时误差较大。式(4-23) 就是图4-22 中所采用的转矩模型。

在图4-21 中，根据定子磁链给定和反馈信号进行砰—砰控制，按控制程序选取电压空间矢量的作用顺序和持续时间。在电压空间矢量按磁链控制的同时，更优先地接受转矩的砰—砰控制。

4.3.5　直接转速控制

直接转速控制（Direct Speed Control，DSC）通过对变频器的输出电压、电流进行检测，经坐标变换后，送入电动机模型，推算出电动机的磁通、瞬时转速，在保持磁通闭环的同时，每秒对电动机的转速进行数千次的校正，称为直接转速控制。

DSC 不像 DTC 那样，通过对转矩变化的积分，计算出速度偏差，再调节转矩、再积分、再调偏差。因此，DSC 具有更快的响应速度，更小的转矩脉动，更稳定的准确度，同时 DSC 还能补偿电路压降及电路电阻和定子电阻温升带来的影响。图 4-23 给出了直接转速控制的原理框图。

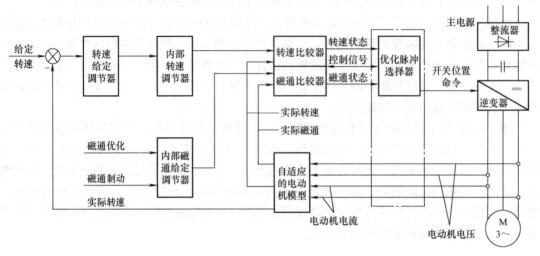

图 4-23　直接转速控制的原理图

DSC 创建了磁通模型，控制方式设有转速中心控制平台模型、动补原电动机额定转矩的数学模型、磁通观察器、专家诊断系统、磁通链定向参数解析、运算模块，模糊逆变开关发出的电压和频率变量，控制电动机磁链速度定向加/减动转矩，实现在额定转差率条件下的负载阻转矩高速平衡矢量控制模型等传动控制软件。

4.3.6　矩阵式控制

矩阵式交-交变压变频器应用全控型开关器件，在三相输入与三相输出之间用了 9 组双向开关组成矩阵阵列，采用 PWM 控制方式，可直接输出变频电压。

从原理上讲，矩阵变频器使用了一组电力半导体开关，按照预定的数学算法控制开关顺序，并直接连接到三相电动机上。

矩阵变频器使用了三相电压输入控制输出电压，能吸收任何电流杂波，也能提供一个清洁的输出电压，也就是说"可以有效地进行输入电源电流控制与输出电压控制"。这是矩阵变频器吸引人们的一个重要点：能大大降低输入电流谐波的产生，大约只有传统交－直－交变频器的 20% 以下。而且矩阵变频器的电流波形几乎是正弦波，即使在带负载情况下，也是如此。当有再生发电时，电流能以 180°转换并反馈到电网中，也是以正弦波方式。在再生制动方式的工作中，矩阵变频器不需要制动电阻或特殊的变换器，反馈回的电能无须额外的设备（如变压器等）进行处理。总之，矩阵式变频器变频效率高，能在四象限运行。

矩阵式交－交变压变频器的主要优点为：

1）输出电压和输出电流的谐波幅值比较小。

2）输入功率因数可调。

3）输出频率不受限制。

4）能量可双向流动。

5）可省去中间直流环节的大电容元件。

限制矩阵式变频器实际应用的问题是：

1）功率器件数量大，装置结构复杂。

2）双向开关的安全换流问题。

3）当输出电压必须接近正弦时，理论上最大输出输入电压比只有0.866。

4）IGBT数量的增加，导致矩阵变频器造价昂贵。

由于矩阵式交－交变频省去了中间直流环节，从而省去了体积大、价格贵的电解电容。能实现功率因数为1，输入电流为正弦波形且能在四象限运行，系统的功率密度大。该技术目前虽尚未成熟，但仍吸引着众多的学者深入研究。其技术实质不是间接地控制电流、磁链等量，而是把转矩直接作为被控制量来实现。具体方法是：

1）控制定子磁链引入定子磁链观测器，实现无速度传感器控制。

2）依靠精确的电动机数学模型，对电动机参数自动识别。

3）算出对应于定子阻抗、互感、磁饱和因素和惯量等实际值，然后算出实际的转矩、定子磁链和转子速度，进行实时控制。

4）按磁链和转矩的控制产生PWM信号，对逆变器开关状态进行控制。

矩阵式交-交变频具有快速的转矩响应（<2ms），很高的速度精度（±2%，无脉冲反馈），高转矩精度（<3%）；同时还具有较高的起动转矩，尤其在低速时（包括零速度时），可输出150%~200%转矩。

4.3.7 变频器控制的发展方向

随着电力电子技术、微电子技术和计算机网络等高新技术的发展，变频器的控制方式将向以下几个方面发展。

（1）数字控制变频器的实现

使用数字处理器可以实现比较复杂的控制运算，因此变频器控制的一个重要发展方向是数字化。目前，变频器数字化主要采用的单片机有MCS51或80C196MC等，辅助以SLE4520或EPLD液晶显示器等，实现更加完善的控制性能。

（2）多种控制方式的结合

每种控制方式有其各自的优缺点，没有一种控制方式是"万能"的。在某些场合，需要将一些控制方式结合起来运用，方能达到最好的控制效果。例如，将学习控制与神经网络控制相结合，自适应控制与模糊控制相结合，直接转矩控制与神经网络控制相结合等。

（3）远程控制的实现

随着计算机网络技术的发展，依靠计算机网络对变频器进行远程控制是一个重要的发展方向。对变频器远程控制的实现，可以很容易地在一些不适合人进行现场操作的场合，实现控制目标。

（4）绿色变频器的研发

随着可持续发展战略的提出和人们对环境问题的重视，如何设计出绿色变频器，降低变频器工作时产生的噪声，以及增强工作的可靠性、安全性等问题，都可以通过采取合适的控制方式来解决。

4.4　变频器的分类

变频器种类很多，其分类方式有多种。

1. 按变换方式分类

变频器按照变换方式主要分为交-直-交变频器和交-交变频器两类。

（1）交-直-交变频器

交-直-交变频器先将频率恒定的交流电经过整流电路转换成直流电，再将直流电经过逆变电路转换为频率和电压均可调节的交流电，然后提供给负载（电动机）进行变速控制，如图4-24所示。这种类型的变频器由于在输入和输出交流电源转换过程中，增加了中间直流环节，因此又称为间接变频器。

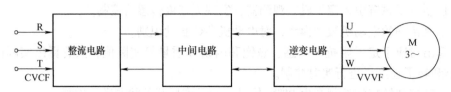

图4-24　交-直-交变频器的结构框图

由于把直流电逆变成交流电的环节较易控制，因此交-直-交变频器在频率调节范围及改善变频后，电动机的特性等方面都有明显优势，是目前广泛采用的变频方式。

（2）交-交变频器

交-交变频器将工频交流电源直接变换成频率和电压均可连续调节的交流电源，提供给负载进行变速运行的设备。由于没有中间环节，因此又称为直接变频器。

交-交变频器的主要特点是没有中间环节，因此变换效率较高，但交-交变频器所用器件数量多，总设备较为庞大。另外，连续可调的输出频率范围较窄，一般不超过电网频率的1/3 ~ 1/2，所以交-交变频器的应用受到限制，一般适用于电力牵引等容量较大的低速拖动系统，如轧钢机、球磨机和水泥回转窑等。

2. 按中间直流环节的滤波方式分类

根据交-直-交变频器中间直流环节滤波方式的不同，可将交-直-交变频器分为电压型变频器和电流型变频器。

（1）电压型变频器

在交-直-交电压型变频器中，中间直流环节的滤波元件为电容器，如图4-25所示。由于采用大电容滤波，输出电压波形比较平直，将电容滤波后的电压送至逆变器可使加于负载两端的电压值基本保持恒定，不会受负载变动的影响，相当于理想情况下内阻为零的电压源，因此称为电压型变频器。电压型变频器多用于不要求正反转或快速加减速的通用变频器中。

（2）电流型变频器

在交-直-交电流型变频器中，中间直流环节的滤波元件为电感器，如图4-26所示。由于采用大电感滤波，使直流回路中的电流波形趋于平稳，电感滤波后加于逆变器的电流值稳定不变，输出电流基本不受负载变动的影响，电源外特性类似电流源，因此称为电流型变频器。

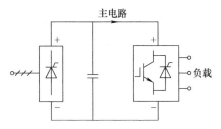

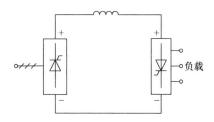

图 4-25　电压型交-直-交变频器结构框图　　　　　图 4-26　电流型交-直-交变频器结构框图

对于电流型变频器而言，由于在交 – 直 – 交变频器的中间直流环节采用了大电感滤波，因此当电动机处于再生发电状态时，回馈到直流侧的再生电能可以方便地回馈到交流电网，不需要在主电路内附加任何设备。电流型变频器适用于频繁可逆运转或大容量的电动机传动中。

3. 按控制方式分类

为保证电动机的运行特性，对交流电源的电压和频率有一定的要求。变频器作为控制电源，需满足对电动机特性的最优控制。从控制方式上看，变频器可以分为 U/f 控制、转差频率控制、矢量控制和直接转矩控制。

（1）U/f 控制变频器

U/f（电压和频率比）控制的基本特点是对变频器输出的电压和频率同时进行控制，通过保持 U/f 恒定，使电动机获得所需的转矩特性，保持电动机磁通恒定。基频以下是恒转矩调速，基频以上是恒功率调速。由于 U/f 控制变频器的控制电路简单，成本低，通用性强，性价比高，因此多被精度要求不高的通用变频器所采用。

（2）转差频率控制变频器

转差频率控制变频器又称 SF 控制变频器，通过控制异步电动机的转差频率实现对电动机的控制，并达到调速的目的。人们在对交流调速系统进行研究的过程中发现，如果能够像控制直流电动机那样，用直接控制电枢电流的方法控制转矩，则可以使异步电动机得到与直流电动机同样的静—动态特性。转差频率控制就是一种直接控制转矩的控制方式，它是在 U/f 控制的基础上，按照已知的异步电动机实际转速对应的电源频率，并根据希望得到的转矩来调节变频器的输出频率，使电动机获得相应的输出转矩。

使用转差频率控制方式时，需要检测电动机的实际转速，所以需要在异步电动机轴上安装速度传感器。电动机的转速检测由速度传感器和变频器控制电路中的运算电路共同完成。控制电路通过适当的算法根据检测到的电动机速度产生转差频率和其他控制信号。此外，在采用了转差频率控制方式的变频器中，往往还加电流负反馈对频率和电流进行控制，所以这种变频器具有良好的稳定性，并对急速的加、减速和负载变动有良好的响应特性。

（3）矢量控制变频器

矢量控制变频器又称 VC 控制变频器，其基本思想是通过坐标变换等手段，将交流电动机的定子电流分解成磁场分量和转矩分量，对交流电动机的磁场和转矩分别加以控制。由于在这种控制方式中必须同时控制异步电动机定子电流的幅值和相位，即定子电流的矢量，因此这种控制方式称为矢量控制变频器。

常用的矢量控制方式主要有带速度传感器的矢量控制方式和无速度传感器的矢量控制方式两种。这种矢量控制调速装置可以精确地设定和调节电动机的转矩，亦可实现对转矩的限幅控制，因而性能较高，受电动机参数变化的影响较小。当调速范围不大，在 1:10 的速度范围内时，常采用无速度传感器方式；当调速范围较大，即在极低的转速下要求具有高动态性能和高转速精度时，需要采用带速度传感器方式。

矢量控制方式具有动态响应快、低频转矩大和控制灵活等特点，广泛应用于要求高速响应的工作机械、要求高精度的电力拖动和四象限运转。

（4）直接转矩控制变频器

直接转矩控制（Direct Torque Control，DTC）是继矢量控制技术之后又一新型的高效变频调速技术。它与矢量控制的主要区别在于，它不是通过控制电流、磁链等间接控制转矩的，而是直接把转矩作为被控量进行控制。这种方法省去了复杂的矢量变换与电动机数学模型简化处理，控制思想新颖，控制结构简单，控制手段直接，信号处理的物理概念明确，可以实现快速的转矩响应并提高速度、转矩的控制精度，非常适合于重载、起重、电力牵引、大惯性电力拖动和电梯等大功率设备的电力拖动。

4. 按输入电源的相数分类

从输入电源的相数上看，变频器可以分为单相变频器和三相变频器。

（1）单相变频器

单相变频器输入侧是单相交流电，输出侧为三相交流电。一般来说，单相变频器容量较小，家用电器里的变频器均属此类。

（2）三相变频器

三相变频器的输入侧和输出侧均为三相交流电，绝大多数的变频器均属此类。

5. 按电压调制方式分类

根据交–直–交变频器电压调制方式的不同，变频器可分为脉幅调制（PAM）和脉宽调制（PWM）两种。

（1）PAM 调制变频器

脉幅调制（Pulse Amplitude Modulation，PAM）方式是一种改变电压源的电压 U_d 或电流源的电流 I_d 的幅值进行输出控制的方式（如图 4-27 所示），因此在逆变器部分只控制频率，整流器部分只控制电压或电流。

（2）PWM 调制变频器

脉宽调制（Pulse Width Modulation，PWM）方式是指变频器输出电压的大小是通过改

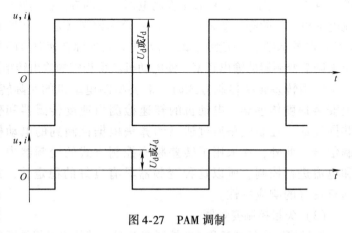

图 4-27　PAM 调制

变输出脉冲的占空比来实现的，如图 4-28 所示。目前，应用最普遍的是占空比按正弦规律变化的正弦波脉宽调制方式，即 SPWM 方式。

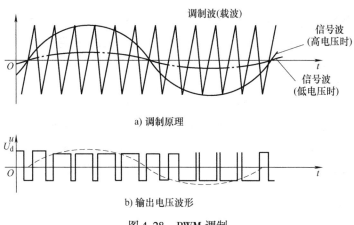

a) 调制原理

b) 输出电压波形

图 4-28　PWM 调制

6. 按用途分类

从变频器的应用对象角度考虑，变频器可以分为通用变频器和专用变频器。

（1）通用变频器

通用变频器是指应用范围广，大多数场合都可以使用的变频器。一般情况下，可以与标准电动机结合使用。市场上的变频器大多属于通用变频器。

过去，通用变频器基本上采用简单的 U/f 控制方式。但是，随着变频技术的发展，多数厂家已经在原变频器基础上增加了矢量控制方式，用户可以根据项目的需要，自行选择采用 U/f 控制或矢量控制方式。采用大功率自关断开关器件（GTO、BJT、IGBT）作为主开关器件的正弦脉宽调制式(SPWM) 变频器，已成为通用变频器的主流。通用变频器的功能不是针对某些特定负载设计的，因此具有通用型和灵活性，适用范围更广，但是对于某些特殊负载可能使用不便。

（2）专用变频器

专用变频器是针对某些特定负载设计的变频器，因此在硬件和软件两方面都考虑了负载的运行和控制特点，简化和方便了负载的控制，优化了负载的运行和控制性能，操作更简单，性能更好。比如，针对超精密机械加工中常常用到的高速电动机设计的高频变频器，输出主频率可达 3kHz；针对电厂大功率电动机设计的高压变频器，最高功率可达 5000kW，电压等级为 3kV、6kV 和 10kV。例如风机水泵专用变频器有康沃、富士、安川 P 系列、森兰 SB12、三菱 FR－A140、艾默生 TD2100 和西门子 MM430。这类专用变频器只有 U/f 控制方式，但增加了节能功能和工频变频的切换功能、睡眠和唤醒功能等。起重机械专用变频器有三菱 FR241E、AB：ACC600。电梯专用变频器有艾默生 TD3100、安川 VS－676GL5。注塑机专用变频器有康沃 CVF－ZS－ZC、英威腾 INVT－ZS5－ZS7。张力控制专用变频器有艾默生 TD3300、三垦 SAMCO－vm05。专用变频器的驱动对象通常是变频器厂家指定的专用电动机。

7. 按供电电源电压等级分类

变频器可以分为低压变频器和高压变频器两类。在日常工作和生活中主要使用低压变频器，主要电压等级有 220V/1PH、220V/3PH 和 380V/3PH；在大型设备控制和高电压场所主要使用高压变频器，主要电压等级有 3000V/3PH、6000V/3PH 和 10000V/3PH。

8. 按控制算法分类

变频器可以分为普通型变频器和高性能变频器两类。普通型变频器一般只内置 U/f 控制方式,控制简单,但是机械特性略软,调速范围较小,轻载时磁路容易饱和。国内常见的普通型变频器有康沃 CVF‑G1、G2、森兰 SB40、SB61、安邦信 AMB‑G7、英威腾 INVT‑G9 和时代 TVF2000。高性能变频器一般内置 U/f 控制和矢量控制两种方式,控制复杂,但是机械特性硬,调速范围大,不存在磁路饱和问题,闭环控制时机械特性更硬,动态响应能力强,调速范围更大,可进行四象限运行。国内常见的高性能变频器有康沃 CVF‑V1、森兰 SB80、英威腾 CHV、台达 VFD‑A 和 B、艾默生 VT3000、富士 5000G11S、安川公司 CIMR‑G7、ABB 公司 ACS800、A‑B 公司 Power Flex700、瓦萨 VACON NX、丹佛士 VTL5000 和西门子 MM440。

9. 按用途分类

变频器可以分为通用变频器和专用变频器两类。通用变频器是利用全控型电力电子器件及全数字化的控制手段,利用微型计算机巨大的信息处理能力,其软件功能不断强化,使变频装置的灵活性和适应性不断增强。目前中小容量的一般用途的变频器已经实现了通用化。

4.5　变频器的基本功能

最初研发变频器的目的就是为了调节交流电动机的运转速度,节约电能。

几十年来,随着电力电子技术及计算机技术、控制技术的不断发展,变频器的功能不断完善。新一代变频器除了能完成最基本的电动机变频器调速功能外,还具有自动加/减速、频率限制、多段程序运行、保护和监控等功能。

1. 与频率设定有关的功能

(1) 自动加/减速

交流电动机在工频条件下,起动电流是额定电流的 5~7 倍,而且电动机的容量越大,起动时对电网的影响也越大。使用变频器后,一方面可以利用变频器对电动机进行起动或停车的控制,另一方面可以预先设定加/减速方式和时间,使得电动机可以在较小的电流条件下实现软起动,从而减小对电网的影响并降低电动机发热。加/减速时动态转矩的不足,可以通过变频器的自动转矩提升功能和加/减速过程中的防失速功能来解决。

(2) 频率限制

在拖动系统的运行过程中,可能会由于电动机故障或一些不可预见的误操作,造成电动机运转速度的意外变化,严重时可能会给整个拖动系统的安全和产品的质量带来严重影响,因此有必要对电动机的最高、最低转速给予限制。变频器的上、下限设定功能就是为了限制电动机的转速,保护机械设备而设置的。

在拖动系统的调速控制过程中,如果运行的某段频率与机械设备的固有频率一致,则会发生共振,对机械设备造成非常大的损坏,因此拖动系统运转时应避开这些共振频率。变频器可以通过跳跃频率,设置电动机的运行频率区间和要避开的一些共振点。

(3) 多段程序运行

根据生产工艺的要求,许多机械设备需要在不同的时间、不同的位置进行不同方向和转速的运行。为此,变频器具备多段程序运行(固定频率、多段速)功能来满足生产要求。其特点是将一个完整的工作过程分为若干个程序步骤，各程序步骤的旋转方向、运行速度、工作时间等都可以事先设定，运行时根据各自不同的条件实现各程序步骤之间的自动切换。

2. 与运行方式有关的功能

（1）停车和制动

停车指的是将电动机的转速降到零速的操作，为使拖动系统的运行状况能够更好地满足用户要求，变频器提供减速停机、自由停机和低频状态下短暂运行后停机等多种停机方式供用户选择。

另外，为了缩短电动机的减速时间，变频器支持直流制动功能，以便将电动机快速制动、准确停车。

（2）自动再起动和捕捉再起动

自动再起动是指变频器在主电源跳闸或故障后重新起动的功能。该功能的作用是在发生瞬时停电时，使变频器仍能根据原定的工作条件自动进入运行状态，从而避免进行复位、再起动等烦琐操作，保证整个系统的连续运行。该功能的具体实现是发生瞬时停电时利用变频器的自寻速跟踪功能，使电动机自动返回预先设定的速度。当电源瞬时停电时间不多于 2s 时，一般通用变频器可保证不出现停机而连续运行。

捕捉再起动是指变频器快速改变输出频率，搜索正在自由旋转电动机的实际速度。一旦捕捉到电动机的实际速度值，使电动机按常规斜坡函数曲线升速运行到频率的设定值。

（3）节能运行

这里所说的节能运行功能，是指在电动机进行恒速运行的过程中，变频器能自动选定输出电压，使电动机运行于最小电流状态，从而使电动机运行损耗最低，其效率在原有节能基础上可再提高 3%，如图 4-29 所示。

3. 保护和监控功能

在变频调速系统中，驱动对象往往相当重要，不允许发生故障。随着变频技术的发展，变频器的保护和监控功能越来越强，保证系统在遇到意外情况时不出现破坏性故障。变频器的保护和监控功能主要有过电流、过电压、欠电压、过热、逆变器过热、电动机过热、通信出错和 CPU 故障等。变频器的保护动作起动后有相应的显示，指示故障原因。

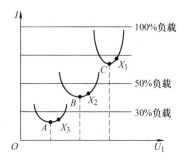

图 4-29　不同负载时的最佳工作点

第 5 章　变频器改变频率和电压的方法

前面已经讨论过交流异步电动机实现高性能调速的问题，转化成为两个关键问题：一是需要有能够分别连续改变频率和电压的电源设备；二是需要有能够有效地配合频率和定子电流变化来调整电压的控制方法。

能够分别连续改变频率和电压的电源设备，就是变频器，本章讨论各种可能的变频、变压方法，并试着为通用的调速用途选择一种最合适的变频、变压方法。

5.1　交-交变频——调压调出交流波形

观察交流电压的波形，其方向和幅值按照正弦规律变化。分开来看，则是由幅值的大小变化和方向的交替变化构成的。就是说，分别采用能够调节幅值大小的方法和改变方向的方法，也能够产生交流电压波形。正弦交流电压的有效值与最大幅值成正比，频率与波形的周期成反比，因此，调压时改变最大幅值能够改变电压有效值，改变调压的快慢能够改变频率，再加上改变电压方向的措施，就能够输出频率、电压可变的交流电了。

交—交变频的思路是，在晶闸管整流电路中，可改变导通控制角来调节直流输出电压，控制角为 90°时平均输出电压为零，控制角为 0°时输出电压最大。让控制角从 90°逐步变化为 0°，再变回到 90°，就能得到从小到大再从大到小变化的直流波形，也可以把它看成一个交流波形的正半波。再反向安装一组整流桥，也照这样控制，得到一个交流波形的负半波。将正负两个半波拼起来，得到一个完整的新交流电压波形。如果让控制角的变化速度慢一些，那么新波形每个周期就延长了，即降低了交流电的频率。反过来，控制角变化快些，频率就提高了，实现了频率的改变。如果让控制角不到 0°时就折回，那么新波形的电压峰值就会降低。改变折回的角度，能够控制新波形的峰值大小，也就控制了它的数值，实现了调压。

通过一对反并联的可控整流桥，实现了变频、变压的双重目的，成功地构成了一个变频器。这个变频器输入工频交流电，输出可以控制频率和电压的交流电，中间没有其他环节，所以称为交流-交流直接式变频器，简称交-交变频器。图 5-1 是交-交变频的单相主电路及波形图。

图 5-1 中，粗线显示了新产生的交流电实际的电压波形，可以看出，在每一个瞬间，新的波形都和电源的六个线电压（AB、AC、BC、BA、CA、CB）波形中的某一个一致，并且按顺序在线电压之间切换。就好像是把三相交流电的波形裁切成若干碎片，再按照需要重新拼接起来一样。把输出电压波形各个时间的平均值平滑地连接起来，得到新波形的平均值变化规律，如图 5-1 中细线所示，是一个正弦波。

在触发和换相控制方面，交-交变频与可控整流技术的原理一致。在环流问题的处理上也接近，但由于输出的也是交流电，因此与整流的情况比有差别。至于正反组之间的切换，需要在输出电流过零的时间进行。而按什么规律改变控制角，才能够得到需要的频率和电压，这是交-交变频的关键问题。

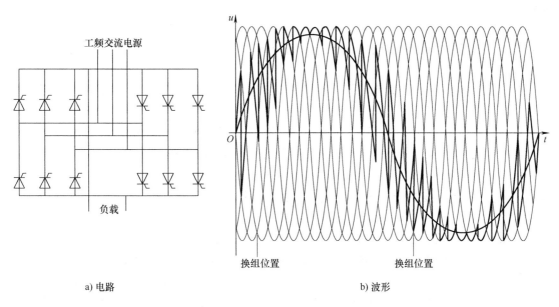

a) 电路　　　　　　　　　　　　　　　　b) 波形

图 5-1　交-交变频单相电路及波形

图 5-1 中得到的是一个单相的交流电，要产生三相交流电只需要将这样的三组反并联桥连接到三相负载，再使新波形在三组电路中的相位互差 120° 就可以了。三相交-交变频的主电路接线方式有许多种，图 5-2 示出其中一种。

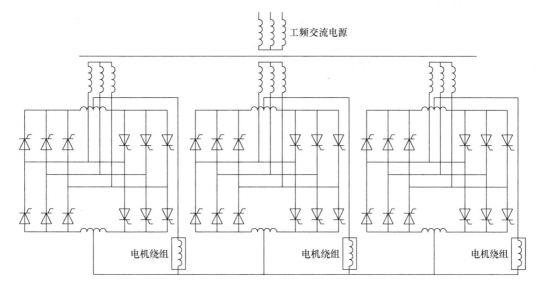

图 5-2　六脉波无环流交-交变频主电路

图 5-2 中使用了 36 个可控器件，使用多绕组整流变压器是因为三组之间有星形联结，需要隔断相间的短路环流。这个电路因为无环流运行，必须保证电流严格过零才能够触发反组工作，为可靠起见需要一个死区，因此最高输出频率大约允许在 15Hz 以下。如果采取有

环流运行，则需要加装 6 只环流电抗器，输出频率可以提高到 20 ~ 25Hz，再高则波形的畸变就严重了。

从这里看到，虽然交-交变频原理简单，能量变换直接、效率高，但其主电路复杂，可控器件多，触发驱动电路复杂，从单位功率成本考虑，只适合大容量场合应用，不适合小容量场合应用。

交-交变频输出波形与频率有关，频率越低，波形越接近正弦波，频率升高，波形就会失真，甚至严重畸变导力矩脉动严重，因此交-交变频只适合低频、低速运行。

只适合大容量、大转矩、低频、低速运行的特殊场合应用，大大限制了交-交变频的应用领域。因此，交-交变频不适合作为通用变频器变频方法的选择。

5.2　交-直-交变频——电子换向器逆变

直流电动机外部供应的是直流电，经过换向器以后就在绕组中得到了交变电流，按照这个思路，如果能够找到一种新的换向装置，并且可以随意决定换向的时刻，就能够输出任意频率的交流电。利用正反连接的开关显然可以实现换向，但这个开关装置的动作速度需要特别快，至少要达到交流电的正负方向切换速度，一般的机械开关不行。利用有开关动作特征的电力电子器件，可以构成所需要的电子换向器

电子换向器的工作与整流器相反，是一个逆向变换，称为逆变器。逆变器工作原理是将直流变换为交流，因此，首先需要得到直流电源，采用一个整流电路就能够实现。从交流电整流为直流电，再将直流电逆变为交流电的变频器就称为交流-直流-交流间接式变频器，简称交-直-交变频器。

变频的问题解决了，那么变压呢？一个简单的办法就是采用可控整流，根据需要调整控制角来改变直流电压，输出一个方波脉冲的交流电。通过调压改变脉冲电压的幅值，通过逆变器改变脉冲的频率，这个方式称为脉冲幅值调制（PAM）方式。

与交-交变频比较，PAM 变频只考虑了交流电方向交替变化的特点，忽略了在每个半波内电压幅值的变化。由于这个差别，PAM 的输出波形比交-交变频差；PAM 不需要为了避免波形的畸变而限制工作频率的上限；PAM 变频的主电路比交-交变频简单很多。图 5-3 是PAM 变频器的主电路结构。

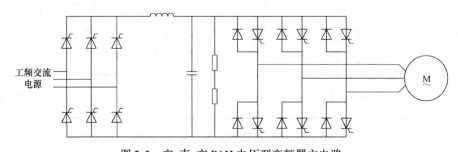

图 5-3　交-直-交 PAM 电压型变频器主电路

图 5-3 中逆变部分的反并联二极管起续流作用，滤波元件是大容量电容，电抗器用来改善电源的谐波和抑制滤波电容的初始充电电流。由于电容两端电压不能突变，因此，直流环节的电压比较稳定，相当于恒压源，这种电路称为电压型变频器。为了能够在再生发电状态

下运行，直流电路上并联了制动电阻，由一只可控器件控制接通和关断。也可以并联一组反向整流桥，将再生发电的能量回馈给电网。

如果滤波部分改为一个大的串联电感，那么直流部分相当于一个恒流源，称为电流型变频器。电流型变频器的电流方向不会反向，因此不需要续流二极管。再生发电时，只要将整流器控制角改变到反向区域，就可以改变直流电路的电压极性，这样一来，逆变器担任整流任务，整流器却在逆变状态工作，使电能回馈电网，既不需要反组整流桥，也不需要制动电阻，主电路结构大大简化。因此，在 PAM 变频器中，电流型结构很受重视。

不论是电压型还是电流型 PAM 变频器，输出波形都是矩形波。矩形波有很大的谐波成分，在电动机中产生倍速反向旋转磁场，使电动机转子产生脉动转矩，运行不平稳，并且损耗加大。怎样改善输出波形，成了 PAM 变频器的重要课题。多重化技术是改善波形的一个办法，例如，通过多组并联连接的电流型逆变器，彼此之间导通相位错开后相叠加，能够产生多重阶梯波形，谐波成分减少，危害最大的低次谐波基本消除，使电动机运行情况大大改善，但是主电路的结构却变得复杂化了。

PAM 变频器是早期变频器的基本形式，随着脉宽调制（PWM）技术的发展，交-直-交变频的波形大大改善，调速性能大幅度提高，因此，PAM 技术已在通用变频器中被淘汰了。在高压大容量变频器中，由于器件的限制，脉宽调制技术采用较晚，随着器件和技术的发展，PAM 技术也基本被淘汰了。

在这里讨论 PAM 技术，仅仅是为了让读者全面了解整个变频技术发展的逻辑脉络，因为 PAM 技术与 PWM 技术有着逻辑上的内在联系。

5.3　脉宽调制逆变原理

PAM 方式由于忽略了交流电波形中幅值的变化，使变频时波形不变化，因此，摆脱了工作频率受限制的问题，也简化了主电路。但同时也造成了输出波形很差，包含大量谐波的问题。如果交-直-交变频能够按照交-交变频中利用调压构造交流电波形的原理，同时寻找到更好的调压方法来改善波形，就能够获得更好的运行性能。

5.3.1　脉宽调制基本原理

能否利用整流器完成正弦交流电波形的调压任务？首先，三相交流电每一瞬间各相的幅值不一样，需要为每一相单独配备整流器。其次，中间滤波环节限制电压或者电流的变化速度，因此调节速度跟不上。如果取消中间滤波环节，那么波形就和交-交变频一样了。整流桥增加，波形却与交-交变频一样，所以这样不行。

因此，不得不接受在每个半波里电压幅值不变这个前提。电压幅值不变，是否还能够调压呢？可以的，纵向调压行不通，就试试横向调压。

所谓横向调压，就是用一连串很窄的矩形脉冲代替一个宽的矩形脉冲，由于中间存在没有脉冲的间隔，因此平均电压降低了。脉冲窄而间隔大，平均电压就低些，脉冲宽而间隔小，平均电压就高些。把脉冲宽度与间隔宽度之比定义为占空比，调整脉冲的占空比就能够实现调压，如图 5-4a ~ 图 5-4d 所示。

按照交-交变频的思路，利用调压能力构造一个正弦交流电正半周和负半周，实现波形

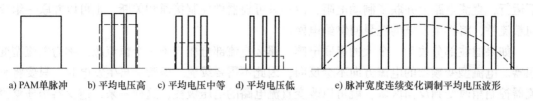

| a) PAM单脉冲 | b) 平均电压高 | c) 平均电压中等 | d) 平均电压低 | e) 脉冲宽度连续变化调制平均电压波形 |

图5-4　脉宽调制原理示意

的改善。在输出波形的每个半周，将占空比由小变大再由大变小就行，如图 5-4e 所示。如将脉冲频率固定，那么脉冲变宽间隔变窄，占空比变大。改变最大电压时的脉冲宽度，就改变了平均电压的幅值实现了调压。改变脉冲宽度变化的快慢，就改变了输出频率实现了变频。至于正、负半波的转换，靠两组反并联器件完成。

通过改变脉冲宽度实现变频变压，这种方式叫做脉冲宽度调制，简称脉宽调制。为了与直流调速中采用的脉宽调制技术区别，以逼近正弦波形为特征的交流脉宽调制也称为正弦脉宽调制（SPWM）。

这里利用脉冲宽度控制占空比的作用与交-交变频中改变控制角的作用大致一样。不同的是，窄脉冲的宽度和频率都可以控制，而不像交-交变频那样，要受到工频交流电频率的限制，因此，不会出现输出交流电的频率上限受限制的问题。如果窄脉冲的频率足够高，即使输出频率相当高，也能够得到很接近正弦规律的平均电压输出波形。

这种正半周用正向窄脉冲，负半周用负向窄脉冲的方式称为单极型方式。也可以正向脉冲和负向脉冲交替发出，那么占空比就是指正脉冲宽度与紧接其后的负脉冲宽度之间的比值，称为双极型方式，两种方式的调制波形如图 5-5 所示。

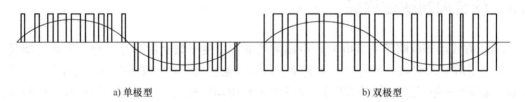

| a) 单极型 | b) 双极型 |

图5-5　单极型和双极型脉宽调制

脉宽调制和 PAM 一样，硬件上只需要有发出正负脉冲的能力，因此主电路结构相似，远比交-交变频的主电路简单。由于逆变器既变频又变压，因此，整流部分可采用不可控二极管整流桥，结构简单而且电源侧功率因数提高，变频器的电压响应速度不受中间回路参数的影响。由于波形改善，输出谐波降低，电动机的转矩脉动减小，因此，系统的稳态和动态性能都明显改善。由于这些原因，现在的通用变频器无一例外采用了脉宽调制技术。

从图 5-4 中可以看出，脉宽调制方式要比 PAM 方式多进行许多次开关动作，开关频率很高，器件开关速度必须很快，因此负载的类型影响变频器结构特点。电感性负载不允许电流突变，如果用电流型电路作脉宽调制，很快的开关速度导致过高的电流变化率，在负载上激发出很高的瞬时电压，可能导致器件的过电压击穿，因此，用电流型滤波电路作 SPWM 变频不适合电感性负载。由于电动机是电感性负载，因此，在采用 SPWM 方式的通用变频器中基本上全是采用电压型滤波电路。

5.3.2　三角载波脉宽调制

电动机供电电压的变化影响电流、磁通等参数，因此，脉宽调制技术不仅能够调节电压，也能够通过电压来调节电流和磁通等参数。那么怎样根据调节的目标，有效地实现脉冲宽度的控制呢？本小节先讨论怎样调节电压的问题，就是怎样获得指定频率和平均电压的正弦波形。

在双极型情况下，如果固定脉冲的频率，那么在正负脉冲宽度相等时平均输出电压为零，应该对应于输出正弦波过零的情况；当正脉冲宽度接近于脉冲周期时，是最大可能的正电压，应该对应于输出正弦波为正向峰值的情况。根据此分析可构造一个正脉冲宽度计算公式

$$\delta = (T_p/2 - K_U) \sin (2\pi ft) + T_p/2 \tag{5-1}$$

式中　　T_p——脉冲周期；

　　　　K_U——电压调节系数。

由于正负脉冲必须间隔排列，因此，正负脉冲的宽度都必须大于器件的开关时间，也就是存在一个最小脉冲宽度。从式(5-1) 中可以看出，当 K_U 等于最小脉冲宽度，而正弦函数值为 -1 时，正脉冲宽度是最小脉冲宽度，输出平均电压为负的最大值，正弦函数为零时，正负脉冲宽度都等于脉冲周期的一半，平均电压为零；正弦函数为 1 时，正脉冲宽度最大，等于脉冲周期减去最小脉冲宽度，平均电压为正的最大值。这样，输出电压平均值就是频率与式中正弦函数频率一致的正弦波，即改变正弦波频率可以变频。增加 K_U 的数值，输出波形的电压峰值降低，K_U 等于半个脉冲周期时，平均输出电压始终为零，因此改变 K_U 可以调压。

根据式(5-1)，在数字控制的变频器中完全可以利用程序算法计算脉冲宽度，实现脉宽调制。当然，实际变频器不一定利用式(5-1) 计算脉冲宽度，由于本书的主要目的是讨论变频调速的应用问题，因此，不具体介绍脉冲宽度在变频器中的实际算法。

下面以作图方式直观地介绍脉宽调制的原理。

用一条水平线切割三角形，在三角形两边之间线段的宽度反比于水平线相对于底边的高度。如果三角形很窄很尖锐，那么用一个正弦波切割时在其两个边之间的线段可以近似为水平线，把在三角形内的部分作为脉冲间隔或者负脉冲的宽度，而把两个三角形之间的部分作为正脉冲的宽度，那么正脉冲宽度与正弦波的正向幅值成正比，因此，以交点作为正负脉冲的切换点，平均输出电压符合正弦规律。图 5-6 反映了其几何关系。

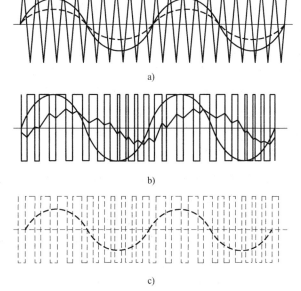

图 5-6　双极型单相三角载波脉宽调制原理示意图

图 5-6a 是作为载波的三角波和作为调制波的正弦波。在正弦波和三角波的每一个交点处，正负脉冲间切换一次。图 5-6b 是输出电压、电流的波形，方波脉冲的宽度按照正弦规律变化，等效电压是一个正弦波形，正好与调制波形一致。

在正向脉冲期间，电流按照电位差及负载阻抗允许的斜率上升，负脉冲期间则下降。图 5-6b 中的粗折线是感性负载上电流的波形，近似为一个相位与等效电压波形相差一定角度的正弦波形，同时有一个和载波频率一致的附加锯齿波形叠加在上面。

图 5-6c 是用虚线表示的图 5-6a 中的正弦波调制出的输出电压波形，和图 5-6b 比较，脉冲宽度的变化不那么明显，因此，等效电压的正弦波幅值降低了，仍然与调制波形一致。

正弦调制波的频率决定着输出电流、电压的频率，它与三角载波之间的幅值比例则决定着输出电压的峰值与直流电压间的比例。改变正弦调制波的频率和幅值，就能实现变频器的调频和调压。

如果加大三角载波频率，则脉冲频率增加，宽度减少，但电压平均值变化规律却不会改变。在电流波形中，叠加的锯齿波频率随载波频率一同增加，但幅值减小了。当载波频率非常高的时候，锯齿波很不明显，电流波形十分近似于标准的正弦波。也就是说，三角载波频率不影响输出频率，会影响输出电压、电流实际波形却不影响平均电压。图 5-6 相当于输出频率为 50Hz 而三角载波频率为 500Hz 的情况，而目前的通用变频器中载波频率通常在 3 ~ 20kHz 之间，电流波形远远优于图 5-6 的情况。

这种调制方式能够有效地控制频率和电压，而且平均电压波形得到充分改善，其电流波形根据负载类型自然形成，图 5-6 是感性负载情况，波形最为理想。在阻性负载中电流波形与电压波形一样是脉冲波。在容性负载中，因为电容不允许电压突变，脉冲电压波形很高的电压变化率在电容中激起幅值很高的尖锐脉冲电流波形，瞬间过电流会击穿逆变器件，因此，这种调制方式不允许用于电容负载。

如果让输出波形中每个半波的脉冲数量固定，则可以保持输出波形对称，相位容易控制。但载波频率随输出频率变化，输出频率低时载波频率也低，电流波形中附加锯齿波的幅值变大使谐波增加，对运行不利。这种方式称为同步调制。

如果让三角载波频率不变，则任何输出频率下输出电流波形中附加锯齿波幅值都比较小，运行性能更好。但当输出频率与载波频率之比为分数关系时，正负半波的波形不对称。若载波频率远大于输出频率，这种不对称的影响并不显著，这种方式称为异步调制。

一种折中的方案是，将输出频率变化范围分成若干段，在每一段内采取同步调制，平均载波频率相等，段与段之间的载波频率不同，称为分段同步调制。它具有同步和异步两种调制方式的优点，但控制相对复杂一些。

实际的通用变频器一般采用异步调制，也有采用分段同步调制的。

载波频率与输出频率之比称为载波比，在一个输出周期内，正负脉冲的数量各等于载波比，正负脉冲总数量应该是载波比的两倍。由于正半波的正脉冲对应于负半波的负脉冲，因此，如果正半波从正脉冲开始，而且要求波形对称，负半波必须从负脉冲开始，每个半波里正负脉冲数之和应该是单数，意味着载波比应该是单数。另外，为了使三相导通波形对称，载波比应是 3 的倍数，符合这个规律的载波比序列应该是 3、9、15、21、27、33 等，分别称为 6、18、30、42、54、66 脉冲同步调制。

图 5-7 是载波比为 21 时的三相导通波形和 A 相电压波形以及 AB 相线电压波形。

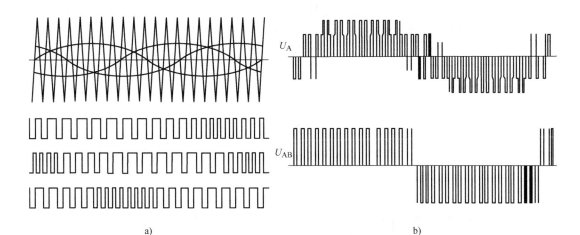

a)　　　　　　　　　　　　　b)

图 5-7　载波比为 21 时三相脉宽调制波形

从图 5-7 看到，三相和单相情况不同，三相时导通波形与电压波形不再是一样的了。因为在三相时每一相需要以其他两相来构成回路，因此电压波形不仅与本相导通情况相关，也与其他相的导通情况相关。所谓导通波形仅反映各桥臂导通情况，它影响电压波形但彼此并不一致。在三相同时正向或者负向导通时，相电压和线电压都等于零。

三角载波脉宽调制是一种模拟调制原理，在数字控制的变频器内，已经不一定用三角载波来调制了，但由软件算法生成的脉宽调制波形和载波特征与三角载波调制是一致的，所以这里的分析仍然有效，也可以继续沿用三角载波脉宽调制的称呼。

5.3.3　电流跟踪脉宽调制

三角载波调制方式能够很好的控制输出电压的频率、相位和平均电压幅值，使平均输出电压的波形接近正弦波形。它的电流波形也接近正弦波，而且频率一定与平均输出电压的频率一致，但无法直接控制其相位和幅值。

由于开关频率很高，因此，SPWM 方式对于感性负载不适合使用电流源型的电路，那么，如果需要在电压源型变频器中，除使平均输出电流的波形接近正弦波形外，还要有效地控制输出电流的频率、相位和平均电流幅值，该怎么办呢？

显然，控制的手段仍然只能是依靠电压脉冲的宽度来调节，也就是说，仍然要依靠电压脉冲的脉宽调制技术。我们所能够做的，是根据电流波形变化的情况决定正负电压脉冲的切换点。

如果预定一个理想的电流正弦波形，将其与实际电流的波形进行比较，当实际电流小于理想电流时，触发正脉冲使电流升高，大于理想电流时，则触发负脉冲使电流降低。这样，就能够围绕理想电流，形成一个近似正弦波形的实际电流波形。

显然，不能在实际电流刚超过理想电流时就触发负脉冲，也不能在实际电流刚低于理想电流时就触发正脉冲，那样将使开关器件以极高的频率切换，任何实际的开关器件都无法胜任。需要规定一个差值，当实际电流与理想电流之差达到这个差值时，才进行正负脉冲的切换。这样，实际电流波形在一个以理想电流波形为中心，宽度为两个规定差值的带形区域内变化。如果不看时间坐标，那么实际电流围绕理想电流作往复的振动，好像是以一个预定差值为幅度做环形滞后运动一样，因此，这种方式称为电流滞环脉宽调制，因为它能够使实际电流以一定的精度跟踪理想电流波形，因此，也称为电流跟踪脉宽调制。图5-8是电流跟踪脉宽调制的电流、电压波形。

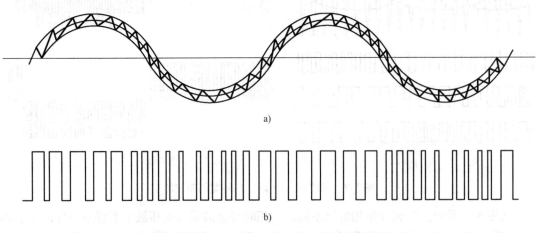

a)

b)

图 5-8　双极型单相电流跟踪脉宽调制原理示意图

图5-8a中间的正弦曲线是给定的电流波形，记为 I；再给定一个 Δ，则实际电流就允许在 I + Δ 和 I - Δ 间变化，图5-8a中上下两条正弦曲线标明了电流的允许波动范围。每当实际电流达到允许的上限或者下限时，正负脉冲切换一次。输出电流波形如粗实线所示，相应的电压波形如图5-8b所示。

比较发现，电流与电压的波形与三角载波调制方式相似，但电压波形中脉冲的频率不再是不变的，而是时高时低的，电流的波形也有一些细微的变化。此时，受控制的不再是输出电压，而是输出电流了。实际上电流波形的每一个小段都是指数曲线的一部分，因为尺度很小，图中用直线近似表示。

减小滞环的 Δ 值会提高载波的平均频率并减小其幅值，使电流波形的变化带更窄，锯齿更小更密，波形更接近正弦。输出电流频率和平均幅值完全由给定的理想电流波形决定。

这种调制方式控制特别简单，只需要提供理想电流给定曲线，再检测实际电流波形与其进行比较，将偏差与预设的差值比较，可以决定什么时候切换脉冲。

从交流异步电动机的工作原理可以知道，电流虽然与磁通有关，但关系并不直接，因此，在简单的近似磁通恒定控制方式中，很少采用电流滞环脉宽调制，但它可用于一些通过复杂模型进行控制，需要直接控制电流的场合。

5.3.4　电压空间矢量与磁通轨迹

在电压源型交-直-交变频器中，通过不同的脉宽调制技术，可以直接控制输出电压和电流的频率和幅值，使其波形接近正弦波。

只要能够保持主磁通不变，就能构成交流异步电动机的纵向平移型机械特性。换句话说，控制电压的最终目的是保持磁通恒定。那么，脉宽调制技术是否能够提供直接控制磁通的手段呢？答案是肯定的。

在正弦交流电励磁下交流电动机内存在一个幅值保持不变的匀速旋转磁场。磁通矢量以不变的幅值匀速旋转，矢量的末端在空间划出一个圆形转迹，圆形的半径就是磁通的大小。如能通过脉宽调制使磁通轨迹保持半径基本不变的近似圆形，就实现了磁通恒定。

现在先来讨论磁通轨迹的形成。

根据法拉第电磁感应定律，感应电动势与绕组环路内磁通的时间导数成正比，在电动机里，绕组环路里的总磁通等于气隙磁通乘以绕组匝数，称磁通与匝数的乘积为磁链，在一个特定的电动机内磁链与磁通是正比关系。由于定子磁链为主磁链与定子漏磁链之和，而定子漏电抗正是由定子漏磁链的感应电动势等效定义的，因此有

$$\psi_1 = \psi_m + \psi_\sigma , \ jI_1X_1 = \frac{d\psi_\sigma}{dt}$$

将式(4-25) 和式(4-29) 改写为法拉第定律的形式

$$E_1 = -\frac{d\psi_m}{dt}$$

$$U_1 = I_1r_1 + jI_1X_1 + \frac{d\psi_m}{dt} = I_1r_1 + \frac{d\psi_\sigma}{dt} + \frac{d\psi_m}{dt} = I_1r_1 + \frac{d\psi_1}{dt}$$

因此
$$\psi_1 = \int (U_1 - I_1r_1)dt \tag{5-2}$$

如果忽略定子电阻压降，那么就有

$$\psi_1 \approx \int U_1 dt \tag{5-3}$$

就是说定子磁链矢量近似等于端电压矢量的积分。在正弦交流电供电时，三相电压合成矢量的大小不变，方向连续变化，它的积分是一个圆形，这就是圆形磁通轨迹的来源。

在电压型交-直-交变频器中，不论是 PAM 方式还是 PWM 方式，直流电压都是不变的，以不同的开关组合通入交流电动机定子后，由于绕组空间布置位置不同，产生不同的电压空间矢量。在逆变器的每一种开关组合中，电压空间矢量都是一个固定矢量，那么它的积分（即磁链）必然沿直线方向变化。这样产生的磁链轨迹，是一个多边形而不是圆形轨迹。为防止短路，三相桥臂的每一相在任何时候只能够导通上下桥臂中的一个，而为了三相平衡，每个桥臂在任何时候总会有器件导通。这样，每个桥臂任何时候总有一个且只有一个器件导通。显然三相的导通情况组合是 2^3，即八种组合，将上、下桥臂导通分别用 1 和 0 表示，那么这八种组合就是 000、100、110、010、011、001、101 和 111。其中第一位代表 A 相、第二、三位代表 B、C 相，如 100 就代表 A 相上臂导通，另两相下臂导通。

八个组合中，000 和 111 代表三相绕组接在同一极上，电压矢量互相抵消而合成矢量为零，称为零矢量。另外六种则是有效的电压空间矢量，其中 100 与 A 相绕组轴向一致，011 则正好大小相等方向相反；010 与 B 相一致，101 正相反；001 与 C 相一致，110 正相反。六个有效矢量大小相等，方向互差 60°。图 5-9a 示出了有效空间电压矢量。

在 180°导通型 PAM 逆变器中，一个输出周期内的导通组合正好依顺序使用了六个有效电压矢量，它的磁通轨迹是一个正六边形，这就是六拍阶梯波逆变器的旋转磁场。磁通幅值在六边形的角部大，每边中心处小，相差 13% 以上。在每一拍内电压矢量恒定，其积分沿直线匀速变化，其角速度在角部小，每边中心处大，相差 20% 以上。由于转动惯量，电动机转子角速度可近似看做恒定，那么实际旋转磁场的角速度就一会儿大于转子角速度，一会儿又小于它，转速差不断正负变化，使转矩方向也不断变化，反复加速和减速，但平均速度

能够保持稳定，这就是 PAM 方式下脉动转矩来源的形象说明，如图 5-9b 所示。

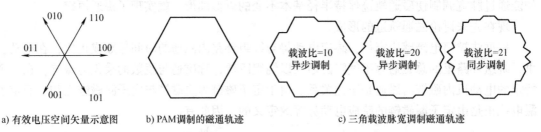

a) 有效电压空间矢量示意图　　　b) PAM调制的磁通轨迹　　　　　　　c) 三角载波脉宽调制磁通轨迹

图 5-9　六个电压空间矢量产生的几种磁通轨迹示意图

用同样的方法，可以把三角载波脉宽调制时的空间电压矢量作出来，由于电压矢量的幅值恒定，因此积分线段的长度与每段有效电压矢量的作用时间成正比，从脉宽调制波形可以画出对应的磁链轨迹，图 5-9c 就是三角载波脉宽调制的磁通轨迹。

异步调制的载波比为 10 时，载波比是整数，但不在同步调制载波比序列内，因此，磁通轨迹是封闭的，但不对称。当载波比提高一倍时，磁通轨迹仍然不对称却更接近圆形。可见载波比越大，磁通轨迹就越接近圆形。实际通用变频器的载波频率通常有数千赫兹，载波比很高，其磁通轨迹相当接近圆形。当载波比为 21 时，只比 20 的情况高一点，因此，接近圆形的程度差不多，但由于在同步载波比序列内，因此看到磁通轨迹是对称的。

从三相脉宽调制波形分段分析，发现电压空间矢量的排列规律为 001、000、001、101、111、101，也就是每一个电压空间矢量作用时间分了两段，中间插入了零矢量，从图 5-7 中也能够发现这一点。

如果忽略零电压矢量时磁通的自然衰减，那么可以认为零电压矢量下磁通不变化，没有角速度。因此，脉宽调制下电动机的磁场是跳跃式的旋转磁场，转一格停一下，一格一格跳着前进，停顿的时间比例，决定了旋转磁场的平均转速，起到了变频调速作用。这种跳跃式脉动看起来比 PAM 的脉动转矩还严重，但由于脉宽调制的载波率很高，因此，它是快速进行的，转矩脉动的频率非常高，由于系统转动惯量的作用，基本来不及反应，因此，实际的电动机运行转速远比 PAM 平稳。

零矢量的另外一个作用是降低了输出电压的平均值，起到了降压作用。正是零矢量的存在，才使三相脉宽调制能够同时达到变频和变压的目的。在三角载波脉宽调制时，零矢量由调制方式自然插入，零矢量作用时间的长短和调制波的参数有关。

5.3.5　磁通跟踪脉宽调制

了解了电压空间矢量对于磁通轨迹的作用原理，现探讨磁通跟踪脉宽调制的工作原理。为讨论方便，将 100、110、010、011、001、101、111 和 000 这八个电压空间矢量依次命名为 $u_1 \sim u_8$。为减少开关器件切换次数，规定每次只切换一个桥臂，因此每个电压空间矢量只能和相邻矢量切换，如 $100 - u_1$ 只能和 $101 - u_6$、$110 - u_2$ 及 $000 - u_8$ 互相切换，这样的切换只有一个桥臂导通情况变化。我们还发现，所有单数序号的有效电压矢量都可以和零矢量 u_8 互相切换，双数序号的有效电压矢量都可以和零矢量 u_7 互相切换。

模仿电流跟踪脉宽调制的思路，首先提供一个理想磁通圆作为基础。在理想磁通圆上，从 270°～330° 扇区内的切线方向总是夹在 u_1 和 u_2 的方向之间，显然在这个扇区内只使用

u_1、u_2 和零矢量 u_7、u_8 来构成磁通轨迹最为合理。同理，从 330°~30° 这个扇区内只使用 u_2、u_3 和零矢量来构成磁通轨迹最为合理。这样把磁通圆划分为六个扇区，每个扇区内使用两个相邻的有效电压空间矢量和零矢量来构成磁通轨迹。

如果在每个扇区内两个有效矢量各使用一次，那么每个矢量的作用时间就应该是相等的，这样最后得到的磁通轨迹是正六边形。如果把每个扇区再划分成为更小的扇区，那么磁通轨迹更接近圆形，小扇区划分得越多，磁通轨迹越圆，但切换频率越高。划分成小扇区后，每个小扇区内两个有效矢量的作用时间就不相同了。

现具体讨论第一扇区在划分成四个小扇区时的切换控制情况，图 5-10a 是第一扇区等分成四个小扇区的情况，以实际磁通与理论磁通圆的差值尽量小为原则，可以用作图法求出电压空间矢量 u_1 和 u_2 在每个小扇区内的比例。此外令每个小扇区内总是 u_1 在前、u_2 在后，就得到了图 5-10 中的折线图形。同样处理其他扇区，就得到了如图 5-10b 所示的磁通轨迹。这个图形与图 5-9c 的磁通轨迹近似，对称且接近圆形。

除磁通轨迹要接近圆形，还需要控制磁通圆的大小，并使平均角速度尽量稳定，因此，合理安排零矢量插入十分重要。每个小扇区经历的时间 t_Z 为一个输出周期时间的 1/24，由于每个电压空间矢量都是固定矢量，因此式 (5-3) 可以改写为

$$\Delta\psi_1 = U_1\Delta t$$

因此，需要的磁通变化量正比于相应折线段的长度，由此可计算出 u_1 和 u_2 作用的时间 t_1 和 t_2，那么每个小扇区内零矢量的作用时间就是 $t_Z - t_1 - t_2$。有了零矢量作用时间，可安排插入方式。参照三角载波脉宽调制，在每个电压空间矢量的中间插入零矢量。注意扇区两端的电压矢量和其他扇区同样的矢量相连，由此零矢量应插在端头。这样一来，第一扇区电压矢量顺序应是 81272、181272、181272、18127，第二扇区则是 72383、272383、272383、27238，依此类推。图 5-10c 是按此原则做出的 A 相电压波形和三相导通波形。

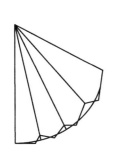

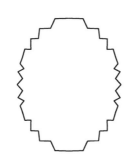

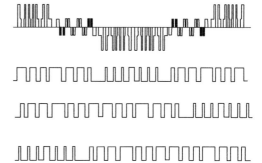

a) 第一扇区电压空间
矢量组合示意

b) 42 脉冲磁通跟脉宽
调制磁通轨迹

c) A 相电压波形 (上) 和三相导通波形 (下)

图 5-10 磁通跟踪脉宽调制原理示意图

这里只讨论了可能的控制方法，在实际变频器内不一定是这样控制的。实际上，几个小扇区可以不等分，相邻矢量的比例也不一定按最小差值原则求得，每个小扇区里零矢量可以不等分插入两个电压矢量。小扇区的划分、相邻矢量的分配和零矢量的分配，会影响磁通轨迹逼近圆形的程度、输出波形的谐波含量以及旋转磁场角速度的平稳。以人为方式划分和计算小扇区、电压矢量比例以及零矢量插入，会有更多的手段改善运行性能。

　　同时，这种逐次计算开关切换时刻的方式计算工作量很大，通常不能使磁通跟踪脉宽调制的载波频率达到很高，这又对运行的平稳性、谐波情况和运行噪声产生了不利影响。磁通跟踪脉宽调制依据式(5-3) 计算法进行脉宽调制。式(5-3) 忽略了定子电阻压降，并且跟踪的是定子磁链。在零矢量作用期间，磁通由于定子电阻压降自然衰减。输出低频率时，零矢量作用时间比例很大，磁通衰减更明显。另外，影响电磁力矩的是主磁链，在定子电流增加时，定子漏磁链增加，在同样的定子磁链下主磁链却降低了。

　　输出频率降低和定子电流增加时磁通都会衰减，因此，开环磁通跟踪脉宽调制并不能真正保证主磁通的恒定。要真正实现磁通跟踪目标，需要磁通闭环控制。直接转矩控制利用磁通跟踪脉宽调制实现了磁通和转矩的双闭环控制，因此，它的脉宽调制思路以磁通跟踪脉宽调制为基础。

第6章 变频器的基本操作

6.1 变频器的基本功能与技术规格

西门子 MM440（MICROMASTER 440）变频器是用于控制三相交流电动机速度的变频器系列，有多种型号可供用户选用。功率范围涵盖 120W ~ 200kW：恒定转矩（CT）控制方式，或 250kW：可变转矩（VT）控制方式。MM440 变频器系列如图 6-1 所示。

MM440 变频器由 32 位微处理器控制，采用具有现代先进技术水平的绝缘栅双极晶体管 IGBT 作为功率输出器件，运行可靠，功能多样。其脉宽调制的开关频率是可选的，因而降低了电动机运行的噪声。MM440 变频器采用高性能矢量控制技术，能提供低速高转矩输出和良好的动态特性，同时具备超强的过载能力。MM440 变频器

图 6-1　MM440 变频器系列

的保护功能全面而完善，为变频器和电动机提供了良好的保护。

MM440 变频器具有默认的工厂设置参数，是众多简单电动机变速驱动系统供电的理想变频驱动装置。MM440 变频器具有全面而完善的控制功能，包括线性 U/f 控制、抛物线 U/f 控制、多点 U/f 控制、无传感器矢量控制和带编码器反馈的转矩控制等，因此在设置相关参数后，可以应用于更高级的电动机控制系统。MM440 变频器既可用于单机驱动系统，也可集成到自动化系统中。

MM440 变频器的技术规格见表 6-1。

表 6-1　MM440 变频器的技术规格

特性	技术规格		
电源电压和功率范围	1AC200 ~ 240V（1±10%）　CT：0.12 ~ 3.0kW		
	3AC200 ~ 240V（1±10%）　CT：0.12 ~ 45.0kW　VT：5.50 ~ 45.0kW		
	3AC380 ~ 480V（1±10%）　CT：0.37 ~ 200kW　VT：7.50 ~ 250kW		
	3AC500 ~ 600V（1±10%）　CT：0.75 ~ 75.0kW　VT：1.50 ~ 90.0kW		
输入频率	47 ~ 63Hz		
输出频率	0 ~ 650Hz		
功率因数	0.98		
变频器的效率	外形尺寸 A ~ F：96% ~ 97% 外形尺寸 FX 和 GX：97% ~ 98%		

（续）

特性		技术规格
过载能力	恒转矩（CT）	外形尺寸 A～F：$1.5I_N$（即 150% 过载），持续时间 60s，间隔周期 300s 及 $2I_N$（即 200% 过载），持续时间 3s，间隔周期 300s。 外形尺寸 FX 和 GX：$1.36I_N$（即 136% 过载），持续时间 57s，间隔周期 300s，以及 $1.6I_N$（即 160% 过载），持续时间 3s，间隔周期 300s
	变转矩（VT）	外形尺寸 A～F：$1.1I_N$（即 110% 过载），持续时间 60s，间隔周期 300s，以及 $1.4I_N$（即 140% 过载），持续时间 3s，间隔周期 300s。 外形尺寸 FX 和 GX：$1.1I_N$（即 110% 过载），持续时间 59s，间隔周期 300s，以及 $1.5I_N$（即 150% 过载），持续时间 1s，间隔周期 300s
合闸冲击电流		小于额定输入电流
控制方法		线性 U/f 控制，带 FCC（磁通电流控制）功能的线性 U/f 控制，抛物线 U/f 控制，多点 U/f 控制，适用于纺织工业的 U/f 控制，适用于纺织工业的带 FCC 功能的 U/f 控制，带独立电压设定值的 U/f 控制，无传感器矢量控制，无传感器矢量转矩控制，带编码器反馈的速度控制，带编码器反馈的转矩控制
脉冲调制频率		外形尺寸 A～C：1/3AC，200V，55kW，标准配置 16kHz 外形尺寸 A～F：其他功率和电压规格 2～16kHz，每级调整 2kHz，标准配置 4kHz 外形尺寸 FX 和 GX：2～8kHz，每级调整 2kHz，标准配置 2kHz（VT）、4kHz（CT）
固定频率		15 个，可编程
跳转频率		4 个，可编程
设定值的分辨率		0.01Hz 数字输入，0.01Hz 串行通信的输入，10 位二进制模拟输入（电动电位计 0.1Hz）0.1%（在 PID 方式下）
数字输入		6 个，可编程（带电位隔离），可切换为高电平/低电平有效（PNP/NPN）
模拟输入		2 个，可编程，两个输入可以作为第 7 和第 8 个数字输入进行参数化：0～10V，0～20mA 和 -10～10V（ADC1）：0～10V 和 0～20mA（ADC2）
继电器输出		3 个，可编程，DC30V5A（电阻性负载），AC250V2A（电感性负载）
模拟输出		2 个，可编程，0～20mA
串行接口		RS-485，可选 RS-232
电磁兼容性		外形尺寸 A～C：选择的 A 级或 B 级滤波器，符合 EN55011 标准的要求 外形尺寸 A～F：变频器带有内置的 A 级滤波器 外形尺寸 FX 和 GX：带有 EM1 滤波器（作为选件供货）时其传导性辐射满足 EN 55011A 级标准限定值的要求（必须安装线路换流电抗器）
制动		直流注入制动，复合制动，动力制动 外形尺寸 A～F 带内置制动单元，外形尺寸 FX 和 GX 带外接制动单元
温度范围		外形尺寸 A～F：-10～50℃（CT），-10～40℃（VT） 外形尺寸 FX 和 GX：0～55℃
相对湿度		<95%RH，无结露
存放温度		-40～70℃

（续）

特性	技术规格
工作地区的海拔	外形尺寸 A～F：海拔 1000m 以下不需要降低额定值运行 外形尺寸 FX 和 GX：海拔 2000m 以下不需要降低额定值运行
保护的特征	欠电压，过电压，过负载，接地，短路，电动机失步保护，电动机锁定保护，电动机过热，变频器过热，参数联锁
标准	外形尺寸 A～F：UL，eUL，CE，C－tick 外形尺寸 FX 和 GX：UL（认证正在准备中），eUL（认证正在准备中），CE

6.2　变频器的运行环境与安装方法

变频器的正确安装是确保变频器和整个自控系统安全、可靠运行的前提条件，只有遵守安装规范，才能保证变频器能够长期安全、可靠地运行。

本节将介绍变频器常用的安装及配线方式。

6.2.1　变频器的设置环境

变频器是精密电子装置，为了使变频器能够长期稳定地工作，必须确保变频器的运行环境满足操作说明书中所规定的允许环境。

一般来说，在变频器的设置环境方面应主要考虑以下因素。

1. 环境温度

与其他电子设备一样，为保证变频器内各种 IC 模块能够正常工作，保证变频器内各电子元器件的使用寿命，变频器对周围环境温度有一定的要求，通常为 –10～+50℃。由于变频器内部多是大功率的电子器件，极易受到工作温度的影响，因此为了保证变频器工作的安全性和可靠性，使用时应留有余量，最好控制在 40℃ 以内。

40～50℃ 之间降额使用时，环境温度每升高 1℃，额定输出电流必须减少 1%。外形尺寸为 A～F 的 MM440 变频器运行时，环境温度与允许输出电流的关系如图 6-2 所示。

温度对电子元器件的寿命和可靠性影响很大，特别是当半导体元器件的结温超过规定值时会直接造成元器件的损坏。因此，在环境温度较高的场所使用变频器时，必须采取安装冷却装置和避免日光直晒等措施，保证环境温度在厂家要求的范围内，从而达到保证变频器正常工作的目的。

此外，在进行定期保养维修时，还应及时清扫控制柜内的空气过滤器和检查冷却风扇是否正常工作。

2. 环境湿度

变频器对环境湿度也有一定要求。一般来说，变频器的安装环境湿度应在 20%～90% 范围内，无结露，并要注意防止水或水蒸气直接进入变频器内，以免引

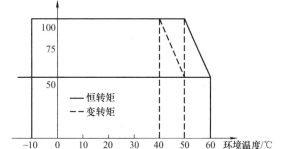

图 6-2　变频器运行的环境温度与允许输出电流的关系

起漏电，其至打火、击穿。

当空气中的湿度较大时，会引起元器件的金属腐蚀，导致电气绝缘能力降低，并由此引发变频器故障。变频器厂家都在变频器的技术说明书中给出了对湿度的要求，因此应该按照厂家的具体要求采取各种必要的措施，保证变频器安全、稳定地运行。

当变频器长期处于不适用的状态时，应该特别注意变频器内部是否会因为周围环境的变化（如停用了空调等）而出现结露状态，并采取有效措施，以保证变频器在重新使用时仍能正常工作。

如果受安装场所的限制，变频器不得已要安装在湿度较高的场所，则变频器的柜体应尽量采用密封结构。为了防止变频器停止时的结露，有时装置需加对流加热器。

3. 振动

变频器在运行的过程中要注意避免受到振动和冲击。变频器的耐振性因机种的不同而不同，但一般来说，变频器的振动加速度 G 多限制在 $0.3g \sim 0.6g$ 以下（即振动强度 $\leqslant 5.9\mathrm{m/s}^2$）。

如果设置场所的振动加速度超过容许值，会产生紧固件的松动，接线材料机械疲劳引起的折损，以及继电器、接触器等有可动部分器件的误动作，最终导致系统不能稳定运转。

对于传送带和冲压机械等振动较大的设备，在必要时应采取安装防振橡胶等措施，将振动抑制在规定值以下。对于由机械设备的共振而造成的振动来说，则可以利用变频器的频率跳跃功能，使机械系统避开这些共振频率，以达到降低振动的目的。对于机床、船舶等事先能预测振动的场合，必须选择有耐振措施的机种。

4. 周围气体

变频器周围不可有腐蚀性、爆炸性或燃烧性气体，并且要选择粉尘和油雾少、不受日光直晒的设置场所。

变频器内有易产生火花的继电器和接触器，还有长期在高温下使用的电阻器等，这些器件均可成为发火源。如果变频器的设置场所存在爆炸性或燃烧性气体，会引起火灾或爆炸事故；如果变频器周围存在腐蚀性气体，会对各器件的金属部分产生腐蚀，进而影响变频器的长期运行；如果设置场所粉尘或油雾较多，这些气体在变频器内附着、堆积，除了使电子元器件生锈、出现接触不良等现象之外，还会吸收水分使绝缘变差，导致短路；对于强迫冷却方式的变频器，如果过滤器堵塞会引起变频器内温度异常上升，致使变频器不能稳定运转。

为防止上述状况的发生，可以对变频器的壳体进行涂漆处理并采用防尘结构。在某些情况下，也可以采用清洁空气内压式或全封闭结构。此外，对于强制冷却式的控制柜来说，更应注意保证环境空气的清洁。

5. 海拔

变频器对应用场所的海拔大多规定在 $1000\mathrm{m}$ 以下。海拔过高，则气压下降，容易破坏电气绝缘，在 $1500\mathrm{m}$ 时耐压降低 5%，$3000\mathrm{m}$ 时耐压降低 20%，另外高海拔地区空气稀薄，散热条件差，冷却效果下降，因此必须注意温升。从 $1000\mathrm{m}$ 开始，海拔每超过 $100\mathrm{m}$，允许的温升就下降 1%。在海拔超过 $1000\mathrm{m}$ 以上时，选用变频器时要适当放大功率等级。

如果变频器安装在海拔大于 $1000\mathrm{m}$ 或大于 $2000\mathrm{m}$ 的地方，输出电流和输入电源电压随海拔增加降格的要求如图 6-3 所示。

6. 电磁辐射

变频器的电气主体是功率模块及其控制系统的硬件电路、软件程序，这些元器件和软件

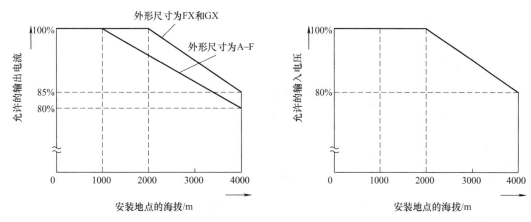

图 6-3　变频器性能参数随安装地点海拔的降格

程序受到一定的电磁干扰时发生硬件电路失灵、软件程序乱码等故障，造成运行事故。因此，不允许把变频器安装在电磁辐射源附近。

为了避免电磁干扰，变频器应根据所处的电气环境，采取有效防止电磁干扰的措施，具体如下：

1）输入电源线、输出电动机线及控制线应尽量远离。

2）容易受影响的设备和信号线应尽量远离变频器。

3）关键的信号线应使用屏蔽电缆。

6.2.2　变频器的机械安装

1. 变频器的固定方法

MM440 系列变频器有 A、B、C、D、E、F、FX、GX 共 8 种不同的尺寸，下面以外形尺寸为 A 型的变频器为例说明安装固定方法。

A 型变频器的大小为 73mm × 173mm × 149mm（宽 × 高 × 深），因其体积小，质量轻，可以有两种安装方式，既可以利用螺钉固定在安装面板上，也可以固定在安装面板上的 DIN 导轨上。

（1）螺钉固定安装

A 型变频器的安装钻孔图如图 6-4 所示，其他尺寸变频器的安装钻孔图可查阅相应手册。

（2）导轨安装

A 型变频器可安装到 35mm 标准 DIN 导轨上，安装与拆卸方法如下：

1）安装。用标准导轨的上闩销把变频器固定到导轨的安装位置上；向导轨上按压变频器，直到导轨的下闩销嵌入到位。

2）拆卸。为了松开变频器的释放机构，将螺丝刀插入释放机构中；向下施加压力，导轨的下闩销松开；将变频器从导轨上取下。

MM440A 型尺寸变频器的闩销及释放机构位置如图 6-5 所示，变频器的安装与拆卸方法如图 6-6 所示。

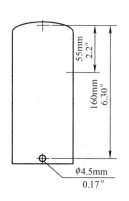

图 6-4　MM440 变频器（A 型）的安装钻孔图

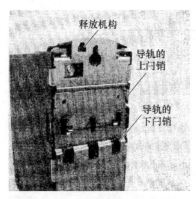

图 6-5　MM440A 型尺寸变频器的
闸销及释放机构位置图

图 6-6　MM440A 型尺寸变频器的安装与拆卸

2. 变频器的安装方式

变频器在运行过程中有一定的功率损耗，这部分损耗会转化为热能，使变频器自身温度升高。每 1kV·A 容量，其功率损耗约为 40～50W。因此，变频器在安装过程中最需要关注的就是变频器的散热问题，要考虑如何把变频器运行时产生的热量充分地散发出去。

常见的安装方式有壁挂式安装和柜式安装。

（1）壁挂式安装方式

由于变频器的外壳设计比较牢固，一般情况下可直接安装在墙壁或安装面板上，称为壁挂式。为了保证通风良好，变频器应垂直安装，且变频器与周围物体之间应保持足够的距离，如图 6-7 所示。左右两侧空间距离应大于 100mm，上下空间距离应大于 150mm，而且为了防止杂物掉进变频器的出风口阻塞风道，在变频器出风口的上方最好安装挡板。

（2）柜式安装方式

当现场的灰尘较多、湿度较大或者变频器的外围配件较多且必须和变频器安装在一起时，可以采用柜式安装。变频器柜式安装是目前最好的使用最广泛的一种安装方式，不仅能起到防灰尘、防潮湿和防光照等作用，也起到很好的屏蔽辐射干扰的作用。

图 6-7　变频器的
壁挂式安装

使用柜式安装方式时需注意以下事项：

1）单台变频器柜式安装采用柜内冷却方式时，变频柜顶端应加装抽风式冷却风机，为保证通风良好，冷却风机应尽量安装在变频器的正上方。

2）多台变频器采用柜式安装时，应尽量采用横向并列安装。如果由于空间限制，必须采用纵向安装时，则应在两台变频器之间加装隔板，避免位于下方的变频器排出的热风直接进入上方的变频器中。多台变频器的安装方法如图 6-8 所示。

壁挂式安装的主要优点是散热较好，但对周围环境要求较高。当周围环境较差时，最好采用柜式安装，并加装冷却风机。

3. 温度控制

变频器运行过程中要对外散发热量，变频器运行场所的环境温度也可能发生变化，因此变频器周围的温度可能会出现高温、低温和温度突变等特殊状况。

1）通常应对高温的措施。采用强迫通风技术，安装空调，避免光照，避免直接暴露在热辐射或暖空气中，配电柜周围空气要流通。

2）应对低温的措施。配电柜内安装加热器；不要关闭变频器，仅关闭变频器启动信号。

3）为防止变频器周围温度突变，应重点考虑变频器的安装位置；避免将变频器放置在空气调节器的管口处；如果窗户的打开与关闭使温度突然变化，则应将变频器安装在远离窗户的位置。

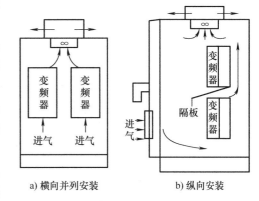

a) 横向并列安装　　　　b) 纵向安装

图 6-8　多台变频器的安装方法

4. 湿度控制

湿度控制包括应对高湿度的措施和应对低湿度的措施。

1）应对高湿度的措施。使用污垢防护结构的配电柜，并在其中放置湿气吸收剂；向配电柜中吹入干燥空气；在配电柜中加装加热器。

2）应对低湿度的措施。向配电柜中吹入适当的干燥空气；人身和设备静电的释放。

5. 安装变频器的注意事项

1）变频器工作时，其散热片的最高温度可达 90℃，因此变频器的安装底板必须采用耐热材料。由于变频器工作时内部产生的热量从上部排出，因此安装时不可将其安装在木板等易燃材料的下方。

2）对于采用强迫风冷的变频器，为防止外部灰尘的吸入，应在吸入口处设置空气过滤器，在门扉部设置屏蔽垫。为确保冷却风道畅通，电缆配线槽不要堵住机壳上的散热孔。

3）多台变频器横向并列安装时，相互之间必须留有足够的距离（不小于 50mm）。若多台变频器上下垂直安装，即纵向配置（应尽量避免），相互间必须至少相距 100mm，并且为了使下部的热量不致影响上部的变频器，变频器之间应加装隔板，并采用抽风风扇排热。

4）变频器不能安装在有可燃气体、爆炸气体和爆炸物等危险场所附近。

5）变频器应安装在电控柜中或其他防尘、防潮、防腐、防止液体喷溅和滴落的空间内。

6）安装时要避免变频器受到冲击和跌落。

7）变频器必须可靠接地。

6.2.3　变频器的电气安装

大多数变频器都属于交-直-交型变频器，其硬件结构大致可以分为两大部分：一部分是完成电能转换（整流、逆变）的主电路；另一部分是负责信息收集、变换和传输的控制电路。

MM440 变频器的电路结构如图 6-9 所示。

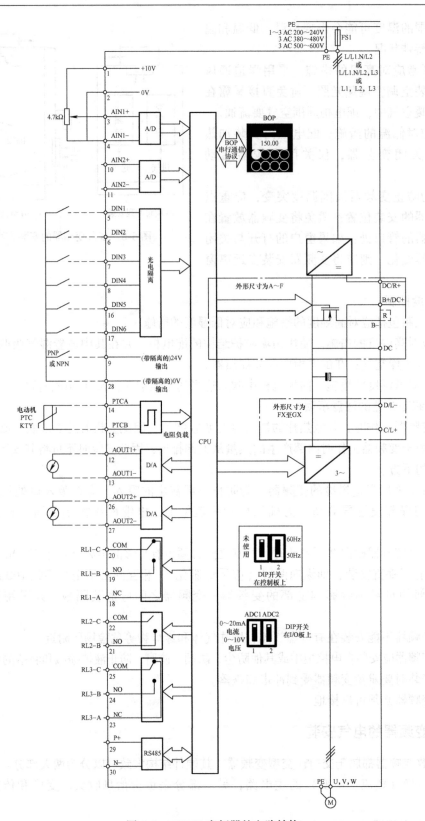

图 6-9　MM440 变频器的电路结构

1. MM440 变频器端子介绍

MM440 变频器由主电路和控制电路两部分组成。

（1）主电路

主电路由电源输出单相或三相恒定电压、恒定频率的正弦交流电，经过变频器内的整流电路转换成恒定的直流电压，供给逆变电路。逆变电路在 CPU 的控制下，将恒定的直流电压逆变成电压和频率均可调节的三相交流电供给电动机负载。由图 6-9 可以看出，该变频器的中间直流环节是通过电容器进行滤波的，因此该变频器属于电压型交-直-交变频器。

（2）控制电路

MM440 变频器的控制电路由 CPU、模拟量输入（AIN1＋、AIN1－及 AIN2＋、AIN2－）、模拟量输出（AOUT1＋、AOUT1－及 AOUT2＋、AOUT2－）、数字量输入（DIN1～DIN6）、输出继电器触点（RL1－A、RL1－B、RL1－C、RL2－B、RL2－C、RL3－A、RL3－B、RL3－C）和操作面板（BOP）等组成。

端子 1、2 是变频器为用户提供的 10V 直流稳压电源。当采用模拟电压信号输入方式输入给定频率时，为了提高交流变频调速系统的控制精度，必须配备一个高精度的直流稳压电源。

端子 3、4 和 10、11 是为用户提供的两路模拟量输入端，可作为频率给定信号。这一信号经变频器内的模数转换器可将模拟量转换成数字量，并传输给 CPU。

模拟量输入回路可以另行配置，作为两个附加的数字输入 DIN7 和 DIN8 端口，如图 6-10 所示。当模拟输入作为数字输入时电压门限值应为

OFF ＝1.75V DC

ON ＝3.70V DC

端子 5、6、7、8、16、17 是为用户提供的 6 个完全可编程的数字输入端，数字信号经光电隔离输入 CPU，对电动机进行正/反转、正/反向点动、固定频率设定值控制等。

端子 9 和 28 是 24V 直流电源端，为变频器的控制电路提供 24V 直流电源。端子 9（24V）在作为数字输入使用时也可用于驱动模拟输入，要求端子 2 和 28（0V）必须连接在一起。

端子 14、15 为电动机过热保护输入端。

端子 29 和 30 为 RS485（USS 协议）端。

端子 12、13 和 26、27 为两路模拟量输出端。

端子 18、19、20、21、22、23、24、25 为输出继电器的触点。

外形尺寸为 A 形的 MM440 变频器控制电路接线端子如图 6-11 所示。

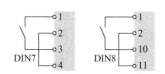

图 6-10　模拟输入作为数字
输入时外部线路的连接

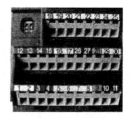

图 6-11　MM440 变频器控制
电路接线端子（外形尺寸为 A）

2. 主电路的接线

主电路的接线主要是完成外界到变频器及变频器到电动机的电源线的配接线,为保证设备的安全工作,主电路接线中还包含接地线的配接线。

(1) 基本接线

基本接线包括电源线的配接线和接地线的配接线。

1) 电源线的配接线。大多数变频器均为三进三出变频器(输入侧和输出侧都是三相交流电),主电路中电源线的基本接线如图 6-12 所示,图 6-12 中,QF 是低压断路器,FU 是熔断器,KM 是交流接触器的主触点。

其中,L1、L2、L3 是变频器的输入端,接电源进线。U、V、W 是变频器的输出端,与电动机相连。接线时需要特别注意,变频器的输入端和输出端绝对不能接错,如果将电源进线误接到 U、V、W 端,则无论哪个逆变器导通,都将引起两相间的短路而将逆变管迅速烧坏。

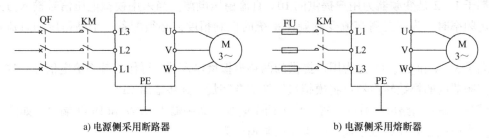

a) 电源侧采用断路器　　　　　　　　　b) 电源侧采用熔断器

图 6-12　主电路电源线的配接线 (1)

有些变频器属于单进三出变频器(输入侧为单相交流电,输出侧为三相交流电),一般家用电器里的变频器均属此类,这类变频器通常容量较小。此类变频器主电路中电源线的基本接线如图 6-13 所示。其中,L1 为相线,N 为中性线。

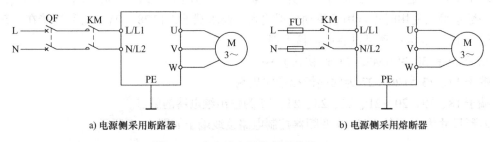

a) 电源侧采用断路器　　　　　　　　　b) 电源侧采用熔断器

图 6-13　主电路电源线的配接线 (2)

MM440 变频器电源和电动机的接线端子在控制端子的下方,接线时需要首先卸下 MM440 变频器的操作面板,然后拆除变频器的前端盖板,才会露出变频器主电路的接线端子,可以拆卸和连接 MM440 变频器与电源、电动机的接线,如图 6-14 所示。

2) 接地线的配接线。由于变频器主电路中的半导体开关器件在工作过程中要进行高速的开闭动作,变频器主电路和变频器单元外壳及控制柜之间的漏电流相对变大。因此,为了防止操作者触电,必须保证变频器的接地端(PE 为接地端)可靠接地。

在进行接地线布线时,应注意以下事项:

① 应该按照规定的电气施工要求进行布线。

② 绝对避免同电焊机、动力机械和变压器等强电设备共用接地电缆或接地极。此外，接地电缆布线上也应与强电设备的接地电缆分开。

③ 尽可能缩短接地电缆的长度。

④ 当变频器和其他设备或有多台变频器一起接地时，每台设备都必须分别和地线相连，不允许将一台设备的接地端和另一台设备的接地端相连后再接地，如图 6-15 所示。

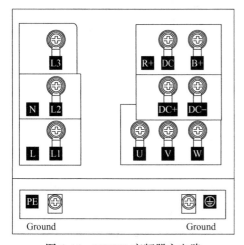

图 6-14 MM440 变频器主电路
接线端子（外形尺寸为 A）

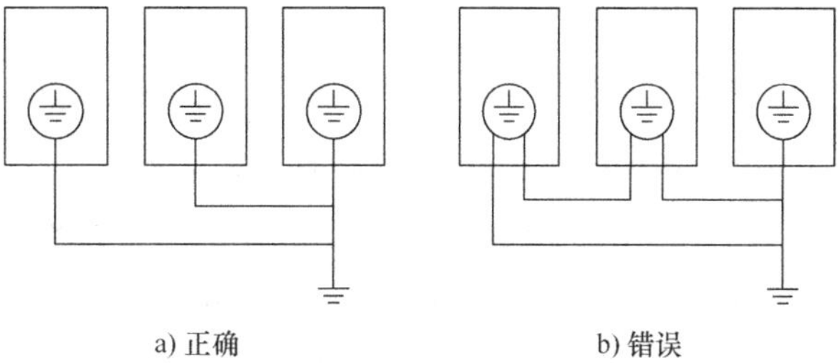

图 6-15 接地合理化配线图

（2）主电路线标的选择

选择主回路电缆时，必须考虑电流容量、短路保护和电缆压降等因素。

一般情况下，电源与变频器之间的导线选择方法和同容量的普通电动机的电线选择方法相同。考虑到其输入侧的功率因数往往较低，应本着宜大不宜小的原则决定线径。

变频器与电动机之间的连接电缆要尽量短，因为如果距离长，则电压降大，可能引起电动机转矩不足。特别是变频器输出频率低时，输出电压也低，线路电压损失所占百分比加大，有可能导致电动机发热。在决定变频器与电动机之间的导线线径时，最关键的因素是线路压降 ΔU 的影响。

一般要求：变频器与电动机之间的线路压降规定不能超过额定电压的 2%，人们往往根据这一规定选择电缆。工厂中采用专用变频器时，如果有条件对变频器的输出电压进行补偿，则线路压降损失容许值可取为额定电压的 5%。

容许压降给定时，主电路电线的电阻值必须满足

$$R_c \leqslant \frac{1000 \times \Delta U}{\sqrt{3} LI} \tag{6-1}$$

式中　R_c——单位长电线的电阻值（Ω/km）；

　　ΔU——容许线间压降（V）；

　　L——一相电线的铺设距离（m）；

　　I——电流（A）。

为方便用户选择，将常用电缆的单位长度电阻值列于表 6-2 中。

表 6-2 常用电缆的单位长度电阻值

电缆截面/(mm²)	1.0	1.5	2.5	4.0	5.5	6.0	10.0	16.0	25.0	35.0
导体电阻/(Ω/km)	17.8	11.9	6.92	4.40	3.33	2.92	1.73	1.10	0.69	0.49

实际进行变频器与电动机之间的电缆铺设时，需根据变频器和电动机的电压、电流及铺设距离，通过计算确定选择何种截面的电缆。

【例 6-1】 某变频器控制一台电动机，该电动机的额定电压为 AC220V，额定功率为 7.5kW，4 极，额定电流为 15A，电缆铺设距离为 50m，线路电压损耗允许在额定电压的 2% 之内，试选择所用电缆的截面大小。

解：① 求额定电压下的容许压降

$$\Delta U = 220V \times 2\% = 4.4V$$

② 求容许压降以内的电线电阻值

$$R_c = \frac{1000 \times \Delta U}{\sqrt{3} LI} = \frac{1000 \times 4.4V}{\sqrt{3} \times 50m \times 15A} = 3.39\Omega/km$$

③ 根据计算出的电阻值选择导线截面。

由计算出的 RC 值，根据厂家提供的相关数据表格选择电缆截面。根据表 6-2 常用电缆选用表，应选择电缆电阻为 3.39Ω/km 以下，截面为 5.5mm² 的电缆。

为保证安全，变频器和电动机必须可靠接地，接地电阻应小于 10Ω，接地电缆的线径要求应根据变频器功率的大小而定。

（3）注意事项

安装变频器时一定要遵守规定，确保安全。在对变频器的主电路进行接线过程中需注意以下事项：

1）不要用高压绝缘测试设备测试与变频器连接的电缆的绝缘。

2）在连接变频器或改变变频器接线之前要确保电源已经断开。需要特别注意的是，即使变频器不处于运行状态，其电源输入线、直流回路端子和电动机端子上仍然可能带有危险电压。因此，断开开关以后必须等待 5min，确保变频器放电完毕再开始安装工作。

3）确保电动机与电源电压的匹配是正确的，不允许把变频器连接到电压更高的电源上。

4）电源电缆和电动机电缆与变频器相应的接线端子接好以后，在接通电源前必须盖好变频器的前盖板。

5）电源输入端子需要通过线路保护，用断路器或带漏电保护的断路器连接到三相交流电源上。需要特别注意的是，三相交流电源绝对不能直接接到变频器输出端子上，否则将导致变频器内部器件损坏。

6）通常，如果变频器安装质量良好，即便在有较强电磁干扰的工业环境下，仍可确保安全和无故障运行。如果在运行中遇到问题可以采取如下措施：

① 确保机柜内的所有设备，都已用短而粗的接地线与公共接地母线进行可靠连接。

② 确保与变频器相连的任何控制设备（如 PLC 等），用短而粗的接地线与同一接地网或星形接地点可靠连接。

③ 由电动机返回的接地线，直接连接到控制该电动机的变频器的接地端子 PE 上。

④ 截断电缆端头时尽可能整齐，未经屏蔽的线段尽可能短。

⑤ 导电的导体最好是扁平的，因为它们在高频时阻抗比较低。

⑥ 确保机柜内安装的接触器是带阻尼的，也就是说，在交流接触器的线圈上连接有 $R-C$ 阻尼回路；在直流接触器的线圈上连接有续流二极管。安装压敏电阻对抑制过电压有效，当接触器由变频器的继电器进行控制时，这一点尤为重要。

⑦ 接到电动机的连接线应采用屏蔽的或带有铠甲的电线，并用电缆接线卡子将屏蔽层的两端接地。

3. 控制电路的接线

变频器控制电路的控制信号均为微弱的电压、电流信号，容易受外界强电场或高频杂散电磁波的影响，容易受主电路高次谐波场的辐射及电源侧震动的影响，因此必须对控制电路采取适当的屏蔽措施。控制线可以分为模拟量控制线和开关量控制线两类。

（1）模拟量控制线

模拟量控制线主要包括变频器模拟信号输入端和变频器模拟信号输出端。

1）变频器模拟信号输入端

变频器的模拟信号输入端可以连接频率的给定信号线或反馈信号线。MM440 变频器有两路模拟输入，端子号分别为 3、4 和 10、11。

2）变频器模拟信号输出端

变频器的模拟信号输出端可以将变频器的频率信号或电流信号输送到外围智能器件上。MM440 变频器有两路模拟量输出，端子号分别为 12、13 和 26、27。

模拟信号的抗干扰能力较差，因此必须使用屏蔽线。屏蔽层靠近变频器的一端，应该接在控制电路的公共端（COM）上，但不要接到变频器的地端（PE）或大地，屏蔽层的另一端应该悬空。

（2）开关量控制线

电动机起动、点动和多段速控制等的信号线都是开关量控制线。模拟量控制线的接线原则都适用于开关量控制线。由于开关量的抗干扰能力较强，因此在距离不是很远的情况下可以不使用屏蔽线。

建议：控制电路的连接线都应采用屏蔽电缆。

（3）注意事项

当对变频器的控制回路接线时，应注意以下内容。

1）电缆种类的选择。可参照相应规范进行控制电缆种类的选择。

2）电缆截面。控制电缆的截面选择一般要考虑机械强度、线路压降和费用等因素。建议使用截面积为 $1.25mm^2$ 或 $2mm^2$ 的电缆。当铺设距离较近、线路压降在容许值以下时，使用截面积为 $0.75mm^2$ 的电缆较经济。

3）主、控电缆分离。主回路电缆与控制回路电缆必须分离铺设，相隔距离按电气设备技术标准执行。

4）电缆的屏蔽。如果主、控电缆无法分离或即使分离但干扰仍然存在，则应对控制电缆进行屏蔽。常用的屏蔽措施：将电缆封入接地的金属管内；将电缆置入接地的金属通道内；采用屏蔽电缆。

5）采用绞合电缆。弱电压、电流回路（4~20mA，1~5V）用电缆，尤其是长距离的控制回路电缆宜采用绞合线，绞合线的绞合间距应尽可能小，并且都使用屏蔽铠装电缆。

6）铺设路线。由于电磁感应干扰的大小与电缆的长度成比例，所以控制电缆的铺设路线应尽可能短；大容量变压器及电动机的漏磁通对控制电缆直接感应产生干扰，铺设线路时要远离这些设备；弱电压、电流回路用电缆不要接近装有很多断路器和继电器的仪表盘；控制电缆的铺设路线应尽可能远离供电电源线，使用单独走线槽，在必须与电源线交叉时，应采取垂直交叉的方式。

7）电缆的接地。弱电压、电流回路（4～20mA，1～5V）有一接地线，该接地线不能作为信号线使用。

4. 变频器的防雷

变频器装置的防雷击措施是确保变频器安全运行的另一重要外设措施，特别在雷电活跃地区或活跃季节，这一问题尤为重要。

现在的变频器产品一般都设有雷电吸收装置，主要用来防止瞬间的雷电侵入致使变频器损坏。但在实际工作中，特别是电源线架空引入的情况下，单靠变频器自带的雷电吸收装置是不能满足要求的，还需要设计变频器专用避雷器。具体措施如下：

1）可在电源进线处装设变频器专用避雷器（可选件）。

2）或按相关规范的要求，在离变频器20m远处预埋钢管作专用接地保护。

3）如果电源是电缆引入，则应做好控制室的防雷系统，以防雷窜入破坏设备。

5. 长期存放后变频器的处理

变频器长时间存放会导致电解电容的劣化，因此存储过程中必须保证在6个月之内至少通电一次，每次通电时间至少5h，输入电压应用调压器缓缓升高至电压的额定值。长期存放后投运前变频器的处理如图6-16所示。

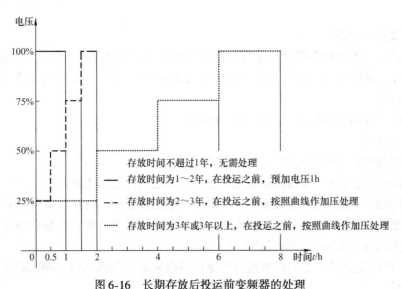

图6-16　长期存放后投运前变频器的处理

实践1　变频器的拆装与配线

（1）实践内容

1）MM440变频器前面板的拆卸与安装。

2）MM440 变频器主电路的线缆选择与接线。

3）MM440 变频器控制电路的线缆选择与接线。

（2）实践步骤

1）将 MM440 变频器固定在标准导轨上。

2）将状态显示板（SDP）从变频器上拆卸下来，拆卸步骤如图 6-17 所示。

3）将端子盖板从变频器上拆卸下来，拆卸步骤如图 6-18 所示。

4）将控制电路端子板从变频器上拆卸下来。

在释放 I/O 板的门锁装置时，不需要太大的压力。拆卸步骤如图 6-19 所示。

5）选择 MM440 变频器主电路线缆，并按照图 6-20 所示，将变频器的进线与出线分别接到 QS 空气开关和电动机上。

6）接好线后仔细检查，确保准确、无误。

7）将控制电路端子板安装到变频器上。

8）选择控制电路线缆，熟悉控制电路线缆的接线方式。

9）将端子盖板安装到变频器上。

10）将 SDP 安装到变频器上。

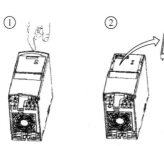

图 6-17 SDP 面板的拆卸

图 6-18 端子盖板的拆卸

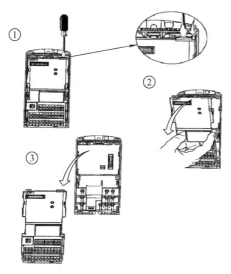

图 6-19 控制电路端子板的拆卸

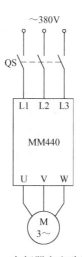

图 6-20 变频器主电路接线图

6.3　变频器的调试

6.3.1　变频器的调试方式

不同厂家的变频器内部功能形式不同，因此数字设定器或数字操作面板也不尽相同，MM440 变频器的参数设置和调试需要借助操作面板。适用于 MM440 变频器的操作面板共有三种，如图 6-21 所示。

1）状态显示板（Status Display Panel，SDP）。

2）基本操作面板（Basic Operator Panel，BOP）。

a) SDP状态显示板　　b) BOP基本操作面板　　c) AOP高级操作面板

图 6-21　适用于 MM440 变频器的操作面板

3）高级操作面板（Advanced Operator Panel，AOP）。

这三种操作面板可分别以不同的方式对变频器进行控制。

状态显示板（SDP）是西门子 MM440 变频器标准供货方式中随机配备的。一般来说，用 SDP 和变频器的默认设置值，按照某种固定的方式，就可以使变频器成功地投入运行。

如果工厂的默认设置值不适合用户的设备情况，则可以利用基本操作面板（BOP）或高级操作面板（AOP）修改变频器的参数，使之匹配。BOP 和 AOP 作为变频器的可选件供货。

在调试变频器之前首先要正确设置电动机频率的拨码开关，即正确选择 DIP 开关 2 的位置。西门子 MM440 变频器中对电动机频率的设置，除了要在变频器参数 P0100 中设置外，还需要在相应的 DIP 开关上进行硬件设定。设置电动机频率的 DIP 开关位于 I/O 板的下面，拆下 I/O 板可以看到，如图 6-22 所示。DIP 开关共有两个，即 DIP 开关 1 和 DIP 开关 2。DIP 开关 1 不供用户使用。DIP 开关 2 设置在 Off 位置时，默认值为 50Hz，功率单位为 kW，用于欧洲地区；DIP 开关 2 设置在 On 位置时，默认值为 60Hz，功率单位为 hp（1hp = 745.700W），用于北美地区。

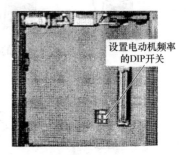

设置电动机频率的DIP开关

图 6-22　DIP 开关

1. 用 SDP 进行调试

SDP 上有绿色和黄色两个 LED 指示灯，用于指示变频器的运行状态、故障信息和报警信息。变频器运行状态信息见表 6-3。

表 6-3　变频器运行状态信息

LED 指示灯状态		变频器运行状态
绿色指示灯	黄色指示灯	
OFF	OFF	电源未接通
ON	ON	运行准备就绪

（续）

LED 指示灯状态		变频器运行状态
绿色指示灯	黄色指示灯	
ON	OFF	变频器正在运行
OFF	ON	变频器故障

SDP 上只有两个 LED 指示灯，主要用于显示变频器的相关信息。但是利用 SDP，按照某种固定的方式，也可以对变频器进行控制。

（1）利用 SDP 进行控制时，必须满足下列条件。

1）变频器的设定值必须与电动机的参数（额定功率、额定电压、额定电流和额定频率等）相兼容。

2）按照线性 U/f 控制特性，由模拟电位计控制电动机的速度。

3）频率为 50Hz 时，最大速度为 3000r/min；（60Hz 时为 3600r/min），也可以通过变频器的模拟输入端用电位计进行速度控制。

4）斜坡上升时间/斜坡下降时间均为固定值 10s。

（2）使用变频器上装设的 SDP 可以进行以下操作。

1）起动和停止电动机。

2）电动机换向。

3）故障复位。

（3）利用 SDP 实现对电动机速度控制的接线方法，如图 6-23 所示。

2. 用 BOP 进行调试

BOP 是 MM440 变频器的可选件，利用 BOP 可以查看及更改变频器的各个参数。

BOP 具有 5 位数字的 7 段显示，用于显示参数的序号和数值、报警和故障信息，以及参数的设定值和实际值。BOP 不能存储参数的信息。

若要使用 BOP 调试变频器、进行参数设置，则首先必须将 SDP 从变频器上拆卸下来，然后装上 BOP。变频器加上电源时，也可以进行 BOP 的安装与拆卸。从经济性和方便性角度出发，BOP 是目前使用最多的一种变频器调试方式。

3. 用 AOP 进行调试

AOP 是变频器的可选件，具有以下特点：

1）清晰的多种语言文本显示。

2）多组参数组的上传和下载功能。

3）可以通过 PC 编程。

4）具有连接多个站点的能力，最多可以连接 30 台变频器。

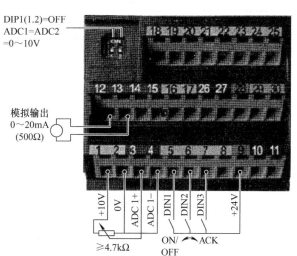

图 6-23　用 SDP 进行的基本操作

6.3.2 BOP 面板的基本操作

1. BOP 按键及功能说明

BOP 的外形如图 6-24 所示。

由图 6-24 可以看出,整个 BOP 可以分为数据显示区和触摸按键区两部分。

(1) 数据显示区

数据显示区用于显示变频器的参数值及当前运行信息,如输出频率、输出电压和电动机电流等,故障出现时能显示故障内容。简易型变频器一般为 7 段

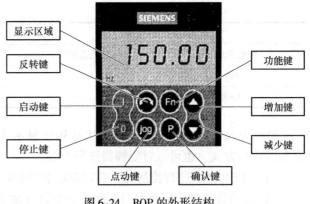

图 6-24　BOP 的外形结构

数码管（LED）显示,高性能变频器采用液晶（LCD）显示,因此能显示更多的信息。

(2) 触摸按键区

基本操作面板（BOP）上共有 8 个按键,每个按键的定义及其功能说明见表 6-4。

表 6-4　BOP 面板上的按键定义及其功能说明

显示/按钮	功能	功能说明
P(t) r0000 Hz	状态显示	LCD 显示变频器当前的设定值
I	启动电动机	按此键启动变频器。默认值运行时此键是被封锁的。为了使此键的操作有效,应设定 P0700 = 1
O	停止电动机	OFF1:按此键,变频器将按选定的斜坡下降速率减速停车;默认值运行时此键被封锁;为了允许此键操作,应设定 P0700 = 1 OFF2:按此键两次（或一次,但时间较长）,电动机将在惯性作用下自由停车。此功能总是"使能"的
⌒	改变电动机的转动方向	按此键可以改变电动机的转动方向。电动机的反向用负号（－）表示或用闪烁的小数点表示。默认值运行时此键是被封锁的,为了使此键的操作有效,应设定 P0700 = 1
jog	电动机点动	在变频器无输出的情况下,按此键使电动机起动,并按预设定的点动频率运行。释放此键时,变频器停车。如果变频器/电动机正在运行,按此键不起作用
Fn	功能键	此键用于浏览辅助信息。 变频器运行过程中,在显示任何一个参数时按下此键并保持 2s,显示以下参数值: ① 直流回路电压（用 d 表示,单位为 V） ② 输出电流（A） ③ 输出频率（Hz） ④ 输出电压（用 o 表示,单位为 V） ⑤ 由 P0005 选定的数值,如果 P0005 选择显示上述参数中的任何一个（③、④或⑤）,这里不再显示 连续多次按下此键,轮流显示以上参数 此键有跳转功能。在显示任何一个参数（rxxxx 或 Pxxxx）时短时间按下此键,立即跳转到 rxxxx,如果需要,用户可以接着修改其他参数。跳转到 rxxxx 后,按此键返回原来的显示点。在出现故障或报警的情况下,按此键可以将操作板上显示的故障或报警信息复位

（续）

显示/按钮	功能	功能说明
P	访问参数	按此键可访问参数
△	增加数值	按此键即可增加面板上显示的参数数值
▽	减少数值	按此键即可减少面板上显示的参数数值

2. 利用 BOP 修改参数

（1）MM440 变频器参数类型

MM440 变频器有两种参数类型，其中以字母 P 开头的参数用户可以改动，是进行编程的参数；以字母 r 开头的参数表示本参数为只读参数，用于指明变频器的某种状态。

所有参数分成命令参数组（CDS）及与电动机、负载相关的驱动参数组（DDS）两大类。每个参数组又分为三组，其结构如图 6-25 所示。

默认状态下，使用的当前参数组是第 0 组参数，即 CDS0 和 DDS0，本书后面如果没有特殊说明，所访问的参数都是指当前参数组，以 PXXXX[0] 或者 PXXXX 的形式表示。

下面通过参数 P1000 的第 0 组参数设置为 1，

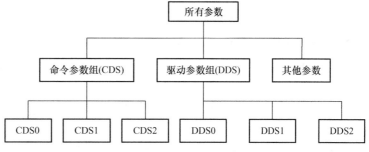

图 6-25 MM440 变频器参数分类

即以设置 P1000[0] = 1 的过程为例，介绍通过 BOP 操作面板修改一个参数的流程，参见表 6-5。

在后续介绍出现参数的修改过程中，直接使用 P1000 = 1 的方式表达这一设置过程。

（2）修改参数步骤

利用 BOP 面板修改变频器参数，需要按照表 6-5 所示步骤进行。

表 6-5　修改参数 P1000[0] = 1 的操作步骤表

	操作步骤	BOP 显示结果
1	按 P 键，访问参数	r0000
2	按 ▲ 键，直到显示 P1000	P1000
3	按 P 键，显示 in000，即 P1000 的第 0 组值	in000
4	按 P 键，显示当前值 2	2
5	按 ▼ 键，达到所要求的数值 1	1
6	按 P 键，存储当前设置	P1000
7	按 Fn 键，显示 r0000	r0000
8	按 P 键，显示频率	50.00

实践 2　利用 BOP 面板设置参数

（1）实践内容

1）BOP 键盘面板的拆卸与安装。

2）熟悉 BOP 面板上各按键的功能。

3）熟悉利用 BOP 面板修改变频器参数的步骤。

（2）实践步骤

1）将 SDP 从 MM440 变频器上拆卸下来。

2）将 BOP 面板安装到变频器上，拆卸、安装步骤如图 6-26 所示。拆卸、安装时注意一定要将接线端口对准，防止插针变弯损坏。

3）按照图 6-20 将变频器主回路线缆接好，确保准确、无误。

4）合上空气开关 QS，为变频器通电。

5）按照表 6-5 的步骤设置参数 P0004 = 3。

6）参数 P0004、P0003 的含义：

① P0004　参数过滤器。

功能：按功能的要求筛选（过滤）出与该功能有关的参数，从而可以更方便地进行调试。

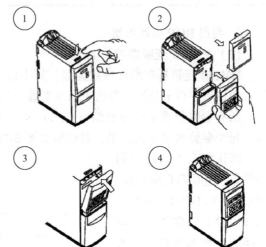

图 6-26　面板的拆卸、安装操作步骤

最小值：0　默认值：0　最大值：22　访问级：1

可能的设定值（部分）：

P0004 = 0　全部参数。

P0004 = 2　变频器参数。

P0004 = 3　电动机参数。

……

P0004 = 22　工艺参量控制器（如 PID）。

例如，若设置参数 P0004 = 22，则意味着只能看到 PID 参数。

② P0003　用户访问级

功能：本参数用于定义用户访问参数组的等级。对于大多数简单的应用对象，采用默认设定值（标准模式）就可以满足要求。

最小值：0　默认值：1　最大值：4　访问级：1

可能的设定值：

P0003 = 0　用户定义的参数表。

P0003 = 1　标准级：可以访问最经常使用的一些参数。

P0003 = 2　扩展级：允许扩展访问参数的范围，如变频器的 I/O 功能。

P0003 = 3　专家级：只供专家使用。

P0003 = 4　维修级：只供授权的维修人员使用，具有密码保护。

7）修改参数 P0719 = 12。

3. MM440 变频器的频率限制

所谓频率限制，是指用户可以设置电动机的运行频率区间，以及所要避开的一些共振点，主要指下限频率、上限频率和跳跃频率等，分别在参数 P1080、P1082、P1091 ~ P1094 中进行设定。

（1）变频器的基本频率

在介绍频率限制之前，首先介绍几个变频器中常用的基本频率概念：给定频率、输出频率、基准频率和点动频率。

1）给定频率。给定频率是指用户根据生产工艺的需求所设定的变频器的输出频率。鉴于频率给定方式的不同，给定频率可由不同的参数设定。

例如，原来工频供电的风机电动机现改为变频调速供电，则可设置给定频率为 50Hz。常用的设置方法为：一种是用变频器的操作面板通过 P1040 参数输入频率的数字量 50；另一种是从控制接线端上用外部给定（电压或电流）信号进行调节，最常见的形式是通过外接电位器完成。

2）输出频率。输出频率是指变频器的实际输出频率。当电动机所带的负载发生变化时，为使拖动系统稳定，此时变频器的输出频率根据系统的情况不断进行调整，因此输出频率是在给定频率附近经常变化的。从另一个角度来说，变频器的输出频率就是整个拖动系统的运行频率。

3）基准频率。基准频率又称基本频率，用 f_b 表示。一般以电动机的额定频率 f_N 作为基准频率 f_b 的给定值。基准电压是指输出频率到达基准频率时变频器的输出电压，基准电压通常取电动机的额定电压 U_N。基准电压和基准频率的关系如图 6-27 所示。

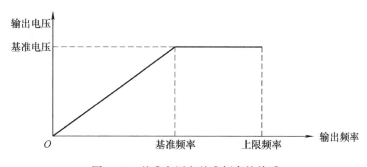

图 6-27　基准电压和基准频率的关系

MM440 变频器的基准频率通过参数 P2000 设定，默认值为 50Hz。

4）点动频率。生产机械在调试及每次新的加工过程开始前常需要进行点动，以观察整个拖动系统各部分的运转是否正常。为防止意外，大多数点动运转的频率都较低。如果每次点动前都需将给定频率修改成点动频率是很麻烦的，所以一般的变频器都提供了预置点动频率功能。如果预置了点动频率，则每次点动时，只需要将变频器的运行模式切换至点动运行模式即可，不必再改动给定频率。

点动是指以很低的速度驱动电动机转动，点动频率是指变频器在点动时的给定频率，包括正向点动频率和反向点动频率，分别由参数 P1058 和 P1059 设定。点动操作由 BOP 的

JOG（点动）按键控制，或由连接在一个数字输入端的不带闩锁（按下时接通，松开时自动复位）的开关控制，如图 6-28 所示。

图 6-28 中的 P1060 和 P1061 参数为点动的斜坡上升和下降时间。

（2）频率限制

1）上、下限频率。下限频率和上限频率是指变频器输出的最低、最高频率，分别通过参数 P1080 和 P1082 设置。这两个参数用于限制电动机的最低和最高运行频率，不受频率给定源的影响。

根据拖动系统所带的负载不同，有时要对电动机的最高、最低转速给予限制，以保证拖动系统的安全和产品的质量。另外，操作面板的误操作及外部指令信号的误动作会引起频率的过高和过低，设置上限频率和下限频率可起到保护作用。当变频器的给定频率高于上限频率或低于下限频率时，变频器的输出频率将被限制在上限频率或下限频率之间，如图 6-29 所示。

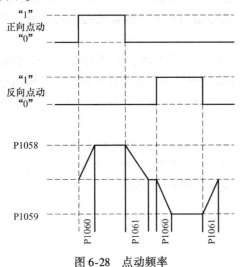

图 6-28　点动频率　　　　　　　　　图 6-29　上限频率和下限频率

【例 6-2】　若已知参数 P1080 = 10Hz，P1082 = 60Hz，那么当给定频率为 30Hz 或 50Hz 时，输出频率为多少？如果给定频率为 70Hz 或 5Hz 呢？

解：P1080 = 10Hz，P1082 = 60Hz，说明电动机运行时最高频率不能超过 60Hz，最低频率不能低于 10Hz。

如果给定频率为 30Hz 或 50Hz，则输出频率与给定频率一致，仍然是 30Hz 或 50Hz。

如果给定频率为 70Hz 或 5Hz，则输出频率限制在 60Hz 或 10Hz。

2）跳跃频率。跳跃频率也叫回避频率，是指不允许变频器连续输出的频率。

生产机械运转时的振动是和转速有关的，当电动机调到某一转速（变频器输出某一频率）时，如果此时机械振动的频率和它的固有频率一致，则发生谐振，这种状况对机械设备的损害非常大。为了避免机械谐振的发生，应当让拖动系统跳过谐振所对应的转速，所以变频器的输出频率要跳过谐振转速所对应的频率。

变频器在预置跳跃频率时通常预置一个跳跃区间。为方便用户使用，大部分变频器都提供了 2~4 个跳跃区间。MM440 变频器最多可设置 4 个跳跃区间，分别由 P1091、P1092、P1093 和 P1094 设定跳跃区间的中心点频率，由 P1101 设定跳跃的频带宽度，如图 6-30

所示。

【例6-3】　若参数 P1091 = 15Hz，P1101 = 2Hz，如果给定频率为 16Hz 或 30Hz，则输出频率为多少？

解：参数 P1091 = 15Hz，P1101 = 2Hz，说明变频器的跳跃范围为 13～17Hz，在这个区间内不允许变频器有连续输出。

如果给定频率为 16Hz，则由图 6-30 可知输出频率应为 13Hz；如果给定频率为 30Hz，那么在加、减速过程中，需要跳过 13～17Hz 频段，最终达到 30Hz 或 0Hz。

【例6-4】　有一台鼓风机，每当运行在 20Hz 时振动特别严重，怎么解决？

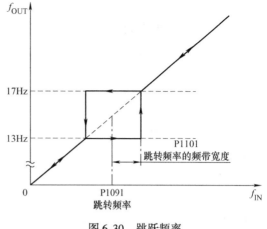

图 6-30　跳跃频率

解：当这台鼓风机运行在 20Hz 时振动特别严重，说明此时和机械设备的振动频率一致，发生了谐振。为解决此现象，应该在变频器中设置跳跃频率。

可设置参数 P1091 = 20，P1101 = 1。

若如此设置参数后鼓风机运行到 20Hz 附近时仍有小幅振动，则可将频带宽度 P1101 调整为 2Hz。

6.3.3　MM440 变频器的调试过程

通常一台新的 MM440 变频器使用前需要经过如下 3 个步骤进行调试：

1）参数复位是将变频器参数恢复到出厂状态下的默认值的操作。一般在变频器出厂和参数出现混乱的时候需要进行此项操作。

2）快速调试需要用户输入电动机相关参数和一些基本驱动控制参数，使变频器可以良好地驱动电动机运转。一般在复位操作或者更换电动机后需要进行此项操作。

3）功能调试指用户按照具体生产工艺的需要进行的设置操作。功能调试阶段需要进行开关量输入/输出功能、模拟量输入/输出功能、加/减速时间、频率显示、多段速功能、停车和制动、自动再起动和捕捉再起动、矢量控制、本地远程控制、闭环 PID 控制和通信等功能的设置。这一部分的调试工作比较复杂，常常需要在现场进行多次调试。

1. 参数复位

在变频器停车状态下，参数复位操作可以将变频器的参数复位为工厂的默认值。如果在参数调试过程中遇到问题，并且希望重新开始调试，实践证明这种复位操作的方法是非常有效的。复位过程见表 6-6，整个复位过程大约需要 60s。

表 6-6　参数复位过程

参数号	出厂值	设定值	说明
P0010	0	30	参数为工厂的设定值
P0970	0	1	全部参数复位

对参数 P0010 和 P0970 分别说明如下。

（1）P0010：调试参数过滤器

功能：该参数对与调试相关的参数进行过滤，只筛选出那些与特定功能组有关的参数。

最小值：0，默认值：0，最大值：30，访问级：1。

可能的设定值：

1）P0010 = 0　准备。

2）P0010 = 1　快速调试。

3）P0010 = 2　变频器。

4）P0010 = 29　下载。

5）P0010 = 30　工厂的设定值。

说明：

1）P0010 = 1。将 P0010 设定为 1 时表示接下来要进行快速调试过程。此时，过滤器只将一些非常重要的变频器及电动机的相关参数（如 P0304、P0305 等）留下来，而将其他无关参数滤掉，然后将这些参数的数值一个一个地输入变频器。当最后一个参数 P3900 设定为 1 ~ 3 时，表明快速调试结束后立即开始变频器参数的内部计算，然后自动把参数 P0010 复位为 0。通过此设置可以非常快速和方便地完成变频器的调试。

2）P0010 = 2。若将 P0010 设定为 2，则只列出变频器相关参数。当需要对变频器维修时需如此设置。

3）P0010 = 29。为了利用 PC 工具（如 DriveMoniter、STARTER）传送参数文件，首先应借助于 PC 工具将参数 P0010 设定为 29，并在下载完成以后利用 PC 工具将参数 P0010 复位为 0。

4）P0010 = 30。在复位变频器的参数时，参数 P0010 必须设定为 30。此时，过滤器只将与参数复位相关的参数（只有 P0970 一个参数）留下来，而将其他无关参数滤掉，用户只需将这个参数的数值输入变频器即可。从设定 P0970 = 1 起便开始参数复位，变频器自动把所有参数都复位为各自的默认设置值。

5）变频器投入运行前应将本参数复位为 0。

（2）P0970：工厂复位

功能：P0970 = 1 时所有的参数都复位为默认值。

最小值：0，默认值：0，最大值：1，访问级：1。

可能的设定值：

1）P0970 = 0　禁止复位。

2）P0970 = 1　参数复位。

说明：工厂复位前，首先要设定 P0010 = 30；工厂复位前，必须先使变频器停车（即封锁全部脉冲）。

2. 快速调试内容

快速调试是指通过设置电动机参数和变频器的命令源及频率给定源，达到简单、快速运转电动机的一种操作模式。在进行快速调试之前，必须完成变频器的机械和电气安装。快速调试阶段需要设置电动机和变频器的主要参数，主要内容如下。

电动机参数主要包括电动机的额定参数和电动机的起动、制动参数两大部分。

（1）电动机的额定参数

电动机的额定参数主要有电动机的额定电压（V）、电动机的额定电流（A）、电动机的额定功率（kW）、电动机的额定频率（Hz）和电动机的额定转速（r/min）等，需要根据电动机的铭牌输入。下面以西门子电动机为例说明电动机额定参数的设置，如图 6-31 所示。

（2）电动机起动、制动参数

快速调试阶段设置的电动机起动、制动参数主要指升速和降速过程所需设置的主要参数。在生产机械工作过程中，升速过程属于从一种状态转换到另一种状态的过渡过程，在这段时间内，通常不进行生产活动。因此，从提高生产力的角度出发，升速时间越短越好，但升速时间越短，频率上升越快，越容易产生"过电流"。

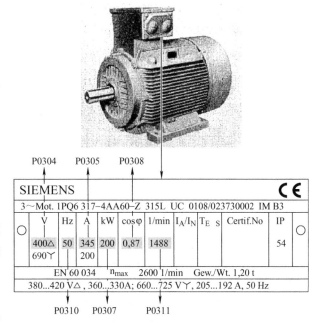

图 6-31 典型的电动机铭牌举例

电动机在降速过程中有时会处于再生制动状态，将电能反馈到直流电路，产生泵生电压，使直流电压升高。降速过程与升速过程一样，也属于从一种状态转换到另一种状态的过渡过程。从提高生产力的角度出发，降速时间越短越好，但降速时间越短，频率下降越快，直流电压就越容易超过上限值。

1）升速功能。通常可供选择的升速功能包括升速时间和升速方式两个方面。

① 升速时间。升速时间又叫加速时间、斜坡上升时间，指电动机从静止状态加速到最高频率（P1082）所需要的时间。

变频起动时，起动频率可以很低，升速时间可以自行给定，从而能有效地解决起动电流大和机械冲击的问题。加速时间越长，起动电流就越小，起动也越平缓，从而延长拖动系统的过渡过程，对于某些频繁起动的机械来说，会降低生产效率。但是如果设定的斜坡上升时间太短，则有可能导致变频器跳闸（过电流）。因此，给定加速时间的基本原则是在电动机的起动电流不超过允许值的前提下尽量地缩短加速时间。加速时间在参数 P1120 中进行设定。

② 升速方式。升速方式主要有线性方式、S 形方式和半 S 形方式 3 种。线性方式在升速过程中频率与时间成线性关系，如果无特殊要求，一般的负载大多选用线性方式，如图 6-32 所示。S 形方式在升速过程中开始和结束阶段较缓慢，升速过程的中间阶段按线性方式升速，整个升速过程的频率与时间曲线呈 S 形，如图 6-33 所示。这种升速方式适用于带式输送机一类的负载，这类负载往往满载起动，传送带上的物体静摩擦力较小，刚起动时加速较慢，以防止输送带上的物体滑倒，到末段加速减慢也是这个原因。

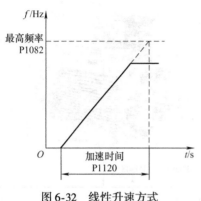
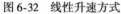

图 6-32　线性升速方式

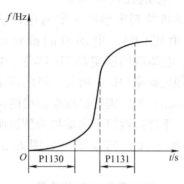

图 6-33　S 形升速方式

半 S 形方式包含两种情况，一种是在升速过程中开始较为缓慢，升速过程的中间阶段和结束阶段按线性方式升速，整个升速过程的频率与时间曲线呈半 S 形，如图 6-34a 所示，对于一些惯性较大的负载，适宜此种形式，加速初期加速过程较为缓慢，到加速后期可适当加快其加速过程；另一种是升速过程的开始阶段和中间阶段按线性方式升速，在升速过程的结束阶段升速缓慢，整个升速过程的频率与时间曲线呈半 S 形，如图 6-34b 所示，风机和泵类负载适宜此种加速形式，低速时负载较轻，加速过程可以快一些，随着转速的升高，其阻转矩迅速增加，加速过程应适当减慢。

MM440 变频器用参数 P1120（斜坡上升时间）设定加速时间，由参数 P1130（斜坡上升曲线的起始段圆弧时间）和 P1131（斜坡上升曲线的结束段圆弧时间）直接设置加速模式曲线。

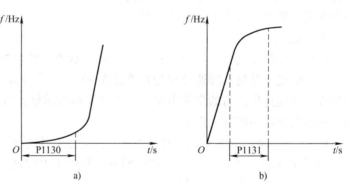

图 6-34　半 S 形升速方式

2）降速功能。与升速过程相似，电动机的降速和停止过程是通过逐渐降低频率来实现的。在降速时电动机的同步转速低于转子转速，电动机处于再生制动状态，电动机将机械能转化为交流电能送回变频器，变频器的逆变电路将交流电能转换为直流电能从而使直流电压升高。如果频率下降太快，使转差增大，一方面使再生电流增大，可能造成过电流，另一方面，直流电压可能升高至超过允许值的程度，进而造成过电压。通常可供选择的降速功能有降速时间和降速方式两个方面。

① 降速时间。又叫减速时间、斜坡下降时间，指电动机从最高频率（P1082）减速到静止状态所需要的时间。

变频调速时，减速是通过逐步降低给定频率来实现的。在频率下降的过程中，电动机处于再生制动状态。如果拖动系统的惯性较大，降速时间越短，频率下降越快，越容易产生过电压和过电流。为了避免上述情况的发生，可以在减速时间和减速方式上进行合理的选择。

　　减速时间的给定方法同加速时间一样，其值的大小主要考虑系统的惯性。惯性越大，减速时间就越长。一般情况下，加、减速选择同样的时间。减速时间在参数 P1121 中进行设定。

　　② 降速方式。同升速方式一样，降速方式也有线性方式、S 形方式和半 S 形方式 3 种。线性方式在降速过程中频率与时间成线性关系，如图 6-35 所示；S 形方式在降速过程中的开始和结束阶段较缓慢，降速过程的中间阶段按线性方式降速，整个降速过程的频率与时间曲线呈 S 形，如图 6-36 所示。

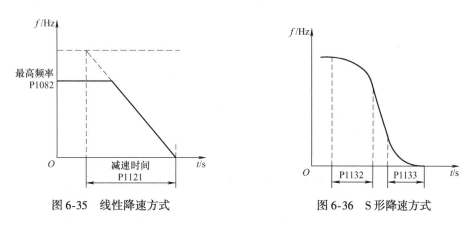

图 6-35　线性降速方式　　　　　　　　图 6-36　S 形降速方式

　　半 S 形方式也包含两种情况，一种是在降速过程中开始较缓慢，降速过程的中间阶段和结束阶段按线性方式降速，整个降速过程的频率与时间曲线呈半 S 形，如图 6-37a 所示；另一种是降速过程的开始阶段和中间阶段按线性方式降速，在降速过程的结束阶段降速缓慢，整个降速过程的频率与时间曲线呈半 S 形，如图 6-37b 所示。

　　MM440 变频器用参数 P1121（斜坡下降时间）设定减速时间，由参数 P1132（斜坡下降曲线的起始段圆弧时间）和 P1133（斜坡下降曲线的结束段圆弧时间）直接设置减速模式曲线。

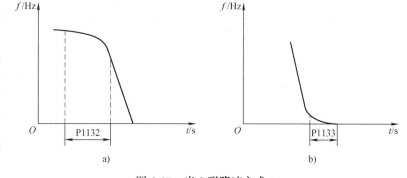

图 6-37　半 S 形降速方式

　　3）MM440 变频器的停车和制动。

　　① 变频器的停车。停车（停机）指的是将电动机的转速降到零的操作。MM440 变频器支持 3 种停车方式，分别是 OFF1（减速停机）、OFF2（自由停机）和 OFF3（低频状态下短暂运行后停机）。

　　减速停机是指变频器按照预置的减速时间和减速方式停机。在减速过程中，电动机容易处于再生制动状态。

　　自由停机是指变频器通过停止输出停机。这时，电动机的电源被切断，拖动系统处于自由制动状态，停机时间的长短由拖动系统的惯性决定。

低频状态下短暂运行后停机是指当频率下降到接近 0 时，先在低速下运行较短时间，然后再将频率下降为 0。在负载惯性较大时，可以使用这种方式消除滑行现象；对于附有机械制动装置的电磁制动电动机，采用这种方式可以降低磁抱闸的磨损。3 种停车方式的功能及应用场合见表 6-7。

表 6-7　MM440 变频器的停车方式

停车方式	功能解释	应用场合
OFF1	变频器按照 P1121 所设定的斜坡下降时间由全速降为零速（减速停机）	一般场合
OFF2	变频器封锁脉冲输出，电动机惯性滑行状态，直至速度为零速（自由停机）	设备需要急停，配合机械抱闸
OFF3	变频器按照 P1135 所设定的斜坡下降时间由全速降为零速（低频状态下短暂运行后停机）	设备需要快速停车

② 变频器的制动。为了缩短电动机减速时间，MM440 变频器支持直流制动和能耗制动两种制动方式，可以实现将电动机快速制动。

如果电动机在起动前拖动系统的转速不为 0，而变频器的输出频率从 0 开始上升，则在起动瞬间将引起电动机的过电流。常见于拖动系统以自由制动的方式停机，在尚未停住前又重新起动；风机在停机状态下叶片由于自然通风而自行转动（通常是反转）。因此，可于起动前在电动机的定子绕组内通入直流电流，以保证电动机在零速状态下开始起动。

MM440 变频器的制动方式及其功能解释见表 6-8。

表 6-8　MM440 变频器的制动方式

制动方式	功能解释	相关参数
直流制动	变频器向电动机定子注入直流电源	P1230 = 1 使能直流制动 P1232：直流制动电流大小 P1233：直流制动持续时间 P1234：直流制动的起始频率
能耗制动	变频器通过制动单元和制动电阻，将电动机回馈的能量以热能的形式消耗掉	P1237 = 1～5，能耗制动的工作停止周期 P1240 = 0，禁止直流电压控制器，从而防止斜坡下降时间的制动延长

快速调试阶段设置的变频器参数主要有两个，选择命令源 P0700 和选择频率给定源 P1000。本节中需要设置 P0700 = 1（由 BOP 面板发出启停命令），P1000 = 1（由 MOP 电位计来指定运行频率），两个参数的详细含义将在后续内容中介绍。

3. 快速调试流程

MM440 变频器的快速调试（QC）流程如图 6-38 所示。

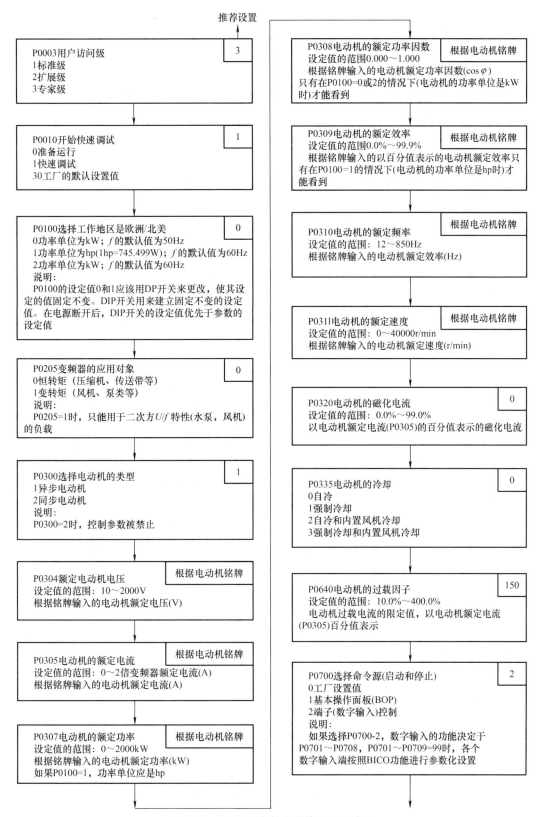

推荐设置

P0003用户访问级　｜3｜
1标准级
2扩展级
3专家级

P0010开始快速调试　｜1｜
0准备运行
1快速调试
30工厂的默认设置值

P0100选择工作地区是欧洲/北美　｜0｜
0功率单位为kW；f的默认值为50Hz
1功率单位为hp(1hp=745.499W)；f的默认值为60Hz
2功率单位为kW；f的默认值为60Hz
说明：
P0100的设定值0和1应该用DP开关来更改，使其设
定的值固定不变。DIP开关用来建立固定不变的设定
值。在电源断开后，DIP开关的设定值优先于参数的
设定值

P0205变频器的应用对象　｜0｜
0恒转矩（压缩机、传送带等）
1变转矩（风机、泵类等）
说明：
P0205=1时，只能用于二次方U/f特性(水泵，风机)
的负载

P0300选择电动机的类型　｜1｜
1异步电动机
2同步电动机
说明：
P0300=2时，控制参数被禁止

P0304额定电动机电压　｜根据电动机铭牌｜
设定值的范围：10～2000V
根据铭牌输入的电动机额定电压(V)

P0305电动机的额定电流　｜根据电动机铭牌｜
设定值的范围：0～2倍变频器额定电流(A)
根据铭牌输入的电动机额定电流(A)

P0307电动机的额定功率　｜根据电动机铭牌｜
设定值的范围：0～2000kW
根据铭牌输入的电动机额定功率(kW)
如果P0100=1，功率单位应是hp

P0308电动机的额定功率因数　｜根据电动机铭牌｜
设定值的范围0.000～1.000
根据铭牌输入的电动机额定功率因数(cosφ)
只有在P0100=0或2的情况下(电动机的功率单位是kW
时)才能看到

P0309电动机的额定效率　｜根据电动机铭牌｜
设定值的范围0.0%～99.9%
根据铭牌输入的以百分值表示的电动机额定效率只
有在P0100=1的情况下(电动机的功率单位是hp时)才
能看到

P0310电动机的额定频率　｜根据电动机铭牌｜
设定值的范围：12～850Hz
根据铭牌输入的电动机额定效率(Hz)

P0311电动机的额定速度　｜根据电动机铭牌｜
设定值的范围：0～40000r/min
根据铭牌输入的电动机额定速度(r/min)

P0320电动机的磁化电流　｜0｜
设定值的范围：0.0%～99.0%
以电动机额定电流(P0305)的百分值表示的磁化电流

P0335电动机的冷却　｜0｜
0自冷
1强制冷却
2自冷和内置风机冷却
3强制冷却和内置风机冷却

P0640电动机的过载因子　｜150｜
设定值的范围：10.0%～400.0%
电动机过载电流的限定值，以电动机额定电流
(P0305)百分值表示

P0700选择命令源(启动和停止)　｜2｜
0工厂设置值
1基本操作面板(BOP)
2端子(数字输入)控制
说明：
如果选择P0700-2，数字输入的功能决定于
P0701～P0708，P0701～P0709=99时，各个
数字输入端按照BICO功能进行参数化设置

图 6-38　MM440 变频器的快速调试流程

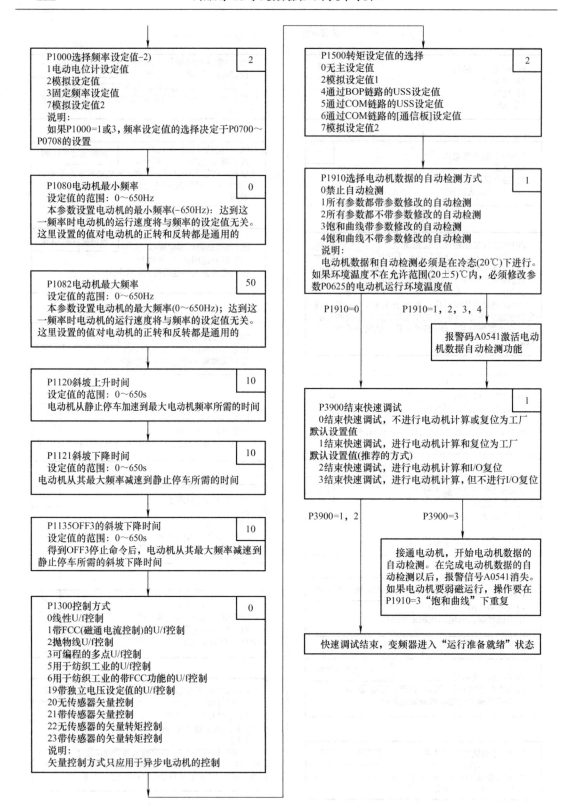

图 6-38 MM440 变频器的快速调试流程（续）

下面将快速调试过程中部分参数进行简单说明。

1) P0010 的参数过滤功能和 P0003 选择用户访问级别的功能在快速调试时是十分重要的。MM440 变频器有 3 个用户访问级, 分别是标准级、扩展级和专家级, 进行快速调试时如果访问级设置较低, 则用户能够看到的参数就较少, 因此建议快速调试时将 P0003 设置为 3。

快速调试的进行与参数 P3900 的设定有关, 当 P3900 被设定为 1 时, 快速调试结束后要完成必要的电动机计算, 并使其他所有的参数复位为工厂的默认设置。在 P3900 = 1 时, 完成快速调试以后, 变频器即已作好运行准备。

2) P0100 参数只能在快速调试 P0010 = 1 时进行修改。本参数用于确定功率设定值 (如铭牌的额定功率 P0307) 的单位是 kW 或是 hp。除基准频率 (P2000) 以外, 还有铭牌的额定频率默认值 (P0310) 和最大电动机频率 (P1082) 的单位也都在这里自动设定。

可能的设定值:

P0100 = 0 欧洲 (kW), 频率默认值为 50Hz。

P0100 = 1 北美 (hp) 频率默认值为 60Hz。

P0100 = 2 北美 (kW), 频率默认值为 60Hz。

改变本参数之前, 首先要使驱动装置停止工作, 即封锁全部脉冲。

本参数的设置与 I/O 板上 DIP 开关 2 (如图 6-39 所示) 的设定值关联密切, 用于确定 P0100 的设定值 0 或 1 哪个有效, 即根据图 6-40 来确定 P0100 设定的使用地区及功率和频率的确切信息。

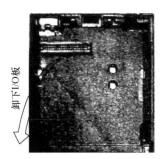
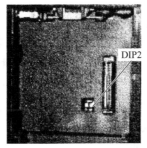
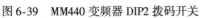

图 6-39　MM440 变频器 DIP2 拨码开关

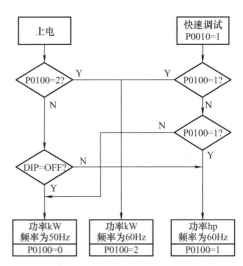

图 6-40　使用地区判别流程

3) P0205 变频器的应用对象。本参数只能在快速调试 P0010 = 1 时进行修改。

选择变频器的应用对象, 可能的设定值为:

P0205 = 0 恒转矩 CT。

P0205 = 1 变转矩 VT。

如果在整个频率调节范围内, 驱动的对象都需要恒定的转矩时, 就采取 CT 运行方式。许多负载都可以看成恒转矩负载, 典型的恒转矩负载有皮带运输机、空气压缩机等。

如果驱动对象的频率—转矩特性是抛物线型，如许多风机和水泵，则采取 VT 运行方式，见表 6-9。

表 6-9 常见负载的转矩特性

转矩	$M \sim 1/f$	$M =$ 常数	$M \sim f$	$M \sim f^2$
功率	常数	$P \sim f$	$P \sim f^2$	$P \sim f^3$
应用	卷取机 平面加工车床 回转式切割机	起重绞车 皮带运输机 生产过程机械 加工成型设备 轧钢机，刨床 压缩机	具有黏滞摩擦的压光机 涡流制动器	泵类 风机 离风机

4）P0300 选择电动机的类型。本参数只能在快速调试 P0010 = 1 时进行修改。

调试期间，在选择电动机的类型和优化变频器的特性时，需要选定这一参数。

实际使用的电动机大多是异步电动机；如果不能确定所用的电动机是异步电动机还是同步电动机，则可以按照式（6-2）进行计算

$$X = \frac{\text{电动机的额定频率}(P0310 \times 60)}{\text{电动机的额定速度}(P0311)} \tag{6-2}$$

若 $X = 1$，2，$\cdots$，n；则该电动机是同步电动机；

若 $X \neq 1$，2，$\cdots$，n；则该电动机是异步电动机。

可能的设定值：

P0300 = 1 异步电动机。

P0300 = 2 同步电动机。

5）P0304 电动机的额定电压。额定电压的设定范围为 10～2000V，默认设置为 230V，设定时需要根据电动机的铭牌进行输入。

本参数只能在快速调试 P0010 = 1 时进行修改。

输入变频器的电动机铭牌数据必须与电动机的接线（星形或是三角形）相一致，也就是说，如果电动机采取三角形接线，则必须输入三角形接线的铭牌数据。

三相电动机的接线如图 6-41 所示。

6）P0305 电动机的额定电流。额定电流的设定范围为 0.01～10000A，默认设置为 3.25A，设定时需要根据电动机的铭牌输入。

本参数只能在快速调试 P0010 = 1 时修改。

对于异步电动机，电动机电流的最大值可定义为变频器的最大电流（r0209）；对于同步电动机，电动机电流的最大值可定义为变频器最大电流（r0209）的两倍。

7）P0307 电动机的额定功率。额定功率的设定范围为 0.01～2000，默认设置为 0.75，设定时需要根据电动机的铭牌输入。

若 P0100 = 1，则本参数的单位为 hp；本参数只能在快速调试 P0010 = 1 时修改。

8）P0308 电动机的额定功率因数。额定功率因数的设定范围为 0.000～1.000，默认设置为 0.000，设定时需要根据电动机的铭牌输入（$\cos\varphi$）。

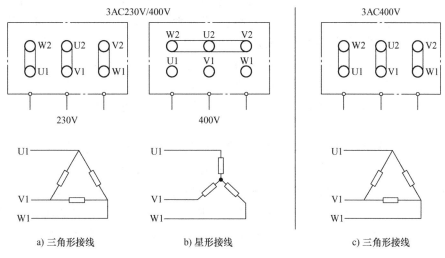

图 6-41　三相电动机的接线

本参数只能在 P0010 = 1（快速调试）时修改，且只能在 P0100 = 0 或 2（输入的功率以 "kW" 表示）时才能见到。

参数的设定值为 0 时，由变频器内部计算功率因数。

9）P0309 电动机的额定效率。铭牌数据，电动机的额定效率以 "%" 表示。本参数只能在 P0010 = 1（快速调试）时修改，且只有在 P0100 = 1（即以 hp 表示输入的功率）时才是可见的。

10）P0310 电动机的额定频率。额定频率的设定范围为 12.00 ~ 650.00，默认设置为 50.00，设定时需要根据电动机的铭牌输入。本参数只能在 P0010 = 1（快速调试）时修改。

11）P0311 电动机的额定速度。额定速度的设定范围为 0 ~ 40000，默认设置为 0，设定时需要根据电动机的铭牌输入。本参数只能在 P0010 = 1（快速调试）时修改。

参数的设定值为 0 时，由变频器内部自动计算电动机的额定速度。

对于带有速度控制器的矢量控制和 U/f 控制方式，以及在 U/f 控制方式下需要进行转差率补偿时，必须要有这一参数才能正常运行。

如果这一参数进行了修改，变频器将自动重新计算电动机的极对数。

12）P0335 电动机的冷却。本参数用于选择电动机采用的冷却系统，设定时需要根据电动机的铭牌输入。

可能的设定值为：

P0350 = 0 自冷。采用安装在电动机轴上的风机冷却。

P0335 = 1 强制冷却。采用单独供电的冷却风机冷却。

P0335 = 2 自冷和内置冷却风机（有的电动机带有内置冷却风机）。

P0335 = 3 强制冷却和内置冷却风机。

本参数只能在 P0010 = 1（快速调试）时修改。

13）P0640 电动机的过载因子。本参数的设定范围为 10.0% ~ 400.0%，是以电动机额定电流（P0305）的百分值表示的电动机过载电流限值，默认值为 150%。

本参数只能在 P0010 = 1（快速调试）时修改。

14）P1080 电动机最低频率。本参数的设定范围为 0.00 ~ 650.00Hz，默认值为 0.00Hz。本参数设定最低电动机频率，当电动机达到这一频率时，电动机的运行速度与频率设定值无关。本参数的设定值既适用于电动机顺时针方向转动，也适用于逆时针方向转动。

15）P1082 电动机最高频率。本参数的设定范围为 0.00 ~ 650.00Hz，默认值为 50.00Hz。本参数设定电动机频率最高值，当电动机达到这一频率时，电动机的运行速度与频率设定值无关。本参数的设定值既适用于电动机顺时针方向转动，也适用于逆时针方向转动。

16）P1120 斜坡上升时间。本参数的设定范围为 0.00 ~ 650.00s，默认值为 10.00s，表示斜坡函数曲线不带平滑弧时，电动机从静止状态加速到最高频率（P1082）所用的时间。

设定的斜坡上升时间不能太短，否则可能会因为过电流而导致变频器跳闸。

17）P1121 斜坡下降时间。本参数的设定范围为 0.00 ~ 650.00s，默认值为 10.00s，表示斜坡函数曲线不带平滑圆弧时，电动机从最高频率（P1082）减速到静止停车所用的时间。

设定的斜坡下降时间不能太短，否则可能会因为过电流或过电压导致变频器跳闸。

18）P1300 变频器的控制方式。通过选择不同的控制方式控制电动机的速度和变频器的输出电压之间的相对关系，如图 6-42 所示。

可能的设定值：

P1300 = 0 线性特性的 U/f 控制，如图 6-42 中的曲线 '0' 所示。

P1300 = 1 带磁通电流控制（FCC）的 U/f 控制。

P1300 = 2 带抛物线特性（平方特性）的 U/f 控制，如图 6-42 中的曲线 '2' 所示。

P1300 = 3 特性曲线可编程的 U/f 控制。

P1300 = 4 ECO（节能运行）方式的 U/f 控制。

P1300 = 5 用于纺织机械的 U/f 控制。

P1300 = 6 用于纺织机械的带 FCC 功能的 U/f 控制。

P1300 = 19 具有独立电压设定值的 U/f 控制。

P1300 = 20 无传感器的矢量控制。

P1300 = 21 带有传感器的矢量控制。

P1300 = 22 无传感器的矢量—转矩控制。

P1300 = 23 带有传感器的矢量—转矩控制。

若 P1300≥20，控制方式为矢量控制时，变频器内部输出最高频率限制为200Hz 和 5 × 电动机额定频率（P0310）中的较低值，并在显示频率最高设定值 r1084 中显示。矢量控制方式只适用于异步电动机的控制。

19）P1910 选择电动机数据是否自动检测（识别）。本参数用于完成电动机参数的自动检测，可能的设定值为：

P1910 = 0 禁止自动检测功能。

P1910 = 1 所有参数都自动检测，并改写参数数值。

P1910 = 2 所有参数都自动检测，但不改写参数数值。

P1910 = 3 饱和曲线自动检测，并改写参数数值。

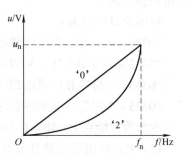

图 6-42　电动机速度与变频器输出电压间的关系曲线

P1910 = 4 饱和曲线自动检测，但不改写参数数值。

……

在选择电动机数据自动检测之前，必须首先完成快速调试。当 P1910 = 1 时，产生一个报警信号 A0541 报警，在接着发出 ON 命令时，立即开始电动机参数的自动检测。

20）P3900 结束快速调试。本参数用于完成优化电动机运行所需的计算，可能的设定值为：

P3900 = 0 不用快速调试。

P3900 = 1 结束快速调试，并按工厂设置使参数复位。

P3900 = 2 结束快速调试。

P3900 = 3 结束快速调试，只进行电动机数据的计算。

本参数只在快速调试 P0010 = 1 时才能改变。在完成计算以后，P3900 和 P0010（调试参数组）自动复位为其初始值 0。

6.4　变频器的命令给定方式

变频器的命令给定方式（运转指令给定方式）是指如何控制变频器的基本运行功能，这些功能包括起动、停止、正转与反转、正向点动与反向点动等，简单地说，变频器的命令给定方式就是指采用什么方式来控制变频器的起停。

6.4.1　通用变频器的命令给定方式

变频器的命令给定方式主要有 3 种，分别是操作面板键盘控制、端子控制和通信控制。应用时具体选用哪一种命令给定方式是按照实际工程需要进行选择设置的，同时 3 种给定方式之间可以根据功能需要进行相互切换。

1. 操作面板键盘控制

操作面板键盘控制是变频器最简单的命令给定方式，用户可以通过变频器操作面板键盘上的运行按键、停止按键、点动按键和换向按键直接控制变频器的运转。

操作面板键盘控制方式的最大特点是简单、方便、实用，用户只需将主电路配好线，就能直接控制电动机的运行。也就是说，用户无须对控制电路配线就能够控制电动机的正/反转及点动，并可通过 LED 数码或 LCD 液晶屏显示故障类型，了解变频器是否处于运行过程、运行频率是多少，是否处于报警故障（过载、超温和堵转等）过程、报警故障代码是多少等。

在操作面板键盘控制方式下，变频器的正转和反转可以通过换向按键切换和选择。如果键盘定义的正转方向与实际电动机的正转方向（或设备的前行方向）相反，也可以通过修改相关的参数进行更正，如有些变频器参数定义是"正转有效"或"反转有效"，有些变频器参数定义则是"与命令方向相同"或"与命令方向相反"。

对于某些不允许反转的生产设备，如泵类负载，变频器专门设置了禁止电动机反转的功能参数。该功能对端子控制、通信控制都有效。

变频器的操作面板键盘通常直接安装在变频器上，还可以通过延长线放置在用户容易操作的短距离空间里（如 5m 以内），距离较远时还可以使用远程操作面板键盘。

2. 端子控制

端子控制方式是指变频器的运转指令利用变频器的外接输入端子，通过外部输入开关信号（或电平信号）进行控制的方式。

这些连接到变频器输入端子的外部输入开关信号可能是按钮、选择开关，也可能是继电器的触点，还有可能是 PLC 或 DCS 的继电器模块，这些器件的通断代替了操作面板键盘上的运行按键、停止按键和点动按键等，实现对变频器的远距离控制。

端子控制是在实际工程应用中经常使用的一种命令给定方式。

3. 通信控制

通信控制方式是指利用变频器的通信端口，由上位机对变频器进行正/反转、点动和故障复位等控制。

所有的变频器都会配置通信端口，但接线方式却因变频器通信协议的不同而有所差异。一般来说，变频器大多提供 RS－232 或 RS－485 的通信端口。

变频器的通信方式可以组成单主单从或单主多从的通信控制系统，利用上位机（PC、PLC 控制器或 DCS 控制系统）软件实现对网络中变频器的实时监控，完成远程控制、自动控制，以及实现更复杂的运行控制，如无限多段程序运行等。

6.4.2　MM440 变频器的命令给定方式

MM440 变频器的命令给定方式是通过参数 P0700 选择的。

1. P0700 参数介绍

P0700：选择命令源。

本参数用于选择数字的命令信号源。

最小值为 0，默认值为 2，最大值为 6，可能的设定值为：

P0700 = 0　　工厂的默认设置。

P0700 = 1　　BOP（键盘）设置。

P0700 = 2　　由端子排输入

P0700 = 4　　BOP 链路的 USS 设置

P0700 = 5　　COM 链路的 USS 设置。

P0700 = 6　　COM 链路的通信板（CB）设置。当 P0700 的设定值从 1 改为 2 时，所有的数字输入都设定为默认设置。

2. MM440 变频器面板控制方式

当设置参数 P0700 = 1 时，表明起动、停止等命令由 BOP 面板键盘发出，也就是说，此时 BOP 面板上的起动按键、停止按键、换向按键和点动按键都是有效的，按动这些按键，可以控制变频器的运行。

3. MM440 变频器外端子控制方式

当设置参数 P0700 = 2 时，表明起动、停止等命令是由变频器的外端子发出的，此时 BOP 面板上的起动按键、停止按键、换向按键和点动按键都无效，变频器的运行是通过变频器数字控制端子的通断实现的。

（1）MM440 变频器的数字端口

MM440 变频器包含 6 个数字开关量的输入端子（如图 6-9 所示），每个端子都由一个对应的参数用来设定该端子的功能。

端子 5、6、7、8、16、17 是数字开关量输入端子，以 DIN1 ~ DIN6 表示，它们的功能分别由参数 P0701 ~ P0706 设定。每个参数的设置范围均为 0 ~ 99，工厂默认值为 1，下面列出其中几个参数值，并说明其含义。

0：禁止数字输入。

1：ON/OFF1，接通正转 OFF1 停车。

2：ON reverse/OFF1，接通反转 OFF1 停车。

3：OFF2（停车命令 2），按惯性自由停车。

4：OFF3（停车命令 3），按斜坡函数曲线快速降速。

9：故障确认。

10：正向点动。

11：反向点动

13：MOP（电动电位计）升速（增加频率）。

14：MOP 降速（减小频率）。

15：固定频率设定值（直接选择）。

16：固定频率设定值（直接选择 + ON 命令）。

17：固定频率设定值（二进制编码选择 + ON 命令）。

25：使能直流注入制动。

将上述内容简化见表 6-10。

表 6-10　MM440 变频器的数字端口设定

端子号	代　　号	名　　称	参　　数	参数设定值
5	DIN1	数字端口 1	P0701	1：接通正转/OFF1 停车
6	DIN2	数字端口 2	P0702	2：接通反转/OFF1 停车
7	DIN3	数字端口 3	P0703	10：正向点动
8	DIN4	数字端口 4	P0704	11：反向点动
16	DIN5	数字端口 5	P0705	17：固定频率设定值（二进制）
17	DIN6	数字端口 6	P0706	（只有 P0701 ~ P0704 可以等于 17）

（2）外端子控制变频器的起停

有两个按钮，SB1 为自锁按钮，SB2 为自复位按钮，若要实现 SB1 按钮控制变频器的正向运行，SB2 按钮控制变频器的正向点动，利用变频器的外端子控制变频器的运行，如何实现？

如图 6-43 所示，可将两个按钮分别接入 MM440 变频器的 5、6 端口。

SB1 按钮接入端口 5 控制变频器的正向运行，由表 6-10 可知，端口 5 的功能由参数 P0701 设置，因此可设置 P0701 = 1。

SB2 接入端口 6 控制变频器的正向点动，由表 6-10 可知，端口 6 的功能由参数 P0702 设置，因此可设置 P0702 = 10。

功能调试结束后，变频器运行时，接通 SB1 按钮，变频器可按给定的频率值正向运行，电动机正转，断开 SB1 按钮，变频器执行减速停机，按照 P1121 所设定的斜坡下降时间由全速降为零；接通 SB2 按钮，变频器可按 P1058 给定的正向点动频率正向点动运行，电动机正向点动运转，断开 SB2 按钮，变频器停机。

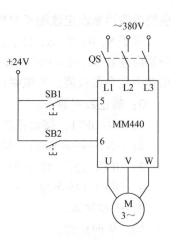

图 6-43　外端子控制
变频器运行接线图（1）

实践 3　利用外端子控制变频器的运行

（1）实践内容

1）正确进行变频器的外部接线。

2）正确设置变频器的相关参数。

3）利用 BOP 面板控制变频器的运行。

4）利用外端子控制变频器的运行。

（2）实践步骤

1）按照图 6-44 的接线原理图，将变频器与电动机正确连接，经检查确认接线无误，合上 QS 空气开关，为装置送电。

2）进行变频器的参数复位。

3）进行变频器的快速调试。

4）利用 BOP 面板控制变频器的运行。

功能调试：设置参数 P0700 = 1，P1000 = 1. 设置参数 P1080 = 0，P1082 = 50，P1040 = 40。

运行：按下变频器 BOP 面板上的"起动按键"，变频器正向运行，运行频率 40Hz。

按下变频器 BOP 面板上的"停止按键"，使变频器停止运行。

按下变频器 BOP 面板上的"换向按键"，再按下"起动按键"，变频器反向运行，运行频率为 40Hz。

5）利用外端子控制变频器的运行。

① 4 个按钮中 SB1 和 SB2 为自锁控制按钮，SB3 和 SB4 为自复位按钮，按照图 6-44 所示接入 MM440 变频器，要求：

SB1 控制电动机正向运行，运行频率为 50Hz。

SB2 控制电动机反向运行，运行频率为 50Hz。

SB3 控制电动机正向点动运行，点动频率为 10Hz。

SB4 控制电动机反向点动运行，点动频率为 20Hz。

② 进行变频器的功能调试，设置变频器数字输入控制端口及其他相关参数表见表 6-11。

表 6-11　设置变频器数字输入控制端口及其他相关参数

P0700	P0701	P0702	P0703	P0704	P1000	P1040	P1058	P1059

③运行及监测。

步骤一、按下 SB1 按钮后，变频器数字输入端口 5 为"ON"，电动机正向运行，由 0 逐渐加速到由 P1040 参数设置的 50Hz；断开 SB1 按钮，变频器数字输入端口 5 为"OFF"，电动机按照 P1121 默认设置的 10s 斜坡下降时间停车。按下 SB2 按钮后，电动机反向运行，反向运行情况与正向运行类似。

　　步骤二、按住 SB3 按钮后，变频器数字输入端口 7 为"ON"，电动机按照 P1058 参数设置的 10Hz 正向点动运行，松开 SB3 按钮，数字输入端口 7 为"OFF"，电动机按照 P1061 设置的 S 点动斜坡下降时间停车。按住 SB4 按钮后，电动机反向点动运行，情况与正向点动类似。

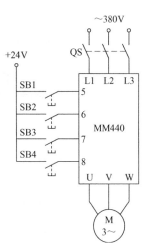

图 6-44　外端子控制变频器运行接线图（2）

6.5　变频器的频率给定方式

6.5.1　频率给定的方式与选择

　　要调节变频器的输出频率，必须首先向变频器提供改变频率的信号，这个信号称为给定信号。所谓给定方式就是指调节变频器输出频率的具体方法，也就是提供给定信号的方式。

　　常见的频率给定方式主要有面板给定方式和外部给定方式两种。

1. 面板给定方式

面板给定方式是指通过操作面板上的键盘或电位器进行频率给定（即调节频率）的方法。

（1）键盘给定

频率的大小可以通过键盘上的升键（增大键）和降键（减小键）来进行给定。键盘给定属于数字量给定，精度较高。

图 6-45 所示为台达 VFD – B 系列变频器所用操作面板，频率的设定及变更可以通过面板上的数值变更键进行调整。

（2）电位器给定

部分变频器在操作面板上设置了电位器，频率的大小也可以通过电位器进行调节。电位器给定属于模拟量给定，精度稍低。

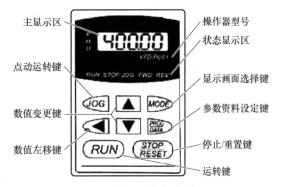

图 6-45　台达变频器操作面板外观

图 6-46 所示为三菱适用于 A800 系列通用变频器的 FR – DU08 操作面板，图中 9 为 M 旋钮，通过旋转 M 旋钮，可以进行频率设定值和参数设定值的变更和修改。

　　大多数变频器的操作面板上并没有设置电位器，因此说明书中所说的"面板给定"实际就是"键盘给定"。

　　变频器的面板通常可以取下，通过延长线安置在用户操作方便的地方，如图 6-47 所示。工程应用时，具体采用哪一种给定方式，须通过功能预置来事先决定。

2. 外部给定方式

从外部输入频率给定信号来调节变频器输出频率的大小，主要的外部给定方式有如下几种。

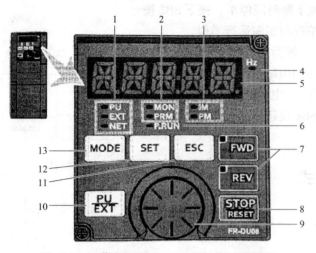

图 6-46　三菱变频器 FR - DU08 操作面板外观

1—显示运行模式　2—显示操作面板状态　3—显示控制电机
4—显示频率单位　5—监视器　6—显示顺控功能有效
7—正反转起动　8—停止/复位　9—M 旋钮　10—切换运行模式
11—退出键　12—设置键　13—切换各模式

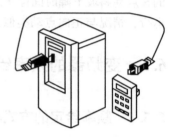

图 6-47　面板遥控给定

（1）外接模拟量给定

外接模拟量给定是指通过变频器的模拟输入端子从变频器外部输入模拟量信号（电压或电流）进行给定，并通过调节给定信号的大小来调节变频器的输出频率。模拟量给定信号的种类有电压信号和电流信号。

1）电压信号。以电压的大小作为给定信号，常见的给定信号范围有：0 ~ 10V、2 ~ 10V、-10 ~ 0V、0 ~ 5V、1 ~ 5V 和 -5 ~ 0V 等。

2）电流信号。以电流的大小作为给定信号，常见的给定信号范围有：0 ~ 20mA、4 ~ 20mA 等。

当变频器有两个或多个模拟量给定信号同时从不同的端子输入时，其中必有一个为主给定信号，其他为辅助给定信号。大多数变频器的辅助给定信号都是叠加到主给定信号（相加或相减）上去的。

（2）外接数字量给定

外接数字量给定是指通过变频器的数字量输入端子从变频器外部输入开关信号进行频率的给定。常用的给定方法有两种，一是把开关做成频率的增加键或减小键，开关闭合时给定频率不断增加或减小，开关断开时给定频率保持。二是用开关的组合选择已经设定好的固定频率，即多段速功能。

（3）外接脉冲给定

部分变频器通过功能预置，可以从指定的输入端子通过输入脉冲序列来进行频率给定，即变频器的输出频率将和外接的给定脉冲频率成正比，这种方式称为外接脉冲给定。

例如，艾默生 TD3000 系列变频器，功能码 F5.08 决定输入端子"X8"的功能，若将它设置为"0"，则"X8"端口成为外接脉冲给定的输入口。

功能码 F0.03（频率给定方式）预置为"9"，则给定方式为"开关频率给定"（即脉冲给定），给定信号从端子"X8"输入，如图 6-48 所示。

功能码 F2.43 选择最大给定脉冲频率，即和变频器输出的最高频率（f_{max}）相对应的脉冲给定频率，预置范围是 1~50kHz。

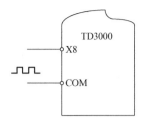

（4）通信给定

由 PLC 或计算机通过通信接口进行频率给定的方式称为通信给定。

图 6-48　外部脉冲给定

多种频率给定方式给用户带来了极大的便利，应用时可以根据需要进行给定方式的选择。

如果既可以面板给定又可以外接给定，一般来说优先选择面板给定，这是因为变频器的操作面板包括键盘和显示屏，不仅可以进行频率的精确给定和调整，功能齐全的显示屏还可以显示运行过程中的各种参数及故障代码等。需要注意的是，当采用面板遥控给定时，由于受连接线长度的限制，控制面板与变频器之间的距离不能过长。

如果既可以数字量给定又可以模拟量给定，一般来说要优先选择数字量给定，这是因为数字量给定频率精度较高，而且数字量给定常用按键操作，不易损坏，而模拟量给定通常用电位器操作，容易磨损。

当已经选定用外接模拟量进行频率给定时，必须具体地对如下项目进行选择：

1）选择模拟量给定的输入通道。

2）选择模拟给定的物理量（电压或电流）及其量程范围。

3）选择多个输入通道之间的组合方式。

如果既可以采用电压信号给定又可以采用电流信号给定，一般来说优先选择电流信号，这是因为电流信号在传输过程中，不易受线路电压降、接触电阻及其压降、杂散的热电效应及感应噪声等的影响，抗干扰能力较强，但由于电流信号电路比较复杂，因此在距离不远的情况下，仍以选用电压给定方式居多。

6.5.2　MM440 变频器的频率给定方式

变频器采用哪一种频率给定方式需要通过功能参数来预置。不同的变频器其预置方法各不相同，MM440 变频器是通过参数 P1000 来预置的。

1. P1000 参数

P1000：频率设定值的选择。

P1000 参数是用来选择频率设定值的信号源。在下面给出的可供选择的设定值中，主设定值由最低一位数字（个位数）来选择（即 0~7），而附加设定值由最高一位数字（十位数）来选择（即 X0~X7），其中，X=1~7）。

P1000=0　无主设定值。

P1000=1　MOP 设定值。

P1000=2　模拟设定值。

P1000=3　固定频率。

……

P1000=10　无主设定值 + MOP 设定值。

P1000=11　MOP 设定值 + MOP 设定值。

P1000 = 13　固定频率 + MOP 设定值。

P1000 = 20　无主设定值 + 模拟设定值。

P1000 = 21　MOP 设定值 + 模拟设定值。

P1000 = 22　模拟设定值 + 模拟设定值。

P1000 = 23　固定频率 + 模拟设定值。

……

P1000 参数最小值为 0，最大值为 7，默认设定值为 2。

例如，若设定 P1000 = 12，那么设定值选择的是主设定值（个位数字 2）由模拟输入，而附加设定值（十位数字 1）则来自电动电位计。

只有一位数字时，表示只有主设定值，没有附加设定值。

2. 电动电位计指定频率

若设置 P1000 = 1，则 MM440 变频器频率设定值的信号源来自 MOP 电动电位计，具体的频率值需要在参数 P1040 中进行指定。

P1040：MOP 的设定值。

P1040 参数用来确定电动电位计控制（P1000 = 1）时的设定值。

如果电动电位计的设定值已选作主设定或附加设定值，则由 P1032 的默认值（禁止 MOP 反向）来防止反向运行。如果想要使反向运行重新成为可能，则应设定 P1032 = 0

本参数的最小值为 − 650.00Hz，最大值为 650.00Hz，默认设置值为 5.00Hz。

例如，实践 3 中，利用外端子控制变频器的起停，要求电动机以 50Hz 的速度运转，需要设置参数 P1000 = 1，P1040 = 50。

3. 模拟设定值指定频率

若设置 P1000 = 2，则 MM440 变频器频率设定值的信号源来自模拟设定值。

MM440 变频器有两路模拟量输入 AIN1、AIN2（参见图 6-49），通过参数 P0756 进行设置，每路通道的属性以 in000 和 in001 进行区分。

P0756 参数可以定义模拟输入信号的类型，并允许模拟输入的监控功能投入。

可能的设定值为：

P0756 = 0：单极性电压输入（0 ~ 10V）。

P0756 = 1：带监控的单极性电压输入（0 ~ 10V）。

P0756 = 2：单极性电流输入（0 ~ 20mA）。

P0756 = 3：带监控的单极性电流输入（0 ~ 20mA）。

P0756 = 4：双极性电压输入（− 10 ~ 10V）。

设置模拟输入信号的类型，仅仅通过修改参数 P0756 是不够的。确切地说，应该在正确设置 P0756 参数的同时，要求变频器端子板上的 DIP 开关也必须设定在正确的位置上，如图 6-49 所示。

DIP 开关的设定值约定如下：

OFF = 电压输入（0 ~ 10V）。

ON = 电流输入（0 ~ 20mA）。

DIP 开关的安装位置与模拟输入的对应关系如下：

开关 1（DIP1）= 模拟输入 1。

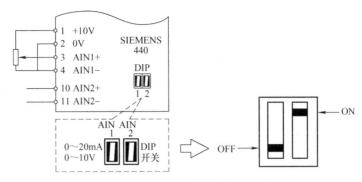

图 6-49　MM440 变频器外接模拟量给定

开关 2（DIP2）= 模拟输入 2。

DIP 开关位于变频器端子板上，如图 6-50 所示。

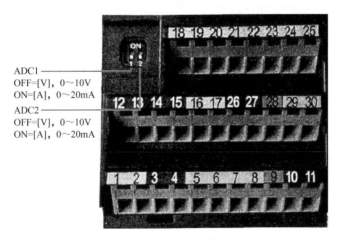

ADC1
OFF=[V]，0～10V
ON=[A]，0～20mA
ADC2
OFF=[V]，0～10V
ON=[A]，0～20mA

图 6-50　DIP 开关位置

实践 4　MM440 变频器运行频率的给定

（1）实践内容

1）正确进行变频器的外部接线。

2）利用 MOP 电位计进行电动机频率的调节。

3）利用外接模拟量进行电动机频率的调节。

（2）实践步骤

1）利用 MOP 电位计进行电动机频率的调节。

要求：利用 BOP 面板控制变频器的运行，MOP 电动电位计指定运行频率，运行频率为 40Hz。

① 按照图 6-51 所示的接线原理图，将变频器与电动机正确连接，经检查确认接线无误，合上 QS 空气开关，为装置送电。

② 进行变频器的参数复位。

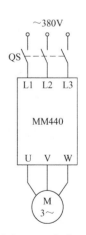

图 6-51　实践 4
接线原理图（1）

③ 进行变频器的快速调试。

④ 功能调试。

设置参数 P0700 = 1；P1000 = 1；P1040 = 40。

⑤ 运行。

按下变频器 BOP 面板上的"起动按键"，变频器正向运行，运行频率为 40Hz。

按下变频器 BOP 面板上的"停止按键"，使变频器停止运行。

按下变频器 BOP 面板上的"换向按键"，再按下"起动按键"变频器反向运行，运行频率为 40Hz。

⑥ 运行正常后，断开 QS 空气开关，将实训装置断电。

2）利用外接模拟量进行电动机频率的调节。

要求：利用外端子控制变频器的运行，模拟量调节运行频率。

① 按照图 6-52 所示的接线原理图将变频器与电动机正确连接，经检查确认接线无误，合上 QS 空气开关，为装置送电。

② 功能调试。

设置参数 P0700 = 2，P0701 = 1，P0702 = 2。设置参数 P1000 = 2。

③ 运行。

按下 SB1 按钮，变频器正向运行，随着对电位器 R_{P1} 的调节，电动机的运行频率在 0 ~ 50Hz 之间变化，断开 SB1 按钮，电动机停止。

按下 SB2 按钮，变频器反向运行，随着对电位器 R_{P1} 的调节，电动机的运行频率在 0 ~ 50Hz 之间变化，断开 SB2 按钮，电动机停止。

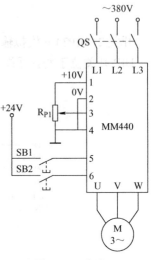

图 6-52　实践 4
接线原理图（2）

实践 5　变频器的组合运行操作

（1）实践目的及内容

1）能够正确进行变频器的外部接线。

2）能够正确设置变频器的相关参数。

3）能够灵活运用变频器的 BOP 面板和外端子进行变频器的组合控制。

（2）实践步骤

1）变频器的操作面板控制电动机的正/反转，变频器的操作面板设置电动机的运行频率。

要求：用 BOP 面板控制电动机的起停，运行频率为 35Hz，点动频率为 5Hz。

步骤：略。

2）变频器的操作面板控制电动机的正/反转，变频器的外端子设定电动机的运行频率。

要求：用 BOP 面板控制电动机的起停，运行频率由连接到变频器第 1 路模拟端口的外接电位器进行调节。

步骤：

① 按照图 6-53 所示的接线原理图，将变频器与电动机正确连接，经检查确认接线无误，合上 QS 空气开关，为装置送电。

② 功能调试。

设置参数 P0700 = 1，P1000 = 2。

③ 运行。

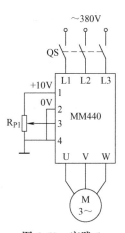

图 6-53　实践 5 接线原理图

按下变频器 BOP 面板上的"起动按键"，变频器正向运行，随着对电位器 R_{P1} 的调节，电动机的运行频率在 0 ~ 50Hz 之间变化。

按下变频器 BOP 面板上的"停止按键"，变频器停止运行。

按下变频器 BOP 面板上的"换向按键"，再按下"起动按键"，变频器反向运行，随着对电位器 R_{P1} 的调节，电动机的运行频率在 0 ~ 50Hz 之间变化。

按下变频器 BOP 面板上的"停止按键"，变频器停止运行。

④运行正常后，断开 QS 空气开关，将实训装置断电。

3）变频器的外端子控制电动机的正/反转，变频器的外端子设定电动机的运行频率。

要求：自锁按钮 SB1、SB2 控制电动机的正/反转，电动机的运转频率由外接的电位器进行调节。自复位按钮 SB3、SB4 控制电动机的正向点动和反向点动，正向点动频率为 10Hz，反向点动频率为 15Hz。

步骤：略。

4）变频器的外端子控制电动机的正/反转，变频器的操作面板设置电动机的运行频率。

要求：

自锁按钮 SB1 控制电动机正向运行，频率为 45Hz。

自锁按钮 SB2 控制电动机反向运行，频率为 45Hz。

自复位按钮 SB3 控制电动机正向点动运行，频率为 5Hz。

自复位按钮 SB4 控制电动机反向点动运行，频率为 8Hz。

步骤：略。

（3）实践总结

应用参数单元和外部接线共同控制变频器运行的方法称为变频器的组合运行操作。

工业控制中，经常需要参数单元和外部接线的灵活组合运用来控制变频器的运行。例如，生产车间内，各个工段之间运送物料时常使用的平板车就是正/反转变频调速的应用实例。一般常设定为用外部按钮控制电动机的起停（将起停按钮放置在操作人员附近方便控制），用变频器面板调节电动机的运行频率。这种用参数单元控制电动机的运行频率，用外部接线控制电动机起停的运行模式是变频器组合运行模式的一种，是工业控制中常用的方法。

6.6　频率给定线的设定及调整

6.6.1　频率给定线的概念

1. 频率给定线

由模拟量进行外部频率给定时，变频器的给定信号 x 与对应的给定频率 f_X 之间的关系曲

线 $f_X = f(x)$ 称为频率给定线。这里的给定信号 x 既可以是电压信号 U_G，也可以是电流信号 I_G。

2. 基本频率给定线

在给定信号 x 从 0 增大至最大值 X_{max} 的过程中，给定频率 f_X 线性地从 0 增大到最大频率 f_{max} 的频率给定线，称为基本频率给定线。

基本频率给定线的起点为 $(x = 0，f_X = 0)$，终点为 $(x = X_{max}，f_X = f_{max})$，如图 6-54 所示。

例如，给定信号为电压信号，给定范围为 $U_G = 0 \sim 10V$，要求对应的输出频率为 $f_X = 0 \sim 50Hz$。

由要求可知，$U_G = 0V$ 与 $f_X = 0Hz$ 相对应，$U_G = 10V$ 与 $f_X = 50Hz$ 相对应。由基本频率给定线（图 6-54）可知，$U_G = 5V$ 与 $f_X = 25Hz$ 相对应。

在数字量给定（包括键盘给定、外接升速/降速给定和外接多档转速给定等）时，最大频率是指变频器允许输出的最高频率。

在模拟量给定时，最大频率是指与最大给定信号相对应的频率。在基本频率给定线上，是与终点对应的频率。

最大频率用 f_{max} 表示。

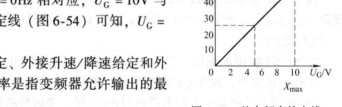

图 6-54　基本频率给定线

6.6.2　频率给定线的调整

在生产实践中常常遇到这样的情况：生产机械所要求的最低频率及最高频率常常不是 0 和额定频率，或者说，实际要求的频率给定线与基本频率给定线并不一致，所以需要对频率给定线进行适当调整，使之符合生产实际的需要。

由于频率给定线是直线，所以只要确定好频率给定线的起点（即当给定信号为最小值时对应的频率）和终点（即当给定信号为最大值时对应的频率），即可完成对频率给定线的调整。

不同厂家变频器频率给定线的调整方式不尽相同，但大致不外乎设定偏置频率和频率增益，以及设定坐标两种方式。

1. 偏置频率和频率增益设定方式

（1）偏置频率

部分变频器把给定信号为"0"时的对应频率称为偏置频率，用 f_{BI} 表示，如图 6-55 所示。偏置频率的表示方法主要有以下几种。

1）频率表示。频率表示即直接用偏置频率 f_{BI} 值表示。

2）百分数表示。用百分数 $f_{BI}\%$ 表示

$$f_{BI}\% = \frac{f_{BI}}{f_{max}} \times 100\%$$

式中　$f_{BI}\%$——偏置频率的百分数；

　　　f_{BI}——偏置频率（Hz）；

　　　f_{max}——变频器实际输出的最大频率（Hz）。

（2）频率增益

当给定信号为最大值 X_{max} 时，变频器的最大给定频率与实际最大输出频率之比的百分数，用 $G\%$ 表示

$$G\% = \frac{f_{XM}}{f_{max}} \times 100\%$$

式中　$G\%$——频率增益；

　　　 f_{max}——变频器预置的最大频率（Hz）；

　　　 f_{XM}——虚拟的最大给定频率（Hz）。

在这里，变频器的最大给定频率 f_{XM} 不一定与最大频率 f_{max} 相等。

当 $G\% < 100\%$ 时，变频器实际输出的最大频率等于 f_{XM}，如图 6-56 中的曲线 2 所示（曲线 1 是基本频率给定线）；当 $G\% > 100\%$ 时，变频器实际输出的最大频率只能与 $G\% = 100\%$ 时相等，如图 6-56 中的曲线 3 所示。

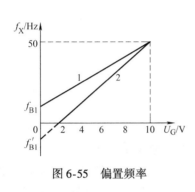

图 6-55　偏置频率

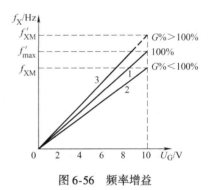

图 6-56　频率增益

2. 坐标设定方式

部分变频器的频率给定线是通过预置其起点和终点的坐标来进行调整的，具体的调整方法又可细分为直接坐标预置和预置上、下限值两种方式。

（1）直接坐标预置

如图 6-57 所示，通过直接预置起点坐标 (X_{min}, f_{min}) 与终点坐标 (X_{max}, f_{max}) 来预置频率给定线，如图 6-57a 所示；如果要求频率与给定信号成反比，则起点坐标为 (X_{min}, f_{max})，终点坐标为 (X_{max}, f_{min})，如图 6-57b 所示。

（2）预置上、下限值

有的变频器并不是直接预置坐标点，而是通过预置给定信号或给定频率的上、下限值间接进行坐标预置。具体地说，有预置给定信号的上、下限值和预置给定频率的上、下限值。

1）预置给定信号的

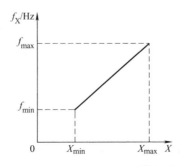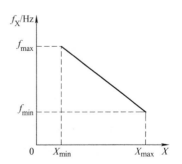

图 6-57　直接预置坐标调整频率给定线

上、下限值。给定信号的最大限值用 $X_{\max}$ 表示，最小限值用 $X_{\min}$ 表示，也可以用百分数 $X_{\min}\%$ 表示，如图 6-58 所示。其中，百分数 $X_{\min}\%$ 的定义为

$$X_{\min}\% = \frac{X_{\min}}{X_{\max}} \times 100\%$$

式中　$X_{\min}\%$——最小给定信号的百分数；

　　　　$X_{\min}$——最小给定信号（V 或 mA）；

　　　　$X_{\max}$——最大给定信号（V 或 mA）。

2）预置给定频率的上、下限值。预置给定频率的最大值 $f_{\max}$ 和最小值 $f_{\min}$，如图 6-58b 所示。

3. 频率给定线的应用举例

【例 6-5】　某用户要求，当模拟量给定信号为 1～5V 时，变频器输出频率为 0～50Hz。

要满足上述要求，众多变频器的处理方法大致可分为两大类。

（1）具有信号范围选择功能

对于这类变频器，可以将给

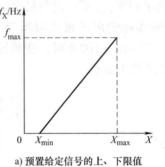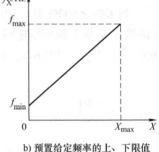

a) 预置给定信号的上、下限值　　　b) 预置给定频率的上、下限值

图 6-58　预置给定信号和给定频率的上、下限值

定信号范围直接预置为 1～5V，并设置与 1V 对应的频率为 0，与 5V 对应的频率为 50Hz，作出频率给定线，如图 6-59 中曲线 2 所示（曲线 1 为基本频率给定线）。

例如明电舍 VT230S 系列变频器，将功能码 B00 - 1（最大频率的简单设定）预置为 "1"，意味着最高频率选择为 "50Hz"；将功能码 C12 - 0（FSV 端子输入模式）预置为 "3"，意味着将端子 FSV 输入的给定信号范围预置为 "1～5V"。

（2）不具有信号范围选择功能

这类变频器的模拟量给定信号范围通常规定为 0～10V，针对这种情况，首先应正确作出频率给定线。如图 6-60 所示，由 "$X_G = 1V$、$f_X = 0$" 得到频率给定线 2 的起点 A，又由 "$X_G = 5V$、$f_X = 50Hz$" 得到频率给定线 2 的终点 B。图 6-60 中，曲线 1 为基本频率给定线。

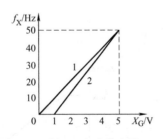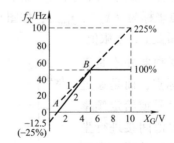

图 6-59　例 6-5 频率给定线（1）　　　图 6-60　例 6-5 频率给定线（2）

由曲线 1 的延长线可知：

1）与 $X_G = 0$ 对应的频率是 -12.5Hz，为最高频率的 -25%。

2）与 $X_G = 10V$ 对应的频率是 112.5Hz，为最高频率的 225%。

例如安川 G7A 系列变频器，为完成例 6-5 的控制要求，需将功能码 E1 - 04（最高输出频率）预置为 50Hz，将功能码 H3 - 01（选择频率指令端子 A1 的信号值）预置为 "0"（意味着给定信号的范围为 0 ~ 10V），将功能码 H3 - 02（频率指令端子 A1 输入增益）预置为 "225%"，使与 5V 对应的频率为 50Hz，将功能码 H3 - 03（频率指令端子 A1 输入偏置）预置为 " -25%"，使与 1V 对应的频率为 0。

【例 6-6】　某用户要求，当模拟量电流给定信号为 4 ~ 20mA 时，变频器的输出频率为 50 ~ 0Hz。

根据用户要求，作出频率给定线如图 6-61 所示。

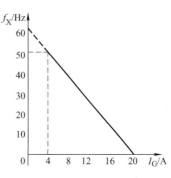

若选用富士 G11S 系列变频器，为完成用户要求，需要将功能码 F01（频率设定 1）预置为 "2"，则给定信号从端子 C1 输入，信号范围为 "4 ~ 20mA"；将功能码 F17（频率设定信号增益）预置为 "0"，使给定信号为 20mA 时对应的频率为 0；将功能码 F18（频率偏置）预置为 " +60Hz"，则 0mA 时的偏置频率 f_{BI} 为 60Hz，使与 4mA 对应的频率为 50Hz。

图 6-61　例 6-6 频率给定线

若选用康沃 CVF - G2 系列变频器，为完成用户要求，需要进行如下设置。

1）将功能码 b - 1（频率输入通道选择）预置为 "4"，则给定信号从端子 H 输入，信号范围为 "0 ~ 20mA"。

2）将功能码 L - 43（最小模拟输入电流）预置为 "4mA"，则频率给定信号的范围为 "4 ~ 20mA"。

3）将功能码 L - 49（输入下限对应设定频率）预置为 "50"，则与 4mA 对应的频率为 50Hz。

4）将功能码 L - 50（输入上限对应设定频率）预置为 "0"，则与 20mA 对应的频率为 0。

6.6.3　模拟量给定的正/反转控制

1. 控制方式

当由外接模拟量进行频率的给定时，对电动机正/反转的控制主要采取下述两种方式：

1）由给定信号的正/负来控制正/反转，给定信号可负可正，正信号控制正转，负信号控制反转，如图 6-62a 所示。

2）由给定信号中的任意值作为正转和反转的分界点，如图 6-62b 所示。

2. 死区的设置

用模拟量给定信号进行正/反转控制时，"0" 速控制很难稳定，在 "0" 速附近常常出现正转相序与反转相序

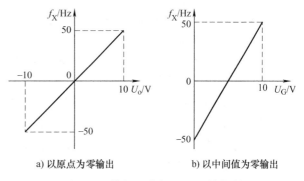

a) 以原点为零输出　　　b) 以中间值为零输出

图 6-62　模拟量给定的正/反转控制

的"反复切换"现象。为了防止这种"反复切换"现象的发生，需要在"0"速附近设定一个死区 ΔX，如图 6-63 所示。MM440 变频器的死区由参数 P0761 指定。

3. 有效"0"的设置

在给定信号为单极性的正/反转控制方式中存在一个特殊的问题，即万一给定信号因电路接触不良或其他原因而"丢失"，则变频器的给定输入端得到的信号为"0"，其输出频率将跳变为反转最大频率，电动机将从正常工作状态转入高速反转状态。

显然，在生产过程中，这种情况的出现是十分有害的，甚至有可能损坏生产机械，对此，变频器设置了一个有效"0"功能。也就是说，让变频器的实际最小给定信号不等于 0 （$X_{min} \neq 0$），而当给定信号 $X = 0$ 时，变频器将输出频率降至 0，如图 6-64 所示。

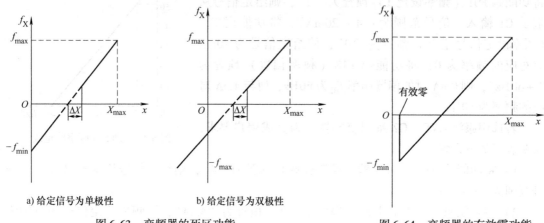

图 6-63　变频器的死区功能　　　　　　　　图 6-64　变频器的有效零功能

例如，将有效"0"预置为 0.3V 或更高，则有：

1）当给定信号 $X = 0.3V$ 时，变频器的输出频率为 f_{min}。

2）当给定信号 $X < 0.3V$ 时，变频器的输出频率降为 0。

6.6.4　MM440 变频器频率给定线的调整

MM440 变频器通过调整频率给定线的起点（给定信号最小值及其对应的频率）和终点（给定信号最大值及其对应的频率）的坐标来调整频率给定线，具体通过参数 P0757、P0758、P0759 和 P0760 来实现，如图 6-65 所示。其中：

P0757 标定模拟输入的 X_1 值（V/mA）。

P0758 标定以（%）值表示的模拟输入的 y_1 值。

P0759 标定模拟输入的 X_2 值（V/mA）。

P0760 标定以（%）值表示的模拟输入的 y_2 值。

ASP_{max} 表示最大的模拟设定值，可以是 10V 或 20mA。

ASP_{min} 表示最小的模拟设定值，可以是 0V 或 0mA。

默认值是 0V 或 0mA = 0% 和 10V 或 20mA = 100% 的标定值。

【例 6-7】　某用户要求：以 MM440 变频器的模拟量通道 1 作为频率给定源，输入 2 ~ 10V 电压信号，变频器的输出频率为 0 ~ 50Hz，试确定频率给定线。

由要求可知，2V 对应的频率为 0，10V 对应的频率为 50Hz，作出频率给定线，如图 6-66

所示，并设置如下参数：

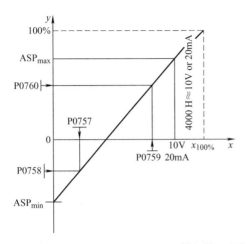

图 6-65　参数 P0757～P0760 用于配置模拟输入的标定

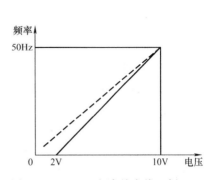

图 6-66　MM440 频率给定线（例 6-7）

P0757 = 2

P0758 = 0%，电压 2V 对应 0% 的标度，即 0Hz。

P0759 = 10

P0760 = 100%，电压 10V 对应 100% 的标度，即 50Hz。

【例 6-8】　某用户要求：当模拟给定信号为 2～10V 时，变频器的输出频率为 –50～50Hz，带有中心为 "0" 且宽度为 0.2V 的死区，试确定频率给定线。

由要求可知，2V 对应的频率为 –50Hz，10V 对应的频率为 50Hz，作出频率给定线，如图 6-67 所示，并设置如下参数。

P0757 = 2V，P0758 = –100%，P0759 = 10V，P0760 = 100%，P0761 = 0.1V。

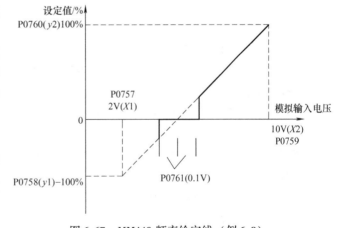

图 6-67　MM440 频率给定线（例 6-8）

实践 6　变频器的频率调整操作

（1）实践目的及内容

1）能够正确进行变频器的外部接线。

2）能够正确设置变频器的相关参数。

3）掌握 MM440 变频器频率给定线的调整方法。

（2）实践步骤

1）变频器的外端子控制电动机的转速。

要求：自锁按钮 SB1 控制电动机正向运行；自锁按钮 SB2 控制电动机反向运行；利用变频器的第 1 路模拟量调节电动机的运行频率。

步骤如下：

① 按照图 6-68 所示的接线原理图将变频器与电动机正确连接，经检查确认接线无误，合上 QS 空气开关，为装置送电。

② 参数复位。

③ 快速调试。

④ 功能调试。

设置参数 P0700 = 2，P0701 = 1，P0702 = 2。设置参数 P1000 = 2。

⑤ 运行。

按下 SB1 按钮，数字输入端口 5 为"ON"，变频器正向运行，随着对电位器 R_{p1} 的调节，模拟电压信号在 0 ~ 10V 之间变化，电动机的运行频率在 0 ~ 50Hz 之间变化，断开 SB1 按钮，电动机停止运行。

按下 SB2 按钮，数字输入端口 6 为"ON"，变频器反向运行，随着对电位器 R_{p1} 的调节，模拟电压信号在 0 ~ 10V 之间变化，电动机的运行频率在 0 ~ 50Hz 之间变化，断开 SB2 按钮，电动机停止运行。

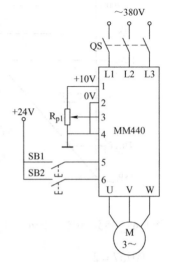

图 6-68　实践 6 接线原理图

⑥ 运行正常后，断开 QS 空气开关，将实训装置断电。

2）频率给定线的调整实验 1。

要求：当模拟给定信号为 1 ~ 5V 时，变频器输出频率为 0 ~ 50Hz，确定频率给定线。

步骤如下：

① 在上述基础上，合上 QS 空气开关，为装置送电。

② 功能调试。

P0757 = 1V，P0758 = 0%，P0759 = 5V，P0760 = 100%。

③ 运行。

观察变频器的运行状况，随着电位器的调节，电动机的运行频率如何变化。

④ 画出频率给定线。

频率给定线如图 6-69 所示。

运行正常后，断开 QS 空气开关，将实训装置断电。

3）频率给定线的调整实验 2。

要求：某变频器采用电位器给定方式，当外接电位器从"0"位旋转到底（给定信号为 10V）时，输出频率范围为 0 ~ 30Hz，试确定频率给定线。

自行设计实验步骤，完成用户要求。

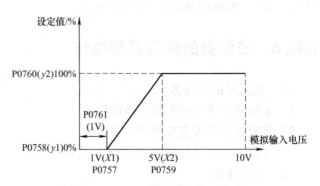

图 6-69　MM440 频率给定线（实践 6）

6.7　MM440 变频器的多段速功能

多段速功能也称为固定频率，就是在设置参数 P1000 = 3 的条件下，用开关量端子选择固定频率的组合，从而实现电动机多段速度运行。

洗衣机是典型的多段速控制例子。在进行洗涤和甩干操作时，电动机的运转速度是不同的，针对丝织品、棉织品等不同材质的洗涤物品所采取的洗涤和甩干速度也不尽相同，此外用户还可以根据自己的要求设定甩干速度（r/min）分别为 1000、800 和 600 等。

不难看出，多段固定频率的控制是通过变频器的数字量输入端子来实现的，具体可通过如下三种方法实现。

1. 直接选择（P0701 ~ P0706 = 15）

在这种操作方式下，一个数字输入选择一个固定频率，见表6-12。

表 6-12　直接选择方式下端子与参数设置对应表

端子编号	对应参数	对应频率设置	说　　　明
5	P0701 = 15	P1001	
6	P0702 = 15	P1002	
7	P0703 = 15	P1003	①频率给定源 P1000 必须设置为 3
8	P0704 = 15	P1004	②当多个选择同时激活时，选定的频率是它们的总和
16	P0705 = 15	P1005	
17	P0706 = 15	P1006	

由表6-12可以看出，如果变频器的端口 5 闭合，则变频器将自动执行 P1001 里设定的频率值；如果端口 7 闭合，则变频器自动执行 P1003 参数里设定的频率；如果端口 5 和端口 7 同时闭合，则变频器执行 P1001 和 P1003 的频率之和。

【例6-9】　由两个按钮实现对电动机的二段速控制，SB1 按钮按下后，电动机的运行频率为 15Hz，SB2 按钮按下后，电动机的运行频率为 30Hz，如何实现？

分析：由题目可知，电动机的运行过程有两个速度，显然需要使用多段速的方法实现。这两个按钮按下后，对变频器而言，选定的只是频率信息，而相应的起停控制命令方式却没有明确要求，因此实现本题中的控制要求可以有以下两种方法。

答：

方法 1：外端子控制变频器的起停。

接线方式如图 6-70 所示。

主要参数设置如下：

P0700 = 2，P1000 = 3，P0701 = 15，P0702 = 15，P0703 = 1，P1001 = 15，P1002 = 30。

方法 2：BOP 面板控制变频器的起停。

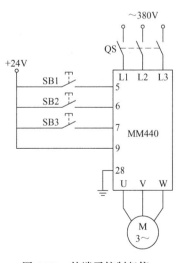

图 6-70　外端子控制起停
二段速接线原理图

接线方式如图 6-71 所示。

主要参数设置如下：

P0700 = 1，P1000 = 3，P0701 = 15，P0702 = 15，P1001 = 15，P1002 = 30。

由例 6-9 可以看出，在"直接选择"的操作方式下，还需要一个 ON 命令（起动命令）才能使变频器投入运行。

2. 直接选择 + ON 命令（P0701 ~ P0706 = 16）

在这种操作方式下，每一个数字量输入信号在选择固定频率（见表 6-12）的同时又具备启动功能。如果几个固定频率输入同时被激活，则选定的频率是它们的总和。

在例 6-9 中，如果采用"直接选择 + ON 命令"方式实现要求，则接线方式如图 6-72 所示。

主要参数设置如下：

P0700 = 2，P1000 = 3，P0701 = 16，P0702 = 16，P1001 = 15，P1002 = 30。

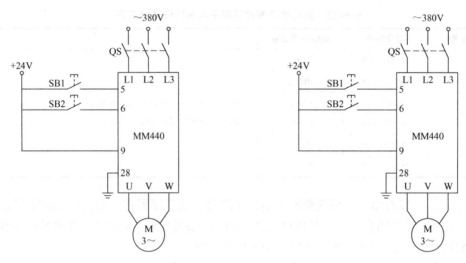

图 6-71　BOP 面板控制起停二段速接线原理图　　　图 6-72　直接选择 + ON 命令实现二段速接线原理图

3. 二进制编码选择 + ON 命令（P0701 ~ P0704 = 17）

通过二进制编码的方式最多可以实现 15 个固定频率的控制，各个固定频率的编码选择及参数设定见表 6-13。

表 6-13　二进制编码 + ON 命令选择方式下端子与参数设置对应表

频率设定	端子8 P0704 = 17	端子7 P0703 = 17	端子6 P0702 = 17	端子5 P0701 = 17	二进制数
P1001				1	0001
P1002			1		0010
P1003			1	1	0011
P1004		1			0100
P1005		1		1	0101
P1006		1	1		0110

（续）

频率设定	端子 8 P0704 = 17	端子 7 P0703 = 17	端子 6 P0702 = 17	端子 5 P0701 = 17	二进制数
P1007		1	1	1	0111
P1008	1				1000
P1009	1			1	1001
P1010	1		1		1010
P1011	1		1	1	1011
P1012	1	1			1100
P1013	1	1		1	1101
P1014	1	1	1		1110
P1015	1	1	1	1	1111

使用二进制编码的方式实现多段固定频率控制，需要注意以下几点。

1）MM440 变频器有 6 个数字输入端口，但只有 DIN1 ~ DIN4 可以参与二进制编码方式，最多可以实现 15 段速。

2）使用时注意最好从 DIN1 开始连续使用。

3）DIN1 是二进制编码中的低位，DIN4 是二进制编码中的高位。

4）每一段速的频率值可分别由 P1001 ~ P1015 参数进行设置。

5）在多段固定频率控制中，电动机转速的方向可以由 P1001 ~ P1015 参数中设置频率的正负决定。

【例 6-10】 采用二进制编码的方式实现三段速控制，频率分别为 15Hz、20Hz、35Hz，如何实现？

分析：由题目可知，要实现二进制编码方式的三段速，至少需要 2 个数字端口。使用 DIN1（端口 5）和 DIN2（端口 6），其中，端口 5 是二进制数中的低位，端口 6 是高位。这两个按钮按下后，对变频器而言，选定的只是频率信息，而相应的起停控制命令方式却没有明确要求，本题中采用外端子控制的方法实现。

解：接线方式如图 6-73 所示，主要参数设置如下：

P0700 = 2，P1000 = 3，P0701 = 17，P0702 = 17，P0703 = 1，P1001 = 15，P1002 = 20，P1003 = 35。

操作过程中，按下 SB3 按钮，启动电动机。

1）当按下 SB1 按钮时，二进制编码数据为 "01"，变频器运行于第一段速 15Hz。

2）当按下 SB2 按钮时，二进制编码数据为 "10"，变频器运行于第二段速 20Hz。

3）当同时按下 SB1 和 SB2 按钮时，变频器运行于第三段速 45Hz。

【例 6-11】 实现 7 段速控制，频率（Hz）分别为 10、

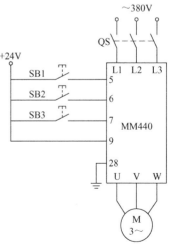

图 6-73　二进制编码实现三段速接线原理图

25、50、30、－10、－20、－50。如何实现？

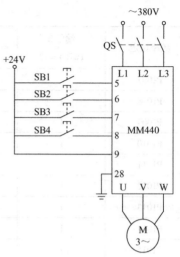

图 6-74　二进制编码实现 7 段速接线原理图

分析：由题目可知，要实现二进制编码方式的 7 段速，至少需要 3 个数字端口。使用 DIN1（端口 5）、DIN2（端口 6）和 DIN3（端口 7），其中，端口 5 是二进制数中的低位，端口 7 是高位。这 3 个按钮按下后，对变频器而言，选定的只是频率信息，而相应的起停控制命令方式却没有明确要求，本题中采用外端子控制的方法实现。

解：接线方式如图 6-74 所示，主要参数设置如下：

P0700 = 2，P1000 = 3，P0701 = 17，P0702 = 17，P0703 = 17，P0704 = 1，P1001 = 10，P1002 = 25，P1003 = 50，P1004 = 30，P1005 = － 10，P1006 = － 20，P1007 = － 50。

第7章 变频器的优化特性设置

7.1 变频器的优化待性

变频器的优化特性是指除了最基本的变频调速功能以外的一些特性，使用这些特性功能后会使变频器处于更佳的工作状态、更安全的工作环境，更加节能。

下面介绍几个比较典型的优化特性功能。

7.1.1 失速防止功能

大多数情况下变频器都是应用于开环控制，既无法实现转速的闭环自动调整，也不能根据实际转速控制加/减速过程。因此，在加/减速或突然加重负载时，可能出现电动机无法跟随变频器的输出而变化，进而导致失控的现象，这一现象称为"失速"。

失速防止功能是根据变频器的实际输出电流，自动调整输出频率的变化，防止电动机"失速"的功能。失速防止功能也称为防止跳闸功能，只有在该功能不能消除过电流或电流峰值过大时，变频器才会跳闸，停止输出。

变频器的失速防止包括加速过程中的失速防止、恒速运行过程中的失速防止和减速过程中的失速防止3种情况。

加速过程中的失速防止功能是指当电动机因加速过快或负载过大等原因出现过电流现象时，变频器将暂时停止频率的增加，维持给定频率 f_x 不变，待过电流现象消失后，再进行速率的增加，如图7-1所示。

恒速运行过程中的失速防止功能是指当出现过电流现象时，变频器将自动降低输出频率，以避免变频器因为电动机过电流而出现保护电路动作和停止工作的情况，待过电流消失后，再使输出频率恢复到原值，如图7-2所示。

对于电压型变频器来说，由于电动机在减速过程中的回馈能量将使变频器直流中间电路的电压上升，并有可能出现因保护电路动作带来的变频器停止工作的情况，因此减速过程中失速防止功能的基本原理是在电压保护电路未动作之前，暂时停止降低变频器的输出频率或减小输出频率的降低速率，从而达到防止失速的目的。

对于具有失速防止功能的变频器来说，当选用失速防止功能有效后，即便在变频器的加/减速时间设置过短的场合也不会出现过电流、失速或者变频

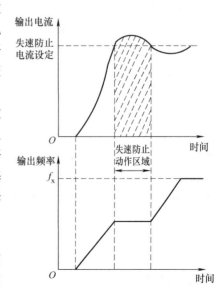

图7-1 加速时的失速防止

器跳闸的现象，所以可以充分保证变频
器驱动能力的发挥。

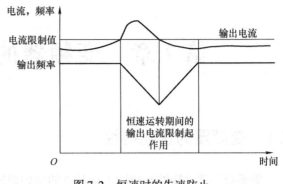

图 7-2　恒速时的失速防止

7.1.2　自寻速跟踪功能

对于风机、绕线机等惯性负载来说，
当因某种原因导致变频器暂停输出，电
动机进入自由运行状态时，具有这种自
寻速跟踪功能的变频器可以在没有速度
传感器的情况下自动寻找电动机的实际
转速，并根据电动机转速自动进行加速，
直至电动机转速达到所需转速，而无需等到电动机停止后再进行驱动。

MM440 变频器的自寻速跟踪功能又称为捕捉再起动功能，在参数 P1200 中进行使能设
定。当激活这一功能时，起动变频器，快速改变变频器的输出频率，搜寻正在自由旋转的电
动机的实际转速，一旦捕捉到电动机的速度实际值就将变频器与电动机接通，并使电动机按
常规斜坡函数曲线升速运行到频率的设定值。

7.1.3　瞬时停电再起动功能

一般情况下，当变频器运行过程中出现 15ms 以上的断电时，变频器发出"瞬时断电"
或"电压过低"报警，同时变频器的报警输出触点信号接通，变频器自动转入停止状态。
如果要求变频器在出现 15ms 以上的短时断电后能够自动恢复运行，则需要选择变频器的瞬
时停电再起动功能。

该功能的作用是在发生瞬时停电又复电时，使变频器仍然能够根据原定的工作条件自动
进入运行状态，从而避免进行复位和再起动等烦琐操作，保证整个系统的连续运行。该功能
的具体实现是在发生瞬时停电时，利用变频器的自寻速跟踪功能，使电动机自动返回预先设
定的速度。通常，当瞬时停电时间在 2s 以内时，可以使用变频器的这个功能。

大多数变频器在使用该功能时，只需选择"用"或"不用"，有的变频器还需要输入一
些其他参数，如再起动缓冲时间等。

7.1.4　节能特性

当异步电动机以某一固定转速 n_1 拖动一固定负
载 T_L 时，其定子电压 U_x 与定子电流 I_1 之间有一定
的函数关系，如图 7-3 所示。

在曲线 1 中可清楚看到，存在着一个定子电流
I_1 为最小的工作点 A，在这一点电动机的电功率最
小，也就是说该点是最节能的运行点。当异步电动
机所带的负载发生变化，由 T_L 变化至 T_L' 时，电动机
转速稳定为 n_1'，此时的 $I_1 = f(U_x)$，曲线 1 变成曲
线 2，同样存在一个最佳节能的工作点 B。

对于风机、水泵等二次方律负载在稳定运行时，

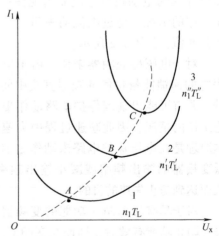

图 7-3　不同负载时的最佳工作点

其负载转矩及转速都基本不变，如果能使其工作在最佳节能点，则可以达到最佳的节能效果。很多变频器都提供了自动节能功能，只需用户通过功能码或参数激活该功能，变频器就可自动搜寻最佳工作点，以达到节能的目的。需要说明的是，节能运行功能只在 U/f 控制时起作用，如果变频器选择了矢量控制，则该功能将自动取消，因为在所有的控制功能中，矢量控制的优先级是最高的。

在冲压机械和精密机床中也常常使用该功能，目的是为了节能和降低震动。在利用该功能时，变频器在电动机的加速过程中将以最大输出功率运行，而在电动机进行恒速运行过程中，则自动将功率降至设定值。

7.1.5　电动机参数的自动调整

当为变频器选配的电动机满足变频器说明书的使用要求时，用户只需要输入电动机的极数、额定电压等参数，变频器就可以自动在自己的存储器中找到该类电动机的相关参数。当选配的变频器和电动机不匹配（诸如电动机型号不匹配）时，变频器往往不能准确地得到电动机的参数。

在采用开环 U/f 控制时，这种矛盾并不突出。但当选择矢量控制时，系统的控制是以电动机参数为依据的，此时电动机参数的准确性显得尤为重要。为了提高矢量控制的精度和效果，很多变频器都提供了电动机参数的自动调整功能，对电动机的参数进行自动测试。测试时，首先要将变频器和配备的电动机按要求连接好线路，然后按如下步骤进行操作。

1）选择矢量控制。

2）输入电动机额定值，如额定电压、额定电流和额定频率等。

3）激活电动机参数的自动调整功能。

经过以上选择，当变频器接通电源后，变频器自动空转一段时间，必要时变频器会逐步对电动机实施加速、减速和停止等操作，从而将电动机的定子电阻、转子电阻和电感等参数计算出来并自动保存。

7.1.6　变频和工频的切换

因为在用变频器进行调速控制时，变频器内部总有一些功率损失，所以在需要以工频进行较长时间的恒速驱动时，有必要将电动机由变频驱动改为工频驱动，从而达到节能的目的。另外，当变频器出现故障时，需要将电动机切换到工频状态下运行。与此相反，当需要对电动机进行调速驱动时，又需要将电动机由工频直接驱动改为变频器驱动。变频器的工频/变频切换运行功能就是为了达到上述目的而设置的。

将电动机由工频直接驱动改为变频器驱动时要用到变频器的自寻速跟踪功能。变频/工频切换有手动和自动两种方式，这两种切换方式都需要加配专门的外电路。如果采用手动切换，则只需要在适当的时候用人工来完成，控制电路比较简单。如果采用自动切换方式，则除控制电路相对复杂外，还需要对变频器进行参数预置。

大多数变频器通常有以下两项选择：

1）报警时的工频/变频切换选择。

2）自动变频/工频切换选择。

只需在上面两个选项中选择"用/有效"，那么当变频器出现故障或由变频器起动的电动机运行达到工频频率后，变频器的控制回路使电动机自动脱离变频器，而改由工频电源为电动机供电。

详细内容参见7.2节。

7.1.7 PID 控制功能

PID 控制就是比例积分微分控制，是使控制系统的被控量迅速而准确地接近目标值的一种控制手段。系统实时地将传感器反馈回来的信号与被控量的目标信号进行比较，如果有偏差，则通过 PID 的控制手段使偏差为 0，常用于压力控制、温度控制和流量控制等。

很多变频器都提供了 PID 控制特性功能，具体原理及实现方法参见7.3节。

7.1.8 变频器的保护功能

在变频调速系统中，驱动对象往往相当重要，不允许发生故障。随着变频器技术的发展，变频器的保护功能越来越强大，保证系统在遇到特殊情况时也不会出现破坏性故障。

在变频器的保护功能中，有些功能是通过变频器内部的软件和硬件直接完成的，而另外一些功能则与变频器的外部工作环境密切相关，即需要和外部信号配合使用，或者需要用户根据系统要求对其动作条件进行设定。前一类保护功能主要是对变频器本身的保护，而后一类保护功能则主要是对变频器所驱动电动机的保护，以及对系统的保护等。

本节将简单介绍后一类保护功能。

（1）电动机过载保护

在传统的电力拖动系统中，通常采用热继电器对电动机进行过载保护。热继电器具有反时限特性，即电动机的过载电流越大，电动机的温升增加越快，允许电动机持续运行的时间越短，继电器的跳闸越快。

变频器中的电子热敏器可以方便地实现热继电器的反时限特性。检测变频器的输出电流，并和存储单元中的保护特性进行比较，当变频器的输出电流大于过载保护电流时，电子热敏器按照反时限特性进行计算，算出允许的电流持续时间。如果在此时间段内过载情况消失，则变频器工作依然是正常的，但若超过此时间过载电流仍然存在，则变频器跳闸，停止输出。

电动机过载保护功能只适用于一个变频器带一台电动机的情况。如果一个变频器带有多台电动机，则由于电动机的容量比变频器小很多，变频器无法对电动机进行过载保护，此种情况下，通常需要在每个电动机上再加装一个热继电器。

（2）电动机失速保护

通过光码盘等速度检测装置对电动机的速度进行检测，并在由于负载等原因使电动机发生失速时对电动机进行保护。

（3）光（磁）码盘断线保护

在转差频率控制和矢量控制方式中需要采用光（磁）码盘进行速度检测。当光（磁）码盘出现断线时，变频器的控制电路可以根据信号的波形和电流检测出码盘的故障，从而避免变频器和驱动系统出现故障。

（4）过转矩检测功能

该功能是为了对被驱动的机械系统进行保护而设置的。当变频器的输出电流达到预先设定的过转矩检测值时，该保护功能，使变频器停止工作，并给出报警信号。

（5）外部报警输入功能

该功能是为了使变频器能够和各种周边设备配合，构成稳定、可靠的调速控制系统而设置的。例如，把制动电阻等周边设备的报警信号接点连接在控制电路端子上时，若这些周边设备发生故障并给出报警信号，变频器将停止工作，从而避免更大故障的发生。

（6）变频器过热预报

该功能主要是为了给变频器驱动的空调系统等提供安全保障措施，其作用是当变频器周围的温度接近危险温度时发出警报，以便采取相应的保护措施。在利用该功能时需要在变频器外部安装热敏开关。

（7）制动电路异常保护

该功能的作用是为了给系统提供安全保障措施。当检测到制动电路晶体管出现异常或者制动电阻过热时给出报警信号，并使变频器停止工作。

7.2 变频器的变频-工频切换控制

在变频调速系统中，变频与工频的切换控制经常用到，原因如下。

1）有些机械在生产运行过程中不允许停机，如中央空调的冷却水泵、锅炉的鼓风机和引风机等。对于这些机械，一旦变频器发生故障而跳闸，调速系统应立即启动相应的控制把电动机自动切换到工频运行，同时进行声光报警。当变频器修复后，再切换为变频运行。

2）有些机械在生产运行过程中往往需要工频和变频交替运行。一台变频器长时间运行于 50Hz，从节能角度出发，此时应切换为工频运行为宜。例如，在供水系统中，为了节约成本，常常采用由一台变频器控制两台或多台水泵的控制方式（称为"1 控 x" 或 "1 拖 x"方式）。

图 7-4 为"1 控 2"供水系统主电路原理图。在正常工作过程中，随着用水量和管道内水压的变化，电动机 M1 需要不断地在变频和工频之间切换运行，以达到节能的目的。

7.2.1 变频-工频的切换方式与特点

一般来说，把由于故障原因导致的变频器变频-工频切换简称为故障切换，系统正常运行中的变频-工频切换简称为运行切换。

（1）故障切换

变频器在什么时候，什么情况下发生故障是无法预知的，故变频器的故障切换电路应设计成能进行变频运行到工频运行的自动切换，同时伴随声光报警。

负载在任一时刻的运行频率是由工作状况决定的。变频器发生故障时，究竟运行在多大的频率下是不确定的，也就是说，进行故障切换的瞬间其频率是不定的。对于大容量电动机来说，在切换瞬间，如果电动机的转速已经很低，那么切换到工频时的电流将接近或等于起动电流，此时需要保留原来的降压起动装置。

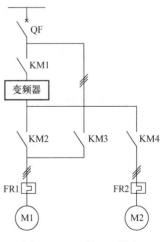

图 7-4 "1 控 2"供水
系统主电路原理图

（2）运行切换

根据切换时负载运行频率的不同，运行切换主要考虑以下两种形式：

1）需要工频和变频低速时交替运行的切换过程。这种形式的运行切换一般应设计成停机切换为宜。

2）变频 50Hz 到工频 50Hz 的切换过程。切换前的转速已经接近或等于额定转速，对于这种形式的运行切换，当电动机接至工频电源时，电动机的转速不宜下降过多，以防止产生较大的冲击电流。一般来说，切换时电动机的转速以不低于额定转速的 70% 为宜。对于这种形式的切换，延时时间应尽量短一些，以避免在切换过程中产生过大的冲击电流，干扰电网。

7.2.2 变频-工频的故障切换

1. 故障切换的主电路

（1）主电路的构成

主电路的构成如图 7-5 所示，图中各接触器的功能如下：

1）KM1 用于将电源接至变频器的输入端。

2）KM2 用于将变频器的输出端接至电动机。

3）KM3 用于将工频电源直接接至电动机。

工频运行时，变频器不可能对电动机进行过载保护，所以必须接入热继电器 FR，用于工频运行时的过载保护。

（2）切换的动作顺序

由图 7-5 可以看出，当电动机变频运行时，接触器 KM1、KM2 接通，KM3 断开；电动机工频运行时，接触器 KM1、KM2 断开，KM3 接通。

因此，当由变频运行向工频运行切换时，应先断开 KM2，使电动机脱离变频器，然后经适当延时再接通 KM3，将电动机接至工频电源。

由于变频器的输出端是不允许与电源相连接的，因此接触器 KM2 和 KM3 之间必须有非常可靠的互锁，绝对不允许同时接通。一般情况下，KM2 和 KM3 常采用有机械互锁的接触器。

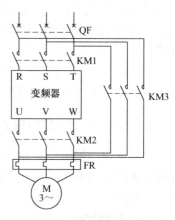

图 7-5　故障切换的主电路

为了保证 KM2 和 KM3 不在同一时刻接通，当电动机脱离变频器到接通工频电源的过程中，也就是从 KM2 断开到 KM3 闭合之间应该有一定的延迟时间，通常称为"切换延时"，用 t_c 表示。

对切换延时的要求是：在延时期间，生产机械的转速不应下降得太多，以减小电动机与工频电源相接时的冲击电流。通常，大容量电动机在切换至工频电源时的转速不宜低于电动机额定转速的 80%，容量较小的电动机可适当放宽。

自由制动的停机过程如图 7-6 所示。图中，曲线 1 是自由制动时的转速下降过程，线 2 是曲线 1 的切线，它与横坐标的交点所对应的时间称为机械时间常数，用 τ_M 表示，常用来表达转速下降的快慢。

通常

$$\tau_M = \frac{t_{sp}}{5} - \frac{t_{sp}}{3} \qquad (7-1)$$

式中　τ_M——拖动系统的停机时间常数（s）；

t_{sp}——拖动系统的停机时间（s）。

拖动系统的停机时间 t_{sp} 是使电动机运行到额定转速后切断电源，测量出从额定转速下降为 0 所需要的时间。不同的拖动系统，停机时间的长短主要和拖动系统的惯性大小有关。

由于曲线 2 和曲线 1 的上面部分是基本重合的，所以转速下降到额定转速的 80% 所需要的时间应不大于 $0.2\tau_M$，从增加切换的可靠性角度出发，τ_M 可取大值，有

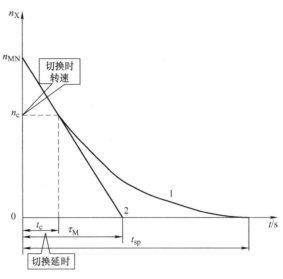

图 7-6　自由制动的停机过程

$$t_c \leqslant 0.2\tau_M = \frac{t_{sp}}{15} \qquad (7-2)$$

式中　t_c——切换延时的时间（s）。

例如，某鼓风机的停机时间为 20s，则由式(7-2) 得切换延时时间应不大于 1.3s。

一般来说，大惯性负载在自由制动过程中转速下降较慢，可达数秒或数十秒，而电磁反应过渡过程的时间则很短，只有 1s 左右。因此，当电动机从变频电源上断开到接通工频电源之间的延时只要大于 1s，就可以"躲开"电磁过渡过程，也就避免了冲击电流的产生。对于部分水泵类的小惯性负载，其自由制动的过程与电磁反应过渡过程十分接近，那么切换时必须要进行相位搜索，以保证在接通工频电源的瞬间，工频电源的电压与定子电动势处于同相位状态（或接近于同相位状态），从而避免冲击电流。

当 KM3 闭合，电动机接至工频电源时，必须避免产生过大的冲击电流干扰电网，这是切换控制的关键。

2. 故障切换的控制电路

故障切换的控制电路如图 7-7b 所示，现将控制电路的工作过程说明如下。

（1）工频运行

工频运行时，首先将转换开关 SA 旋至"工频"位置，表示进行工频运行。

按下启动按钮 SB2 后，继电器 KA1 线圈得电；KA1 的常开触点（与 SB2 并联）闭合，对 KA1 继电器进行自锁；KA1 的常开触点（与 SA 串联）闭合，接触器 KM3 线圈得电；KM3 的主触点闭合，电动机工频起动并运行；KM3 的常闭辅助触点断开，防止 KM2 得电（变频运行与工频运行的互锁）。

按下停止按钮 SB1 后，继电器 KA1 失电，KM3 失电，电动机停止。

（2）变频运行

变频运行时，首先必须将转换开关 SA 旋至"变频"位置，表示进行变频运行。

1）变频器通电。按下启动按钮 SB2 后，继电器 KA1 线圈得电；KA1 的常开触点（与

SB2 并联）闭合，对 KA1 继电器进行自锁；KA1 的常开触点（与 SA 串联）闭合，接触器 KM2 得电；KM2 的主触点闭合，将变频器接至电动机；KM2 的常闭辅助触点断开，防止 KM3 得电（变频运行与工频运行的互锁）；KM2 的常开辅助触点闭合，接触器 KM1 线圈得电；KM1 的主触点闭合，将外接电源接至变频器；KM1 的常开辅助触点（与 SB3、SB4 串联）闭合，允许电动机起动和运行。

2）电动机起动。按下启动按钮 SB4，继电器 KA2 线圈得电；KA2 的常开触点（图 7-7a 中接至 DIN1 端子）闭合，电动机起动并运行；KA2 的常开触点（与 SB4 并联）闭合，对 KA2 继电器进行自锁；KA2 的常开触点（与 SB1 并联）闭合，是为了防止在电动机停机前 SB1 按钮切断变频器电源。图 7-7 为 MM440 变频器变频-工频切换电路。

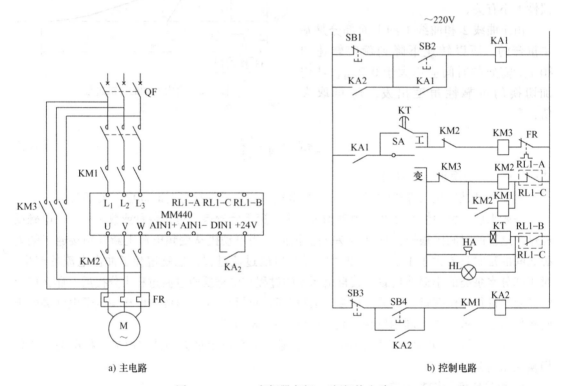

a) 主电路　　　　　　　　　　　　　　　　b) 控制电路

图 7-7　MM440 变频器变频-工频切换电路

（3）故障切换

当变频器发生故障时，其报警输出端子 RL1 动作。

1）RL1（A‑C）常闭触点断开，接触器 KM1 和 KM2 断电，电动机脱离变频器，变频器脱离电源。

2）RL1（B‑C）常开触点闭合，时间继电器 KT 得电，KT 的常开触点（并联在 SA 处）延时后闭合，接触器 KM3 的主触点闭合，实现了电动机变频运行到工频运行的自动切换。同时蜂鸣器 HA 鸣叫、报警指示灯 HL 闪烁，进行声光报警。

当操作人员接收到报警信号后，应首先将转换开关 SA 旋转至工频运行的位置。

1）SA 接通至工频位置，使电动机保持工频运行状态。

2）SA 与变频位置断开，时间继电器 KT 断电，同时停止声光报警。

7.2.3　MM440 变频器开关量输出功能

为方便用户监控变频器的内部状态量，可以将变频器当前的状态以开关量的形式用继电器进行输出，而且每个输出逻辑都可以进行取反操作，即通过对 P0748 参数的设定，来定义一个给定功能的继电器输出状态是高电平还是低电平，方便电路设计。

MM440 变频器有 3 组继电器输出端子（如图 7-7 所示），其中 RL1 和 RL3 继电器分别包含 1 对常开触点和 1 对常闭触点，RL2 继电器只包含 1 对常开触点。每个继电器都有一个对应的参数用来设定该继电器的功能，见表 7-1。

表 7-1　继电器输出与相关参数对照表

继电器编号	对应参数	默认值	功能解释	输出状态
RL1	P0731	= 52.3	故障监控	继电器失电
RL2	P0732	= 52.7	报警监控	继电器得电
RL3	P0733	= 52.2	变频器运行中	继电器得电

下面列出 P0731 ~ P0733 可以设定的部分参数值及其含义。

52.0：变频器准备；52.2：变频器正在运行；52.3：变频器故障；52.7：变频器报警；52.A：已达到最大频率；52.D：电动机过载；52.E：电动机正向运行；53.4：实际频率高于比较频率 P2155；53.5：实际频率低于比较频率 P2155……

变频器的变频-工频切换控制电路图 7-7b 中，当变频器发生故障时，RL1 动作，实现变频运行到工频运行的自动切换，因此应设置 P0731 = 52.3。

7.3　变频器的 PID 闭环控制

PID 就是比例（P）、积分（I）和微分（D）控制。变频器的 PID 控制属于闭环控制，是使控制系统的被控量在各种情况下都能够迅速而且准确地无限接近控制目标的一种手段。具体地说，就是随时将传感器测得的实际信号（称为反馈信号）与被控量的目标信号进行比较，判断是否已经达到预定的控制目标，如尚未达到，则根据两者的差值进行调整，直至达到预定的控制目标为止。

PID 控制常用于压力控制、温度控制和流量控制等。

7.3.1　PID 控制原理

1. PID 控制系统的构成

以空气压缩机的恒压控制系统为例来说明系统的构成，如图 7-8 所示。

图 7-8 中，压力传感器安放在空气压缩机出口的储气罐内，用于检测储气罐中的实际压力，并将其转换为电信号（电压或电流）反馈到 PID 调节器的输入端。这个反馈信号取自拖动系统的输出端，当输出量偏离所要求的给定值时，反馈信号成比例变化。在输入端，给定信号（x_t）与反馈信号（x_f）相比较，存在一个偏差值（Δx）。依据该偏差值，经过 PID 调节，变频器改变输出频率，迅速、准确地消除拖动系统的偏差，使储气罐中的压力维持在

给定值。

在实现 PID 调节时，必须至少具有以下两种控制信号。

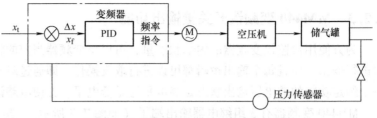

图 7-8　空气压缩机 PID 调节系统示意图

（1）反馈信号 x_f

反馈信号是指通过传感器测得的与被控物理量的实际值对应的信号，用 x_f 表示。在本控制系统中，反馈信号就是用压力传感器实际测得的压力信号。

（2）目标信号 x_t

目标信号通常也称为给定信号，是与被控物理量的控制目标对应的信号，用 x_t 表示。在本系统中，目标信号就是与所要求的空气压力相对应的信号。

2. PID 控制系统的工作过程

空气压缩机恒压控制系统的基本要求是保持储气罐压力的恒定，系统的工作过程是：电动机拖动空气压缩机旋转，产生压缩空气储存在储气罐中。储气罐中空气压力的大小取决于空气压缩机产生压缩空气的能力和用户用气量之间的平衡状况。

为了满足用户对储气罐内气压恒定的要求，保证供气质量，需要使用变频器及其 PID 调节功能。具体是：

1）当用户的用气量增大，使储气罐中的空气压力下降到低于目标值（$x_t > x_f$）时，变频器应立即提高输出频率，使电动机加速，以提高压缩机产生压缩空气的能力，保持储气罐的空气压力恒定（$x_t \approx x_f$）。

2）反之，当用户的用气量减小，使储气罐的空气压力上升到高于目标值（$x_t < x_f$）时，变频器应立即降低输出频率，使电动机减速，以降低空气压缩机产生压缩空气的能力，保持储气罐的空气压力恒定（$x_t \approx x_f$）。

3）储气罐内压力的大小由压力传感器进行测量，经 PID 实时调节，所以在恒压控制系统中，压力传感器的输出信号 x_f 应该始终无限接近于目标信号 x_t。

如上所述，变频器输出频率 f_x 的大小应由 x_t 和 x_f 的比较结果（$x_t - x_f$）决定。一方面，要求储气罐的实际压力（其大小由反馈信号 x_f 体现）应无限接近于目标压力（其大小由目标信号 x_t 体现），即要求（$x_t - x_f$）趋近于 0。另一方面，变频器的输出频率 f_x 又是由 x_t 和 x_f 相减的结果决定的，可以想象，如果把（$x_t - x_f$）直接作为给定信号 x_G，那么当 $x_G = x_t - x_f = 0$ 时，f_x 也必等于 0，变频器不可能维持一定的输出频率，储气罐的压力也无法保持恒定，系统将达不到预想的目的。也就是说，为了保证储气罐内压力的恒定，变频器必须维持一定的输出频率 f_x，这就要求有一个与此对应的给定信号 x_G，而这个给定信号既需要有一定的值，又要和 $x_t - x_f$ 相联系。

3. 比例、积分和微分的控制作用

（1）比例控制

为了使储气罐维持一定的压力，将变频器的输出频率及其频率给定信号保持在一定范围内是必要的。为此，可将（$x_t - x_f$）进行放大后再作为频率给定信号，即

$$x_G = K_p(x_t - x_f) \tag{7-3}$$

式(7-3)可变换形式为

$$x_t - x_f = \frac{x_G}{K_p} \tag{7-4}$$

式中　x_G——频率给定信号;

K_p——放大倍数,也叫比例增益。

由于 x_G 是与 $(x_t - x_f)$ 成正比放大的结果,故这种控制过程又称为比例放大环节。

因为 x_G 不能等于0,所以 x_f 只能是无限接近 x_t,却不能等于 x_t。这说明, x_f 和 x_t 之间总会有一个差值,称为静差,用 ε 表示。显然,静差值应该越小越好。

由图7-9a可以看出,当选用不同的比例增益时,静差值也会相应变化。比例增益(K_p)越大,静差(ε)越小。

为了减小静差,应尽量增大比例增益,但由于系统都具有惯性,如果 K_p 太大,当 x_f 随着用户用气量的变化而变化时, $x_G = K_p(x_t - x_f)$ 有可能一下子增大(或减小)许多,使变频器的输出频率很容易超调,于是又反过来调整,从而引起被控量(压力)忽大忽小,在目标信号周围形成振荡,如图7-9b所示。

(2)积分与微分控制

1)积分控制。为了消除系统振荡引入积分环节,其目的如下:

① 使给定信号 x_G 的变化与乘积 $K_p(x_t - x_f)$ 对时间的积分成正比。意思是,尽管 $K_p(x_t - x_f)$ 变化很快,但 x_G 只能在"积分时间"内逐渐增大(或减小),从而减缓了

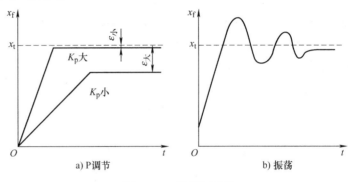

a) P调节　　　　　　　　b) 振荡

图7-9　P调节与振荡

x_G 的变化速度,防止了振荡。积分时间越长, x_G 的变化越慢。

② 只要偏差不消除($x_t - x_f \neq 0$),积分就不会停止,从而能有效消除静差,如图7-10所示。

积分时间(I)太长会发生当用气量急剧变化时,被控量(压力)难以迅速恢复的情况。

2)微分控制。微分控制是根据偏差变化率 $\dfrac{d\varepsilon}{dt}$ 的大小,提前给出一个相应的调节动作,从而缩短了调节时间,克服了因积分时间太长而使恢复滞后的缺点,如图7-11所示。

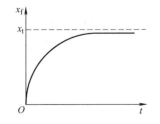

图7-10　增加积分环节(PI调节)

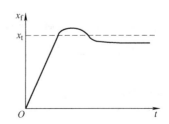

图7-11　增加微分环节(PID调节)

7. 3. 2　PID 控制功能的预置

1. PID 控制信号的预置

（1）控制逻辑

1）负反馈。如上述空气压缩机的恒压控制中，压力越高（反馈信号越大），要求电动机的转速越低。这样的控制方式称为负反馈，这种控制逻辑称为正逻辑，如图7-12中曲线1所示。

2）正反馈。在空调机的温度控制中，温度越高（反馈信号越大），要求电动机的转速也越高。这样的控制方式称为正反馈，这种控制逻辑称为负逻辑，如图7-12中曲线2所示。用户应根据具体控制情况进行预置。

（2）信号的输入

1）目标信号的表示法。

① 百分数表示法。目标信号的大小由传感器（SP）量程的百分数表示的方法称为百分数表示法。例如，上例中要求储气罐内的空气压力保持在0.6MPa，若所用压力表的量程为0~1MPa，则目标值应为60%；若压力表的量程为0~5MPa，则目标值应为12%。

② 物理量表示法。根据传感器（SP）的量程，计算出与目标值对应的电压或电流信号值的方法称为物理量表示法。

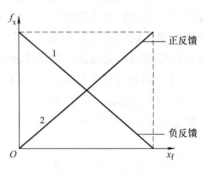

图 7-12　反馈逻辑

例如，若压力表的输出信号为电流信号，信号范围为4~20mA，则

如果压力表的量程为0~1MPa，目标值为

$$x_t = 4 + (20 - 4) \times 0.6 = 13.6mA$$

如果压力表的量程为0~5MPa，目标值为

$$x_t = 4 + (20 - 4) \times 0.12 = 5.92mA$$

2）目标信号的输入。

① 键盘输入法。这种方法是指由键盘直接输入与目标值对应的百分数。

② 外接输入法。当变频器预置为"PID功能有效"时，其频率给定输入端自动变成目标信号输入端，可以将目标信号对应的模拟量信号直接输入该输入端。例如，可以通过调节电位器来进行目标信号的输入，如图7-13所示，目标信号从变频器的第1路模拟端口AI1输入，但这时显示屏上显示的仍是百分数。具体从哪个端子输入还可通过功能预置来确定。

3）反馈信号的输入。传感器的输出信号就是反馈信号，有的变频器专门设置了反馈信号输入端，反馈输入端也可通过功能预置来确定。图7-13中，将反馈信号接入变频器的第2路模拟端口AI2。

2. PID 调节功能的预置

（1）基本设定

1）预置PID功能。预置的内容是变频器的PID功能是否有效。这是十分重要的，因为

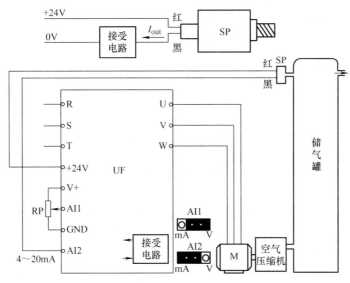

图 7-13　变频器的接线

当 PID 调节功能有效后，变频器将完全按照 P、I、D 调节的规律运行，其工作特点为：

① 变频器的输出频率（f_x）只根据储气罐内的实际压力（x_f）与目标压力（x_t）的差值进行调整，所以频率的大小与被控量（压力）之间并无对应关系。

② 变频器的加/减速过程将完全取决于由 P、I、D 数据所决定的动态响应过程，而原来预置的"加速时间"和"减速时间"不再起作用。

③ 变频器的输出频率（f_x）始终处于调整状态，因此显示的数值常不稳定。

2）信号输入通道的选择。选择输入目标信号和反馈信号的输入方法，以及从外部输入时的输入通道。

（2）P、I、D 的调节功能

1）P、I、D 功能的预置。

①比例增益 P 的选取。由于 P 的大小将直接影响系统的超调量、过渡时间和稳态误差，因此 P 的选取尤为重要。

比例增益 P 增大，系统控制的灵敏度增加，误差减小，但若 P 太大，超调量将增大，振荡次数增多；比例增益 P 减小，系统动作缓慢。

任何一种变频器的参数 P 都会给出一个可设置的数值范围，一般在初次调试时，P 可按中间偏大值进行预置，或者暂时默认出厂值，待设备运转时再按实际情况细调。

② 积分时间 I 的选取。若比例增益 P 过大，导致"超调"，形成振荡，为此引入积分环节，使经过比例增益 P 放大后的差值信号在积分时间内逐渐增大（或减小），从而减缓其变化速度，防止振荡。积分作用旨在消除稳态误差，积分时间 I 与积分作用的强弱呈反比关系。

如果积分时间 I 越小，则积分作用越强，导致系统不稳定，振荡次数增多；如果 I 太大，对系统性能的影响减弱，当反馈信号急剧变化时，被控物理量难以迅速恢复，以致不能消除稳态误差。

I 的取值与拖动系统的时间常数有关：拖动系统的时间常数小，积分时间应短些；拖动系统的时间常数较大时，积分时间应略长些。

③ 微分时间 D 的选取。微分环节是根据差值信号变化的速率提前给出一个相应的调节动作，从而缩短调节时间，克服因积分时间过长而使恢复滞后的缺陷。微分作用能够预测偏差，产生超前校正作用，可以较好地改善动态性能。微分时间 D 决定了 PID 调节器对 PID 反馈量和给定量偏差的变化率进行调节的强度，微分时间越长，调节强度越大。

D 的取值与拖动系统的时间常数有关，拖动系统的时间常数较小时，微分时间应短些；拖动系统的时间常数较大时，微分时间应长些。

由此可以看出，比例作用的快速性、积分作用的彻底性、微分作用的超前性三个参数之间是相互影响、相互制约的。另外，PID 的取值与系统惯性的大小也有很大关系，因此调试时很难一次调定。

一般来说，在许多要求不高的控制系统中，微分功能 D 可以不用，保持变频器的出厂值不变，先使系统运转起来，观察其工作情况：如果在压力下降或上升后难以恢复，说明反应太慢，应加大比例增益 K_p，直至比较满意为止；在增大 K_p 后，虽然反应快了，但如果容易在目标值附近波动，说明系统有振荡，应加大积分时间 I，直至基本不振荡为止。总之，在反应太慢时，应调大 K_p 或减小积分时间；在发生振荡时，应调小 K_p 或加大积分时间。在某些对反应速度较高的控制系统中，应考虑增加微分环节 D。

2）对反馈信号的检测和限制功能。

当目标信号或反馈信号不正常时，选择变频器应采取的对策如下：

① 目标信号丢失的对策选择。万一目标信号丢失时，变频器会有相应的错误码在显示屏上显示。

② 反馈信号丢失的检测功能。由于传感器通常安装在被检测点，和接收反馈信号的变频器之间往往有较长的距离，增加了断线的概率，此外，传感器本身也有可能发生故障。为此，有的变频器设置了信号丢失的检测功能，并会有相应的错误码在显示屏上显示。

③ 反馈信号的限制功能。如果反馈信号过大或过小，则说明 PID 调节功能未能取得预期的效果，应进行报警或采取适当措施。

由上述分析可知，PID 控制是用于过程控制的一种常用方法，通过对被控量反馈信号与目标信号的差值进行比较、积分、微分运算来调节变频器的输出频率，使被控量稳定在目标量上。PID 控制可广泛应用于石化、供暖、供水、冶金、食品和热变换等行业，对温度、压力、液位和流量等参数进行测量、显示和精确控制。

7.3.3　MM440 变频器 PID 的控制实现

1. 接线

（1）传感器的引线

传感器是各种物理量的检测装置，其任务是将被控量转换成电压信号或电流信号。以压力传感器为例，其接线方法如图 7-14 所示，其中，图 7-14a 是电压输出型，输出电压与被测压力成正比，通常是 1 ~ 5V 或 0 ~ 5V；图 7-14b 是电流输出型，输出电流与被测压力成正比，通常是 4 ~ 20mA 或 0 ~ 20mA。

（2）反馈信号的接入

以空气压缩机为例，反馈信号接线情况如图 7-15 所示。

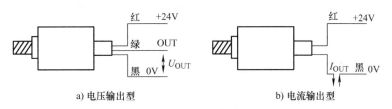

a) 电压输出型　　　　　　　　　　　　b) 电流输出型

图 7-14　传感器的引线

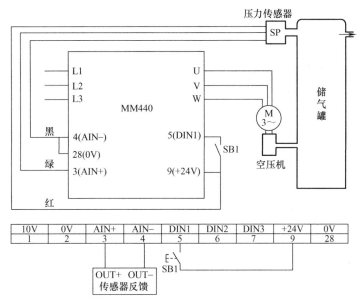

图 7-15　面板设定给定值时 PID 控制端子接线图

图 7-15 中，将电压输出型压力传感器（SP）的红线和黑线分别接至变频器的"+24V"和"0V"端口，将绿线和黑线接到变频器的"AIN +"和"AIN –"端口，则通过 SP 的绿线与黑线将与被测压力成正比的电压信号输入到变频器的第 1 路模拟输入端，从而变频器得到压力反馈信号。有的变频器不提供 24V 电源，须另行配置。

2. 参数设置

图 7-16 列出了 MM440 变频器实现 PID 控制功能时需设置的各参数之间的相互关系。

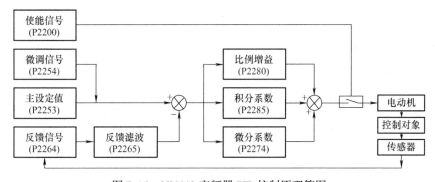

图 7-16　MM440 变频器 PID 控制原理简图

使用 PID 控制功能时，PID 给定源和 PID 反馈源是非常重要的两个参数。

（1）PID 给定源 P2253

该参数为 PID 设定值信号源（给定源），定义 PID 设定值输入的信号源。

本参数既可以用 PID 固定频率设定值，也可以用已激活的设定值来选择数字的 PID 设定值。可能的设定值为：

P2253 = 755：模拟输入 1（通过模拟量大小来改变目标值）。

P2253 = 2224：固定的 PID 设定值。

P2253 = 2250：已激活的 PID 设定值（通过改变 P2240 来改变目标值）。

（2）PID 反馈源 P2264

该参数为 PID 反馈信号，选择 PID 反馈的信号源。

选择模拟输入信号时，可以用参数 P0756 ~ P0760（ADC 标定）实现反馈信号的偏移和增益匹配。可能的设定值为：

P2264 = 755：模拟输入 1 设定值（当模拟量波动较大时，可适当加大滤波时间，确保系统稳定）。

P2264 = 2224：PID 固定设定值。

P2264 = 2250：PID – MOP 的输出设定值。

实践 7　MM440 变频器的 PID 控制运行

（1）实践目的及内容

1）PID 控制系统的接线。

2）PID 控制系统的调试。

（2）实践步骤

1）控制要求。给定信号由面板键盘输入，反馈信号由第 1 路模拟通道的电位器进行调节。实现该 PID 控制过程。

2）按照图 7-17 接线。

① 反馈信号的接入。在图 7-17 中，反馈信号由模拟电位器进行调节，接入到变频器的第 1 路模拟输入端口 AIN1。

② 目标信号的确定。目标信号由变频器面板键盘进行设定。

3）对电路进行仔细检查，确保无误后，为装置送电。

4）参数复位。

5）快速调试。

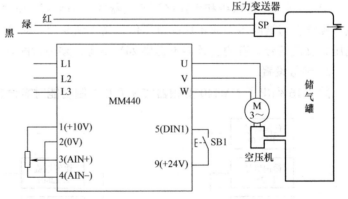

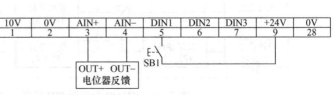

图 7-17　空气压缩机恒压控制系统模拟接线图

6）功能调试。

① 控制参数，见表 7-2。

表 7-2　控制参数表

参　数	出　厂　值	设　置　值	说　　　明
P0003	1	2	设置用户访问级为扩展级
P0004	0	0	参数过滤显示全部参数
P0700	2	2	由端子排输入
P0701	1	1	端子 DIN1 功能为接通正转，OFF1 停机
P0702	12	0	端子 DIN2 禁用
P0703	9	0	端子 DIN3 禁用
P0704	0	0	端子 DIN4 禁用
P0725	1	1	端子 DIN 输入为高电平有效
P1000	2	1	频率由 BOP 设置
P0004	0	7	命令，二进制 I/O
* P1080	0	20	电动机运行最低频率/Hz
* P1082	50	50	电动机运行最高频率/Hz
P2200	0	1	PID 控制功能有效

注：标 * 的参数可根据用户实际要求进行设定。

② 设置目标参数，见表 7-3。

表 7-3　目标参数表

参　数	出　厂　值	设　置　值	说　　　明
P0003	1	3	设置用户访问级为专家
P0004	0	0	参数过滤显示全部参数
P2253	0	2250	已激活的 PID 设置值（参看 P2240）
* P2240	10	60	由 BOP 设定的目标值（%）
* P2254	0	0	无 PID 微调信号源
* P2255	100	100	PID 设定值的增益系数
* P2256	100	0	PID 微调信号的增益系数
* P2257	1	1	PID 设定值斜坡上升时间
* P2258	1	1	PID 设定值斜坡下降时间
* P2261	0	0	PID 设定值无滤波

注：标 * 的参数可根据用户实际要求进行设定。

③ 设置反馈参数，见表 7-4。

表 7-4　反馈参数表

参　数	出　厂　值	设　置　值	说　　　明
P0003	1	3	设置用户访问级为专家级

（续）

参　数	出　厂　值	设　置　值	说　明
P0004	0	0	参数过滤显示全部参数
P2264	755.0	755.0	PID 反馈信号由 AIN1 设定
* P2265	0	0	PID 反馈信号无滤波
* P2267	100	100	PID 反馈信号的上限值（%）
* 02268	0	0	PID 反馈信号的下限值（%）
* P2269	100	100	PID 反馈信号的增益（%）
* P2270	0	0	禁止使用 PID 反馈功能选择器
* P2271	0	0	PID 传感器的反馈形式为正常

注：标 * 的参数可根据用户实际要求进行设定。

④ 设置 PID 参数，见表 7-5。

表 7-5　PID 参数表

参　数	出　厂　值	设　置　值	说　明
P0003	1	3	设置用户访问级为专家级
P0004	0	0	参数过滤显示全部参数
* P2280	3	25	PID 比例增益系数
* P2285	0	5	PID 积分时间/s
* P2291	100	100	PID 输出上限值（%）
* P2292	0	0	PID 输出下限值（%）
* P2293	1	1	PID 限幅的下坡上升/下降时间/s

注：标 * 的参数可根据用户实际要求进行设定。

7）运行。按下带锁按钮 SB1 时，变频器数字输入端 DIN1 为"ON"，变频器起动电动机。当调节模拟电位器的值时，输入 AIN1 的电压信号（反馈信号）发生改变，引起电动机速度发生变化。

若反馈的电压信号小于目标值 6V（即 P2240 值），则变频器驱动电动机升速，电动机速度上升引起反馈的电压信号变大；当反馈的电压信号大于目标值 6V 时，变频器驱动电动机降速，使反馈的电压信号变小；当反馈的电压信号小于目标值 6V 时，变频器驱动电动机升速。如此反复，使变频器达到一种动态平衡状态，变频器驱动电动机以一个动态稳定的速度运行。

如果需要，则目标设定值（P2240 值）可直接通过操作面板上的增加键和减小键来改变。当设置 P2231 = 1 时，由增加键和减小键改变了的目标设定值将被保存在内存中。放开带锁按钮 SB1，数字输入端 DIN1 为"OFF"，电动机停止运行。

第 8 章　变频器的选择与维护

8.1　变频器的选择

不同类型、不同品牌的变频器具有不同的规格标准和技术参数，价格相差也很大。变频器选择是调速控制系统应用设计的重要一环，对系统运行时的性能指标有很大影响。选择变频器时，应根据用户自身的实际情况与要求，选择出性价比最高的变频器。

下面从变频器的类型和容量两个方面介绍变频器的选择。

8.1.1　变频器的类型选择

按照用途的不同，变频器可以分为通用变频器和专用变频器。通用变频器按照控制方式的不同，又可分为 U/f 恒定控制变频器、转差频率控制变频器、矢量控制（分不带速度反馈型和带速度反馈型）变频器及直接转矩控制变频器。由于变频器的类型较多，用户必须在充分了解变频器所驱动负载特性的基础上，根据实际工艺要求和运用场合来选择合适类型的变频器。

负载性质通常用下式表示：

$$T_L = Cn^\alpha \tag{8-1}$$

式中　C——负载大小的常数；

　　　α——负载转矩形状的系数。$\alpha = 0$，表示恒转矩负载；$\alpha = 1$，表示转矩与转速成比例的负载；$\alpha = 2$，表示转矩与转速的二次方成比例的负载（如风机、泵类负载）；$\alpha = -1$，则为恒功率负载。

由《电机学》知识可知，电动机负载产生的制动转矩 T_L 可由式（8-2）表示，在工程上也常用式（8-3）表示：

$$T_L = \frac{P_L}{2\pi n/60} \tag{8-2}$$

$$T_L = 9550 \frac{P_L}{n} \tag{8-3}$$

式中　P_L——电动机轴上输出的有效机械功率，即负载的功率（kW）；

　　　n——电动机转子转速（r/min）。

1. 恒转矩负载

（1）转矩特点

任何转速下，负载的转矩 T_L 与转速 n 无关，T_L 总保持恒定或基本恒定。

（2）功率特点

负载的功率 P_L、转矩 T_L 与转速 n 的关系满足式（8-3）的要求。由于负载转矩 T_L 恒定，

所以负载功率 P_L 的大小与转速 n 成正比。

（3）典型实例

传送带、搅拌机和挤压机等摩擦类负载及吊车、提升机等位能负载都属于恒转矩类负载。例如，当带式输送机运动时，其负载转矩的大小满足如下关系式：

$$T_L = Fr \tag{8-4}$$

式中　F——传送带与滚筒间的摩擦阻力（N）；

　　　　r——滚筒的半径（m）。

带式输送机的基本结构和工作情况如图 8-1 所示。

（4）变频器的选择

变频器拖动恒转矩负载时，低速下的转矩要足够大，并且要有足够的过载能力。如果需要在低速下稳速运行，应该考虑标准异步电动机的散热能力，避免电动机的温升过高。

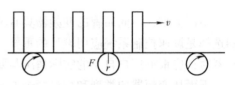

图 8-1　带式输送机的工作情况示意图

对于转速精度及动态性能要求不高或有较高静态转速要求的机械，如挤压机、搅拌机、起重机的提升机构和提升机等，采用具有转矩控制功能的高性能 U/f 控制变频器较合理。因为这种变频器低速转矩大，静态机械特性硬度大，不怕负载冲击，具有挖掘机特性。为了实现大调速比的恒转矩调速，常采用加大变频器容量的办法。对于要求变频器调速对电动机速度变化响应速度快的负载，如轧钢机、生产线设备和机床主轴等，选用转差频率控制的变频器较合理；对于低速时要求有较硬的机械特性，并要求有一定的调速精度，在动态方面无较高要求的负载，可选用不带速度反馈的矢量控制型通用变频器；对于某些对调速精度及动态性能方面都有较高要求，以及要求高精度同步运行的负载，可选用带速度反馈的矢量控制型通用变频器。轧钢、造纸和塑料薄膜加工线这一类对动态性能要求较高的生产机械，采用矢量控制高性能型变频器是一种很好的选择。矢量控制方式只能一台变频器驱动一台电动机，当一台变频器驱动多台电动机时，只能选择 U/f 控制模式，不能选用矢量控制模式。

要求控制系统具有良好的动态、静态性能，如电力机车、交流伺服系统、电梯和起重机等领域，可选用具有直接转矩控制功能的专用变频器。

2. 恒功率负载

（1）功率特点

在不同的转速 n 下，负载的功率 P_L 基本恒定，即负载功率 P_L 的大小与转速 n 的高低无关，即

$$P_L = 常数$$

（2）转矩特点

负载的功率 P_L、转矩 T_L 与转速 n 的关系满足式(8-3) 的要求。由于负载的功率 P_L 恒定，所以负载转矩 T_L 的大小与转速 n 成反比。

（3）典型实例

对于机床主轴和轧机、造纸机、塑料薄膜生产线中的卷取机、开卷机等机械，要求的转矩与转速成反比，这就是恒功率负载。

例如，各种薄膜的卷取机在工作时，随着"薄膜卷"卷径的不断增加，卷曲辊的转速

应逐渐减小,以保持薄膜的线速度恒定,从而保持了张力的恒定。而负载转矩的大小 T_L 为

$$T_L = Fr \tag{8-5}$$

式中　F——卷取物的张力,在卷取过程中,要求张力保持恒定;

　　　r——卷取物的卷取半径,随着卷取物不断卷绕到卷曲辊上,r 越来越大。

由于具有以上特点,因此在卷取过程中,拖动系统的功率是恒定的

$$P_L = Fv = 常数 \tag{8-6}$$

式中　v——卷取物的线速度。

随着卷绕过程的不断进行,被卷物的直径不断加大,负载转矩也不断加大。

（4）变频器的选择

机床主轴和轧钢、造纸机、塑料薄膜生产线中的卷取机、开卷机要求的转矩大体与转速成反比,属于恒功率负载,但负载的恒功率是就一定的速度变化范围而言的。当速度很低时,受机械强度的限制,负载转矩不可能无限增大,在低转速下变为恒转矩性质,负载的恒功率区和恒转矩区对传动方案的选择有很大影响。

如果电动机的恒转矩和恒功率调速范围与负载的恒转矩和恒功率范围相一致,即"匹配"的情况下,电动机的容量和变频器的容量均最小。但是,如果负载要求的恒功率范围很窄,要维持低速下的恒功率关系,对变频调速而言,电动机和变频器的容量不得不加大,控制装置的成本增加。所以,在可能的情况下,尽量采用折中的控制方案,在满足生产工艺的前提下,适当地减小恒功率范围,从而减小电动机和变频器的容量,降低成本。

通常,将恒转矩和恒功率范围的分界点的转速作为基速（变频器的基准频率）,在该转速以上采用恒功率调速时,采用 $E_1 / \sqrt{f_1} = C$ 或者恒压运行（即 f_1 上升,而 E_1 保持不变）的协调控制方式。

变频器可选择通用型的,采用 U/f 控制方式已经足够,但对动态性能有较高要求的卷取机械,必须采用具有矢量控制功能的变频器。

3. 二次方律负载

（1）转矩特点

负载转矩 T_L 与转速 n 的二次方成正比,即

$$T_L = K_T n^2 \tag{8-7}$$

（2）功率特点

将式（8-7）代入式（8-3）,可得负载的功率 P_L 与转速 n 的三次方成正比,即

$$P_L = \frac{K_T n^2 n}{9550} = K_p n^3 \tag{8-8}$$

式中　K_p——二次方律的功率常数。

（3）典型实例

在各种风机、水泵和油泵中,随着叶轮的转动,空气或液体在一定速度范围内所产生的阻力大致与转速 n 的二次方成正比。随着转速的减小,转矩按转速的二次方减小。由于这种负载所需的功率与转速 n 的三次方成正比,当所需风量、流量减小时,利用变频器通过调速的方式来调节风量、流量,从而可以大幅度节约电能。但是,高速时所需的功率随转速增长过快,即与速度的三次方成正比,所以通常不应使风机、泵类负载超工频运行。

（4）变频器的选择

对于风机、泵类等负载，对调速低于额定频率且负载转矩较小，在过载能力方面要求较低，对转速精度没有什么要求时，选择价廉的普通功能型 U/f 控制变频器。

大部分生产变频器的工厂都提供了风机、水泵用变频器，可以选用。其主要特点为：

1）风机和水泵一般不容易过载，所以这类变频器的过载能力较低，为 120%，1min（通用变频器为 150%，1min），因此在进行功能预置时必须注意。

2）由于负载的转矩与转速的二次方成正比，当工作频率高于额定频率时，负载的转矩有可能大大超过变频器额定转矩，使电动机过载，所以，其最高工作频率不得超过额定频率。

3）配置了多台控制的切换功能。

4）配置了一些其他专用的控制功能，如"睡眠"与"唤醒"功能、PID 调节功能等。

4. 直线律负载

（1）转矩特点

负载转矩 T_L 与转速 n 成正比，即

$$T_L = K'_T n \tag{8-9}$$

式中　K'_T——直线律负载的转矩常数，其机械特性曲线如图 8-2b 所示。

（2）功率特点

将式（8-9）代入式（8-3），可得负载的功率 P_L 与转速 n 的二次方成正比，即

$$P_L = \frac{K'_T nn}{9550} = K'_p n^2 \tag{8-10}$$

式中　K'_p——直线律负载的功率常数。

功率特性曲线如图 8-2c 所示。

（3）典型实例

轧钢机和碾压机等都是直线律负载。

例如，碾压机如图 8-2a 所示，其负载转矩的大小取决于

$$T_L = Fr \tag{8-11}$$

式中　F——碾压辊与工件间的摩擦阻力（N）；

　　　r——碾压辊的半径（m）。

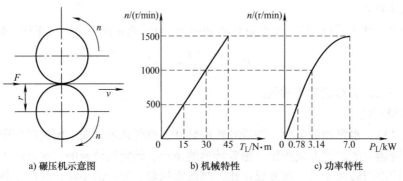

a) 碾压机示意图　　　　b) 机械特性　　　　c) 功率特性

图 8-2　直线律负载特性

在工件厚度相同的情况下，要使工件的线速度 v 加快，必须同时加大上、下碾压辊间的

压力，从而加大了摩擦力 F，即摩擦力与线速度 v 成正比，故负载的转矩与转速成正比。

（4）变频器的选择

虽然直线律负载的特性具有典型意义，但在考虑调速方案时的基本要点与二次方律负载类似。

5. 混合特性负载

大部分金属切削机床都是混合特性负载的典型例子，金属切削机床中的低速段，由于工件的最大加工半径和允许的最大切削力相同，故具有恒转矩性质；而在高速段，由于受到机械强度的限制，将保持切削功率不变，属于恒功率性质。在实际中，常将对应于某切削速度以上的认为是恒功率负载，其下的认为是恒转矩负载。

以某龙门刨床为例，其切削速度小于 $25r/min$ 时，为恒转矩特性区，切削速度大于 $25r/min$ 时，为恒功率特性区。

金属切削机床除了在切削加工毛坯时，负载大小有较大变化外，其他切削加工过程中，负载的变化通常很小。就切削精度而言，选择 U/f 控制方式能够满足要求，但从节能角度看并不理想。

矢量变频器在无反馈矢量控制方式下已经能够在 $0.5Hz$ 时稳定运行，完全可以满足要求，而且无反馈矢量控制方式能够克服 U/f 控制方式的缺点，当机床对加工精度有特殊要求时才考虑有反馈矢量控制方式。

8.1.2　变频器的容量选择

变频器的容量一般用额定输出电流（A）、输出容量（kV·A）和适用电动机功率（kW）来表示。其中，额定输出电流为变频器可以连续输出的最大交流电流有效值；输出容量取决于额定输出电流与额定输出电压乘积的三相视在输出功率；适用电动机功率以 2、4 极标准电动机为对象，表示在额定输出电流以内可以驱动的电动机功率。应注意：6 极以上电动机和变极电动机等特殊电动机的额定电流比标准电动机大，不能根据适用电动机的功率来选择变频器容量。因此，用标准 2、4 极电动机拖动的连续恒定负载，变频器的容量可根据适用电动机的功率选择；对于用 6 极以上和变极电动机拖动的负载、变动负载、断续负载和短路负载，变频器的容量应按运行过程中可能出现的最大工作电流来选择。

选择变频器容量时，要充分了解负载的性质和变化规律，还要考虑过载能力和起动能力。生产实际中，需要针对具体生产机械的特殊要求，灵活处理，很多情况下，也可根据经验或供应商提供的建议采用一些比较实用的方法。在满足生产机械要求的前提下，变频器容量越小越经济。

变频器容量选择总的原则是变频器的额定容量所适用的电动机功率和额定输出电流必须等于或大于实际使用的异步电动机的额定功率和额定电流。因为变频器的过载能力没有电动机的过载能力强，一旦电动机过载，损坏的首先是变频器（如果变频器的保护功能不完善）。

变频器容量的选择与电动机容量、电动机额定电流和加速时间等很多因素相关，其中最能准确反映半导体变频装置负载能力的关键因素是变频器的额定电流。选择变频器额定电流的基本原则是：电动机在运行的全过程中，变频器的额定电流应大于电动机可能出现的最大电流，即

$$I_N \geqslant I_{Mmax} \tag{8-12}$$

式中　I_N——变频器的额定电流（A）；

　　　　I_{Mmax}——电动机的最大运行电流（A）。

变频器进行容量选择时应遵循以下原则。

1. 连续运行的场合变频器容量的选定

由于变频器供给电动机的电流是脉动电流，其脉动值比工频供电时的电流要大，如图8-3所示，因此需将变频器的容量留有适当的裕量。

通常令变频器的额定输出电流大于等于1.05 ~ 1.1倍电动机的额定电流（铭牌值）或电动机实际运行中的最大电流。即

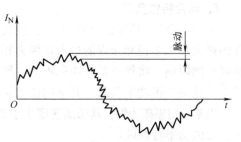

图8-3　变频器输出电流的波形

$$I_N \geqslant (1.05 \sim 1.1) I_M \tag{8-13}$$

$$I_N \geqslant (1.05 \sim 1.1) I_{Mmax} \tag{8-14}$$

式中　I_N——变频器额定输出电流（A）；

　　　　I_M——电动机额定电流（A）；

　　　　I_{Mmax}——电动机实际最大电流（A）。

如按电动机实际运行中的最大电流来选择变频器，则变频器的容量可以适当缩小。

2. 加/减速时变频器容量的选定

变频器最大输出转矩由变频器最大输出电流决定。一般情况下，对于短时间的加/减速而言，变频器允许达到额定输出电流的130% ~ 150%（视变频器容量而定），因此在短时加/减速时的输出转矩可以增大；反之，如果只需要较小的加速转矩，可降低选择变频器的容量。由于电流的脉动原因，此时应将变频器的最大输出电流降低10%后再进行选定。

3. 频繁加/减速运转时变频器容量的选定

当变频器频繁加/减速时，可根据加速、恒速和减速等各种运行状态下的电流值，按式(8-15)进行选定

$$I_N = \left[(I_1 t_1 + I_2 t_2 + \cdots) / (t_1 + t_2 + \cdots) \right] K_0 \tag{8-15}$$

式中　I_1、I_2——各运行状态下的平均电流（A）；

　　　　t_1、t_2——各运行状态下的时间（s）；

　　　　K_0——安全系数（频繁运行时 $K_0 = 1.2$，其他时间为1.1）。

4. 电流变化不规则场合时变频器容量的选定

在运行中，如果电动机电流不规则变化，则此时不宜获得运行特性曲线，可将电动机在输出最大转矩时的电流限制在变频器的额定输出电流内进行选定。

5. 电动机直接起动时所需变频器容量的选定

通常，三相异步电动机直接用工频起动时的起动电流为其额定电流的5 ~ 7倍，直接起动时可按式(8-16)选取变频器的额定输出电流

$$I_N = I_K / K_g \tag{8-16}$$

式中　I_K——在额定电压、额定频率下电动机起动时的堵转电流（A）；

　　　　K_g——变频器的允许过载倍数，$K_g = 1.3 \sim 1.5$。

6. 多台电动机共用一台变频器供电

上述第 1～5 条仍然适用，还应考虑以下几点：

1）在电动机总功率相等的情况下，由多台小功率电动机组成的一组电动机效率比由台数少但电动机功率较大的一组低。因此，两者电流总值并不相等，可根据各电动机的电流总值来选择变频器。

2）在整定软起动、软停止时，一定要按起动最慢的那台电动机进行整定。

3）若有一部分电动机直接起动，可按式(8-17) 计算

$$I_N \geqslant \left[N_2 I_K + (N_1 - N_2) I_M \right] / K_g \tag{8-17}$$

式中　N_1——电动机总台数；

　　　N_2——直接起动时的电动机台数；

　　　I_K——电动机直接起动时的堵转电流（A）；

　　　I_M——电动机的额定电流（A）；

　　　K_g——变频器容许过载倍数，$K_g = 1.3 \sim 1.5$。

多台电动机依次进行直接起动，到最后一台时，起动条件最不利，并且当所有电动机均起动完毕后，还应满足 $I_N \geqslant N I_M$。

7. 容量选择注意事项

（1）并联追加投入起动

用 1 台变频器控制多台电动机的并联运转时，如果所有电动机同时起动加速，可按如前所述选择容量，但是对于一小部分电动机开始起动运行后再追加投入其他电动机起动的场合，此时变频器的电压、频率已经上升，追加投入的电动机将产生大的起动电流，因此，变频器容量比同时起动时相比要大些，变频器额定输出电流可按式(8-18) 计算

$$I_N \geqslant \sum_{}^{N_1} K I_{HN} + \sum_{}^{N_2} I_{SN} \tag{8-18}$$

式中　N_1——先起动的电动机台数；

　　　N_2——追加投入起动的电动机台数；

　　　I_{HN}——先起动电动机的额定电流（A）；

　　　I_{SN}——追加投入电动机的起动开始电流（A）。

（2）大过载容量

通用变频器的过载容量通常为 125%、60s 或 150%、60s，需要超过此过载容量时就必须增大变频器容量。例如，对于 125%、60s 的变频器，要求具有 180% 的过载容量时，必须在利用上面方法选定的 I_N 数值的基础上，再乘以 180%/125%；对于 150%、60s 的变频器，要求具有 200% 的过载容量时，必须在利用上面方法选定的 I_N 数值的基础上，再乘以 1.33。

（3）轻载电动机

电动机的实际负载比电动机的额定输出功率小时，多认为可选择与实际负载相称的变频器容量，但是对于通用变频器，即使实际负载小，使用比按电动机额定功率选择的变频器容量小的变频器并不理想，理由如下：

1）在空载时流过额定电流 30%～50% 的励磁电流。

2）起动时流过的起动电流与电动机施加的电压、频率相对应，而与负载转矩无关，如果变频器容量小，则此电流超过过电流容量往往不能起动。

3）如果电动机容量大，则以变频器容量为基准的电动机漏抗百分比变小，变频器输出电流的脉动增大，因而变频器容易产生过电流保护动作，电动机往往不能正常运转。

4）用通用变频器起动时，其起动转矩同用工频电流起动相比多数变小，根据负载的起动转矩特性有时不能起动。另外，在低速运转区的转矩有比额定转矩减小的倾向。用选定的变频器和电动机不能满足负载所要求的起动转矩和低速区转矩时，变频器和电动机的容量还需要再加大。例如，在某一速度下，需要最初选取的变频器和电动机额定转矩 70% 的转矩时，变频器和电动机的容量都要重新选择为最初选定容量的 1.4（70/50）倍以上。

（4）输出电压

变频器输出电压可按电动机的额定电压选定，按我国标准，可分成 220V 系列和 400V 系列两种。应当注意变频器的工作电压是按 U/f 曲线关系变化的，变频器规格表中给出的输出电压是变频器的可能最大输出电压，即基频下的输出电压。

（5）输出频率

变频器的最高输出频率根据机种不同而有很大的不同，有 50/60Hz、120Hz、240Hz 或更高。50/60Hz 的变频器，以在额定速度以下范围进行调速运转为目的，大容量通用变频器几乎都属于此类。最高输出频率超过工频的变频器多为小容量，在 50/60Hz 以上区域，由于输出电压不变，为恒功率特性，要注意在高速区转矩的减小。例如，车床等机床根据工件的直径和材料改变速度，在恒功率的范围内使用，在轻载时采用高速可以提高生产率，要注意不要超过电动机和负载的容许最高速度。

综合考虑以上几点，根据变频器的使用目的确定最高输出频率来选择变频器。

8.2　变频器外围设备的选择

在选定了变频器之后，接下来要根据实际需要选择与变频器配合工作的各种外围设备。正确选择变频器的外围设备主要有以下几个目的：

1）保证变频器驱动系统的正常工作。

2）提高对电动机和变频器的保护。

3）减小对其他设备的影响。

变频器的外围设备如图 8-4 所示。

8.2.1　断路器

断路器的功能主要是用于电源的通断，在出现过电流或短路事故时自动切断电源，防止发生过载或

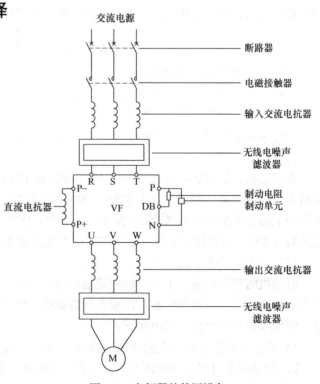

图 8-4　变频器的外围设备

短路时大电流烧毁设备的现象；如果需要进行接地保护，也可以采用漏电保护式断路器；在检修用电设备时，起隔离电源的作用。

现代断路器都具有过电流保护功能，选用时要充分考虑电路中是否有正常过电流，以防止过电流保护功能的误动作。

在变频器单独控制的主电路中，属于正常过电流的情况有以下几种：

1）变频器在刚接通电源的瞬间，对电容器的充电电流可高达额定电流的 2～3 倍。

2）变频器的进线电流是脉冲电流，其峰值经常可能超过额定电流。

3）一般通用变频器允许的过载能力为额定电流的 150%，持续运行 1min。

因此为了避免误动作，断路器的额定电流 I_{QN} 应选

$$I_{QN} \geqslant (1.3 \sim 1.4) I_N \tag{8-19}$$

式中　I_N——变频器的额定电流。

在电动机要求实现工频和变频的切换控制电路中，因为电动机有可能在工频下运行，故应按电动机在工频下的起动电流来进行选择，即

$$I_{QN} \geqslant 2.5 I_{MN} \tag{8-20}$$

式中　I_{MN}——电动机的额定电流。

8.2.2　接触器

1. 接触器的主要功能

接触器的主要功能为：

1）可通过按钮开关等方便地控制变频器的通电与断电。

2）变频器发生故障时，可自动切断电源。

2. 接触器的选择

根据接触器所连接位置的不同，其型号的选择也不尽相同。

（1）变频器输入侧接触器

由于变频器自身并无保护功能，不存在误动作的问题，因此选择的原则是：主触点的额定电流 I_{KN} 只需大于或等于变频器的额定电流，即

$$I_{KN} \geqslant I_N \tag{8-21}$$

（2）变频器输出侧接触器

在变频-工频切换的控制电路中，需要在变频器的输出侧连接接触器。因为变频器的输出电流中含有较强的谐波成分，其有效值略大于工频运行时的有效值，故主触点的额定电流 I_{KN} 应满足

$$I_{KN} \geqslant 1.1 I_N \tag{8-22}$$

（3）工频接触器

工频接触器的选择应考虑电动机在工频下的起动情况，其触点电流通常可按电动机的额定电流再加大一档（接触器的额定电流档）来选择。

8.2.3　输入交流电抗器

接在电网电源与变频器输入端之间的输入交流电抗器如图 8-5 所示，其主要作用是抑制变频器输入电流的高次谐波，明显改善功率因数和实现变频器驱动系统与电源之间的匹配。

输入交流电抗器为选购件，在以下情况下可考虑接入交流电抗器。

1）变频器所用之处的电源容量与变频器容量之比为 10:1 以上。

2）同一电源上接有晶闸管变流器负载或在电源端带有开关控制调整功率因数的电容器。

3）三相电源的电压不平衡度较大（≥3%）。

4）变频器的输入电流中含有许多高次谐波成分，这些高次谐波电流都是无功电流，使变频调速系统的功率因数降到 0.75 以下。

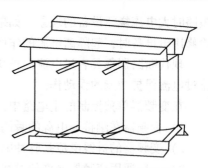

图 8-5　交流电抗器外形图

5）变频器的功率大于 30kW。

接入的交流电抗器应满足以下要求：

1）电抗器自身分布电容小。

2）自身的谐振点要避开抑制频率范围。

3）保证工频压降在 2% 以下，功率要小。

常用交流电抗器的规格见表 8-1。

表 8-1　常用交流电抗器的规格

电动机容量/kW	30	37	45	55	75	90	110	132	160	200	220
变频器容量/kW	30	37	45	55	75	90	110	132	160	200	220
电感量/mH	0.32	0.26	0.21	0.18	0.13	0.11	0.09	0.08	0.06	0.05	0.05

交流电抗器的型号规定为 ALC -□，其中，□为所用变频器的容量，单位为 kW，如 132kW 的变频器应该选择 ALC - 132 型电抗器。

8.2.4　无线电噪声滤波器

变频器的输入和输出电流中都含有很多高次谐波，这些高次谐波除了增加输入侧的无功功率、降低功率因数（主要是频率较低的谐波电流）外，频率较高的谐波电流以各种方式把自己的能量传播出去，形成对其他设备的干扰，严重的甚至还可能使某些设备无法正常工作。

滤波器是用来削弱高频率谐波电流的，防止变频器对其他设备造成干扰。滤波器主要由滤波电抗器和电容组成，图 8-6a 所示为输入侧滤波器，图 8-6b 所示为输出侧滤波器。应注意的是，变频器输出侧的滤波器中，电容器只能接在电动机侧，且应串入电阻，防止逆变器因电容的充、放电而受冲击。

滤波电抗器的结构如图 8-7 所示，由各相的连接线在同一个磁心上按相同方向绕 4 圈（输入侧）或 3 圈（输出侧）构成。需要说明的是，三相的连接线必须按相同方向绕在同一个磁心上，其基波电流的合成磁场为 0，对基波电流没有影响。

在对防止无线电干扰要求较高及要求符合 CE、UL 和 CSA 标准的使用场合，或变频器周围有抗干扰能力不足的设备等情况下，均应使用滤波器。安装时注意接线尽量缩短，滤波器应尽量靠近变频器。

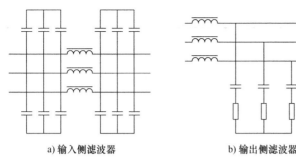

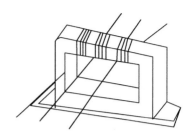

a) 输入侧滤波器   b) 输出侧滤波器

图 8-6 无线电噪声滤波器   图 8-7 滤波电抗器的结构

8.2.5 制动电阻及制动单元

1. 制动电阻

制动电阻及制动单元的功能是当电动机因频率下降或重物下降（如起重机械）而处于再生制动状态时，避免在直流回路中产生过高的泵生电压。制动电阻的选择包括阻值及容量两方面。

制动电阻 R_B 的大小

$$R_B = \frac{U_{DH}}{2I_{MN}} \sim \frac{U_{DH}}{I_{MN}} \tag{8-23}$$

式中 U_{DH}——直流回路电压的允许上限值（V），在我国 $U_{DH} \approx 600V$。

电阻的功率 P_B

$$P_B = \frac{U_{DH}^2}{\gamma R_B} \tag{8-24}$$

式中 γ——修正系数。

（1）在不反复制动的场合

设 t_B 为每次制动所需时间，t_C 为每个制动周期所需时间，如果每次制动时间小于 10s，可取 $\gamma = 7$；如果每次制动时间超过 100s，可取 $\gamma = 1$；如果每次制动时间在两者之间，则 γ 大体可按比例算出。

（2）在反复制动的场合

如果 $t_B/t_C \leqslant 0.01$，取 $\gamma = 5$；如果 $t_B/t_C \geqslant 0.15$，取 $\gamma = 1$；如果 $0.01 < t_B/t_C < 0.15$，则 γ 大体可按比例算出。

（3）常用制动电阻的阻值与容量的参考值见表 8-2。

表 8-2 常用制动电阻的阻值与容量的参考值（电源电压为 380V）

电动机容量/kW	电阻值/Ω	电阻功率/kW	电动机容量/kW	电阻值/Ω	电阻功率/kW
0.40	1000	0.14	5.50	110	1.30
0.75	750	0.18	7.50	75	1.80
1.50	350	0.40	11.0	60	2.50
2.20	250	0.55	15	50	4.00
3.70	150	0.90	18.5	40	4.00

（续）

电动机容量/kW	电阻值/Ω	电阻功率/kW	电动机容量/kW	电阻值/Ω	电阻功率/kW
22	30	5.00	110	7.0	27
30.0	24	8.0	132	7.0	27
37	20.0	8	160	5.0	33
45	16.0	12	200	4.0	40
55	13.6	12	220	3.5	45
75	10.0	20	280	2.7	64
90	10.0	20	315	2.7	64

由于制动电阻的容量不容易准确掌握，如果容量小，则极易烧坏，所以制动电阻箱内应附加热继电器。

2. 制动单元

一般情况下根据变频器的容量进行配置即可。

8.2.6　直流电抗器

直流电抗器可将功率因数提高至 0.9 以上。由于其体积较小，因此许多变频器已将直流电抗器直接装在变频器内。

直流电抗器除了提高功率因数外，还可削弱在电源刚接通瞬间的冲击电流。如果同时配用交流电抗器和直流电抗器，则可将变频调速系统的功率因数提高至 0.95 以上。直流电抗器的外形如图 8-8 所示。

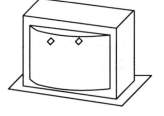

图 8-8　直流电抗器

常用直流电抗器的规格见表 8-3。

表 8-3　常用直流电抗器的规格

电动机的容量/kW	30	37 ~ 55	75 ~ 90	110 ~ 132	160 ~ 200	220	280
允许电流/A	75	150	220	280	370	560	740
电感量/μH	600	300	200	140	110	70	55

8.2.7　输出交流电抗器

接在变频器输出端和电动机之间的输出交流电抗器，其主要作用是为了降低变频器输出中存在的谐波产生的不良影响，具体包括以下两方面内容。

（1）降低电动机噪声

在利用变频器进行调节控制时，由于谐波的影响，电动机产生的电磁噪声和金属音噪声大于采用电网电源直接驱动的电动机噪声。通过接入电抗器，可以将噪声由 70 ~ 80dB 降低到 5dB 左右。

（2）降低输出谐波的不良影响

当负载电动机的阻抗比标准电动机小时，随着电动机电流的增加有可能出现过电流，变频器限流动作，以至于出现得不到足够大转矩、效率降低及电动机过热等异常现象。当这些现象出现时，应该选用输出电抗器使变频器的输出平滑，减小输出谐波产生的不良影响。

输出交流电抗器是选购件，当变频器干扰严重或电动机振动时可考虑接入。输出交流电抗器的选择与输入交流电抗器相同。

8.3 变频器的干扰及抑制

在变频器的输入和输出电路中，除频率较低的谐波成分外，还存在许多高频率的谐波电流。这些谐波电流除了增加输入侧的无功功率、降低功率因数（主要是频率较低的谐波电流）外，还将以各种方式把自己的能量传播出去，形成对其他设备的干扰，严重的甚至使一些设备无法正常工作。本节重点介绍谐波的产生及抑制。

8.3.1 外部对变频器的干扰

1. 晶闸管换流设备对变频器的干扰

当供电网络中有容量较大的晶闸管换流设备时，由于晶闸管总是在每相半周期内的部分时间导通，容易使网络电压出现凹陷，使变频器输入侧的整流电路有可能因较大的反向电压而受到损害，如图 8-9 所示。

2. 补偿电容的投入和切出对变频器的干扰

在电源侧电容补偿柜的投入或切出的暂态过程中，网络电压可能出现很高的峰值，可能使变频器的整流二极管因承受过高的反向电压而击穿，如图 8-10 所示。

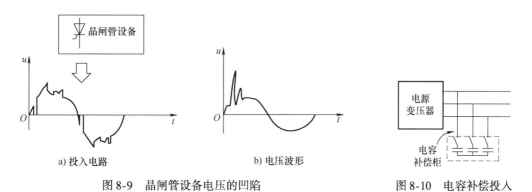

图 8-9　晶闸管设备电压的凹陷

图 8-10　电容补偿投入

8.3.2 变频器对外部的干扰

在变频器输入电流、输出电流与电压中含有较强的高次谐波成分，如图 8-11 中 1、2、3 所示。它们对其他控制设备形成干扰，影响其他设备正常工作。

1. 输入电流

交-直-交电压型变频器的输入侧是整流和滤波电路，如图 8-12a 所示。只有当电源线电压的瞬时值 u 大于电容器两端的直流电压 U_d 时，整流桥中才有充电电流，如图 8-12b 所示。因此，充电电流总是出现在电源电压的振幅值附近，呈现不连续的冲击波形，具有很大的高次谐波成分，如图 8-12c 所示。图 8-12d 所示为谐波分析，可以看出输入电流的 5 次谐波和

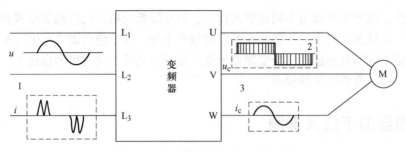

图 8-11　变频器的电压、电流波形

7 次谐波分量是很大的。谐波电流对接于同一电源的设备带来过热、噪声和误动作等不良影响，影响的程度与变频器的容量成正比，这些干扰称为对电网的污染。为了消除这些不良污染，有关部门规定了变频器输入谐波应控制在标准范围内。此外，谐波电流影响功率因数，谐波电流越大，功率因数越小。受谐波电流影响，变频调速系统的功率因数降低，约为 $0.7 \sim 0.75$，因此必须采取适当措施加以抑制或消除，提高整个变频调速系统的运行效率。

2. 输出电流

大多数变频器的逆变电路都采用 SPWM 方式，其输出电压为占空比按正弦规律分布的系列矩形波，如图 8-13a 所示，这种具有陡边沿的脉冲信号产生很强的电磁干扰，尤其是输出电流，其中含有许多与载波频率相等的谐波分量，如图 8-13b 所示，它们以各种方式把自己的能量传播出去，形成对其他设备的干扰。

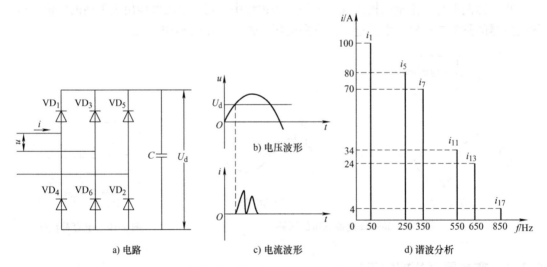

图 8-12　输入波形及其谐波分析

3. 电磁波干扰的传播方式

变频器开关器件快速通断产生的高次谐波，通过静电感应和电磁感应成为电波噪声，造成干扰；变频器内电子线路也可能产生电磁辐射电波形成噪声。上述噪声对周边设备造成电磁干扰，传播方式主要有 3 种，如图 8-14 所示，第一种是通过电源线传播；第二种是由辐射至空中的电磁波和磁场直接传播；第三种通过导体间的感应传播。

（1）电路传导方式

通过相关线路传播干扰信号，变频器输入电流干扰信号通过电源网络传播，变频器输出

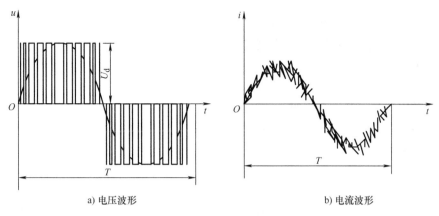

a) 电压波形　　　　　　　　　　　　b) 电流波形

图 8-13　输出电压、电流波形

侧干扰信号通过漏电流的形式传播。这种通过线路传播干扰信号的传导噪声影响通信设备及测量仪器等的正常工作，造成误差。

（2）空中辐射方式

频率很高的谐波分量向空中以电磁波的方式辐射，形成辐射噪声，进而对其他设备造成干扰。这种辐射噪声的幅值在 150kHz ~ 1.5MHz 的中频段较大，而在超过 30MHz 的带域则减小。

（3）感应方式

1）电磁感应方式：电流干扰信号的主要传播方式。由于变频器的输入电流和输出电流中的

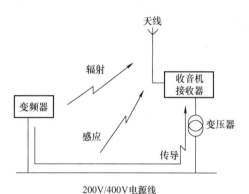

图 8-14　电磁波干扰的传播方式

高频成分产生高频磁场，该磁场的高频磁力线穿过其他设备的控制线路产生感应干扰电流。

2）静电感应方式：这是电压干扰信号的主要传播方式，由变频器输出的高频电压波通过线路的分布电容传播给主电路。干扰通过导体之间的互相感应在被感应导电体中出现噪声，造成干扰，其对象仍为通信设备、测量仪器等。必须指出，变频器受到外界电波的干扰，必须采取防范措施，主要是加强屏蔽。这种既不干扰别的设备，又能防止别的设备干扰的功能称为电磁兼容（EMC）。

8.3.3　变频调速系统的抗干扰措施

针对上述干扰信号的不同传播方式，可以采取以下几种相应的抗干扰措施。

1. 合理布线

合理布线能够在相当大的程度上削弱干扰信号的强度，布线时应遵循以下几个原则。

（1）远离原则

其他设备的电源线和信号线应尽量远离变频器的输入/输出线，干扰信号的大小与受干扰控制线和干扰源之间距离的二次方成反比。有数据表明，如果受干扰的控制线距离干扰源 30cm，则干扰强度削弱 1/2 ~ 2/3。弱电控制线距离电力电源线至少 100mm 以上，且绝对不可放在同一导线槽内。

（2）不平行原则

控制线在空间上应尽量和变频器的输入输出线交叉，最好是相交时要成直角。如果控制线和变频器的输入/输出线平行，两者间的互感较大，分布电容也大，电磁感应和静电感应的干扰信号更大。

（3）相绞原则

控制线采用屏蔽双绞线，双绞线的绞距在 15mm 以下。

两根控制线相绞能够有效地抑制差模干扰信号，因为两个相邻绞距中，通过电磁感应产生的干扰电流的方向相反，如图 8-15 所示。

2. 削弱干扰源

（1）接入电抗器

1）交流电抗器。当电源容量大（即电源阻抗小）时输入电流的高次谐波增高，使整流二极管或电解电容器的损耗增大而发生故障。为了减小外部干扰，当电源容量大于 500kV·A 或电源容量大于变频器额定容量 10 倍以上时，需要在电源与变频器的输入侧串联交流电抗器，如图 8-16 所示。

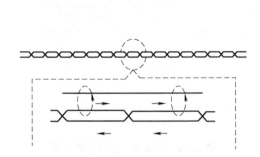

图 8-15　控制线相绞

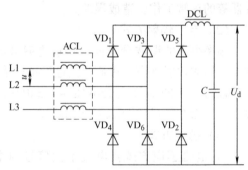

图 8-16　交流电抗器和直流电抗器

交流电抗器的主要功能：

① 削弱高次谐波电流，可将功率因数提高到 0.85 以上。

② 削弱冲击电流。电源侧短暂的尖峰电压可能引起较大的冲击电流，交流电抗器起到缓冲作用。例如，在电源侧投入补偿电容（用于改善功率因数）的过渡过程中，有可能出现较高的尖峰电压等。

③ 削弱三相电源电压不平衡的影响。

常用交流电抗器的规格参见表 8-1。

2）直流电抗器。直流电抗器串联在整流桥和滤波电容器之间，如图 8-16 中的 DCL。

直流电抗器可削弱在电源刚接通瞬间的冲击电流。如果同时配有交流电抗器和直流电抗器，则变频调速系统的功率因数可达 0.95，不少变频器内已直接装有直流电抗器。

常用直流电抗器的规格参见表 8-3。

3）输出电抗器。由变频器驱动的电动机，其振动和噪声比用常规电网驱动的要大，这是因为变频器输出的谐波增加了电动机的振动和噪声。在变频器和电动机之间加入降低噪声用电抗器，具有缓和金属音质的效果。输出电抗器的连接如图 8-17 所示。

要求输出电抗器在最高频率下工作时，电抗器上的电压降不得超过额定电压的 2% ~ 5%。

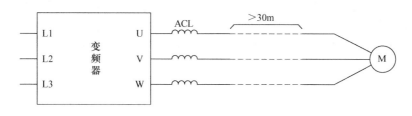

图 8-17　接入输出电抗器

（2）接入滤波器

滤波器要串联在变频器的输入和输出电路中，由线圈和电容器组成，主要用于抑制具有辐射能力的高频谐波电流，减小噪声，如图 8-18 所示。在变频器的输出侧接入滤波器时，要注意其电容器只能接在电动机侧，且应串入电阻，防止逆变管因电容器的充/放电而受到冲击。

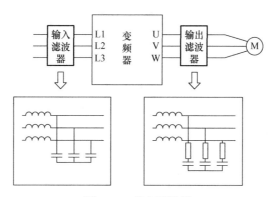

图 8-18　接入滤波器

（3）降低载波频率

变频器输出侧谐波电流的辐射能力、电磁感应和静电感应能力都和载波频率有关，适当降低载波频率，对抑制干扰有利。

3. 对线路进行屏蔽

屏蔽的主要作用是吸收和削弱高频电磁场。

（1）主电路的屏蔽

主电路的高频谐波电流是干扰其他设备的主体，其电流是几安、几十安甚至几百安级的，高次谐波电流所产生的高频电磁场较强，因此，抗干扰的着眼点是如何削弱高频电磁场。三相高次谐波电流可以分为正序分量、逆序分量和零序分量。其中，正序分量和逆序分量的三相之间都是互差 $2\pi/3$ 电角度的，它们的合成磁场等于 0，只有三相零序分量是同相位的，互相叠加，产生强大的电磁场。削弱的方法是采用四芯电缆，如图 8-19a 所示。这四根电缆线将切割零序电流的磁场产生感应电动势，并和屏蔽层构成回路产生感应电流。根据楞次定律，该感应电流必将削弱零序电流的磁场，所以主电路的屏蔽层两端都接地。

（2）控制电路的屏蔽

控制电路是干扰的"受体"，控制电路的屏蔽主要是防止外来干扰信号窜入控制电路，常用的方法是采用屏蔽线。屏蔽层的作用是阻挡主电路的高频电磁场，但它在阻挡高频电磁场的同时，屏蔽层也会因切割高频电磁场而受到感应。当一端接地时，因不构成回路而产生不了电流，如图 8-19b 所示，如果两端接地，则有可能与控制电路构成回路，在控制电路中产生干扰电流。

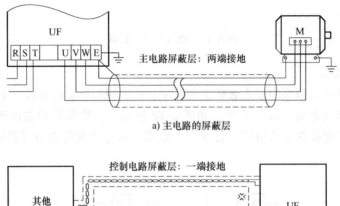

a) 主电路的屏蔽层

b) 控制电路的屏蔽层

图 8-19　主电路和控制电路的屏蔽图

4. 隔离干扰信号

（1）电源隔离

电源隔离是防止线路传播的最有效方法，有以下两种情形：

1）可在变频器的输入侧加入隔离变压器。

2）对于一些容量较小的受干扰设备，可在受干扰设备前接入隔离变压器，防止窜入电网的干扰信号进入仪器。

（2）信号隔离

信号隔离是设法使已经窜入控制线的干扰信号不进入仪器，隔离器件常采用光电耦合器。

5. 准确接地

设备接地的主要目的是为了确保安全，但对于一些具有高频干扰信号的设备，具有把高频干扰信号引入大地的功能。接地时，应注意以下几点：

1）接地线应尽量粗一些，接地点应尽量靠近变频器。

2）接地线应尽量远离电源线。

3）变频器所用的接地线，必须和其他设备的接地线分开；必须绝对避免把所有设备的接地线连在一起后再接地，如图 8-20 所示。

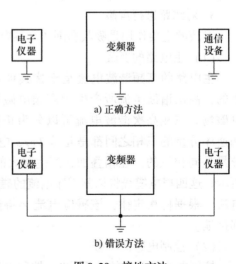

图 8-20　接地方法

4）变频器的接地端子不能和电源的"零线"相接。

8.4　变频器的维护

变频器内部包含功率晶体管、晶闸管和 IC 等半导体器件，以及电容、电阻、冷却风扇和继电器等元件，是一个相当复杂的精密设备。尽管新一代通用变频器的可靠性已经很高，但由于温度、湿度、灰尘和振动等使用环境的影响，以及零部件长年累月的变化，或者由于使用不当，变频器仍可能发生故障或出现运行不佳等情况，因此日常维护与定期检查必不可少。

1. 维修保养时应遵照的准则

因为变频器既是含有微处理器等半导体芯片的精密电子设备，又是处理着数千瓦到数百千瓦的电力动力设备，所以在进行通电前检查、试运行、调整及维修保养时都必须十分注意，并严格遵照下面的基本准则。

1）由于内部存在大电容，在切断了变频器的电源之后与充电电容有关的部分仍可能短时残存电压，因此在"充电"指示灯完全熄灭之前不应触摸有关部分。

2）出厂前，厂家已对变频器进行了初始设定，不要任意改变这些设定。在改变了初始设定后又希望恢复初始设定值时，一般需要进行初始化操作。

3）变频器的控制电路中使用了许多 CMOS 芯片，维修保养时不要用手直接触摸芯片，否则可能使芯片因静电作用而击穿。

4）通电状态下不允许改变接线和拔插连接插头等操作。

5）变频器工作过程中不允许对电路信号进行检查，因为在连接测试仪表时出现的噪声及误操作可能会引起变频器故障。

6）必须保证变频器的接地端子可靠接地。

7）不允许将变频器的输出端子（U、V、W）接在交流电网电源上。

2. 日常检查项目

如果变频器使用合理、维护得当，能延长使用寿命，并减少因突然故障而造成的生产损失。

日常检查指变频器通电运行时，从外部目测变频器的运行状况，确认有无异常情况。

通常检查运行性能和周围环境是否符合要求、面板显示是否正常、有无异常噪声和过热现象。一般情况下，可按下列顺序检查系统的运行情况。

1）变频器的运行环境，包括环境温度、湿度、有害气体、灰尘及振动等。主要看周围环境是否符合标准规范，温度与湿度是否正常，变频器控制系统是否有积聚尘埃等情况。

2）变频器的运行参数，尤其是主电路输入电压与控制电压是否在允许范围之内，输出电压是否对称。

3）冷却系统的运行情况，主要检查风扇、空气过滤器、散热器及散热通道。例如冷却风扇是否运转正常、有无异常声音或异常振动、螺栓类是否松动、有无因过热而出现变色等现象。

4）变频器、电动机、变压器、电抗器和电缆等是否过热、变色、有异味，铁心有无异常声响。

5）变频器与电动机是否有异常振动，外围电气元件是否有松动等异常现象。

6）各种显示是否正常，是否缺少字符。

3. 定期检查项目

变频器需做定期检查时，必须停止运行并切断电源打开机壳后进行。值得注意的是，即使变频器切断了电源，主电路直流回路部分的滤波电容放电也需要一段时间，因此只能在充电指示灯完全熄灭后，用万用表等确认直流电压已经降到安全电压（25V）以下，才能进行检查。

主要检查变频器内部框架和电路板上的螺栓及紧固件是否松动，连接导线有无变色老化，电容器、晶体管等元器件有无泄漏和外壳变形，冷却风机和通风口是否畅通等。定期检查的重点应放在变频器运行时无法检查的部位。

定期检查是在允许变频器暂时停机后进行的内部检查，可按下列顺序进行：

1）清扫空气过滤器，同时检查冷却系统是否正常。

2）检查螺钉、螺栓等紧固件是否松动，进行必要的紧固。

3）导体绝缘物是否有腐蚀过热的痕迹、变色或破损。

4）检查绝缘电阻是否在正常范围内。

5）检查及更换冷却风扇、滤波电容和接触器等。

6）检查端子排是否有损伤，触点是否粗糙。

7）确认控制电压的正确性，进行顺序保护动作实验，确认保护、显示回路无异常。

8）确认变频器在单体运行时输出电压的平衡度。

一般的定期检查应一年一次，绝缘电阻检查可以三年一次。

4. 零部件的更换

变频器由多种部件组装而成，某些部件经过长期使用后性能会降低、劣化，这是故障发生的主要原因。为了长期安全使用，某些部件必须及时更换。

1）更换冷却风扇。变频器内的冷却风扇是设备散热的重要手段，能保证变频器工作在允许温度以下。冷却风扇的寿命受限于轴承，大约为（10 ~ 35）× 10^3 h。冷却风扇是变频器的损耗件，有定期强制更换的要求。冷却风扇的更换标准通常是正常运行3年，或者累计运行15000h。

2）更换滤波电容器。在中间直流回路使用的是大容量电解电容器，长时间使用后，由于脉冲电流、周围温度及使用条件等因素的影响，其性能劣化。滤波电容器和冷却风扇一样，是变频器的损耗件，有强制更换的要求。滤波电容的更换标准通常是正常运行5年，或者累计运行30000h。有条件的情况下，也可以在检测到实际电容量低于标称值的85%时进行更换。

3）定时器使用数年后动作时间有很大变化，在检查动作时间有变化后进行更换。继电器和接触器经过长久使用发生接触不良现象，需要根据开关寿命进行更换。

4）熔断器的额定电流要大于负载电流。在正常使用条件下，寿命约为10年，可按此时间更换。

8.5　变频器的常见故障及处理

8.5.1　变频器常见故障及处理方法

新一代高性能的变频器具有可靠性高、报警及保护功能完善等特点，所以只要使用方法得当，一般来说，变频器是很少发生故障的。但是，由于设计不当或负载的突然变化等原因，在变频器调试和使用过程中还是会出现系统故障而使变频器报警和停止工作。了解变频器的常见故障及相应的处理办法，对正确使用变频器、保证变频器的使用寿命是非常必要的。

变频器常见的故障有过电流、过电压、欠电压、过热和过载等。

故障的产生原因可能是由于运行条件、参数设置和设备本身故障等造成的。

1. 过电流

过电流是变频器报警最频繁的现象，主要用于保护变频器。这一故障可能出现在变频器工作过程、升速过程或降速过程中的各个阶段。造成这种故障的主要原因可能是：参数设置不当、变频器本身故障（模块损坏、驱动电路损坏和电流检测电路损坏）、负载过重、输出电路相间或对地短路等。

1）若拖动系统在工作过程中出现过电流，主要原因可能有如下几点：

① 电动机遇到冲击负载，或传动机构出现"卡住"现象，从而引起电动机电流的突然增加。

② 变频器的输出侧出现短路，如输出端与电动机之间的连接线发生短路，或电动机内部发生短路。

③ 变频器自身工作不正常，如逆变桥中同一桥臂的两个逆变器件由于本身老化、过热等原因导致变频器出现异常。

2）在升速过程中，如果负载惯性较大，而升速时间设定太短，会出现过电流。这是因为如果升速时间设定太短，则在升速过程中，变频器的工作频率快速上升，电动机的同步转速 n_0 迅速上升，但电动机转子的转速 n_m 由于负载的惯性作用而无法迅速上升，从而导致转子绕组切割磁力线的速度太快，使升速电流增加。

3）在降速过程中，如果负载惯性较大，而降速时间设定太短，也会出现过电流。这是因为如果降速时间设定太短，在降速过程中，电动机的同步转速迅速下降，而电动机转子因负载的惯性大仍维持较高的转速，导致转子绕组切割磁力线的速度太快，使降速电流增加。

由于负载的经常变动，在工作过程中、升速或降速过程中，短时间的过电流不可避免。发生过电流故障时，首先应查看变频器显示屏上的故障代码，并检查故障发生时的实际电流，然后根据装置及负载状况判断故障发生的具体原因。

2. 过电压

过电压故障同过电流故障一样，可能出现在变频器的工作过程中、升速过程中或降速过程中。引起过电压跳闸的主要原因可能是：输入电源电压过高；降速时间设定太短；降速过程中再生制动的放电单元工作不理想，包括来不及放电（应增加外接制动电阻和制动单元）和放电支路发生故障，实际并不放电。

进行过电压保护的"采样电压"是从主电路的直流回路中取出的，正常情况下，变频器直流电压为三相全波整流后的平均值。若以 380V 线电压计算，则平均直流电压 $U_d = 1.35U_{\text{线}} = 513V$。发生过电压时，直流母线的储能电容被充电，当电压上升至 760V 左右时，变频器过电压保护动作。因此，对任一变频器来说，都有一个正常的工作电压范围，当电压超过这个范围时很可能损坏变频器。对于电源过电压，一般规定电源电压的上限，不能超过额定电压的 10%。

常见的过电压有以下两类。

（1）输入交流电源过电压

这种情况是指输入电压超过正常范围，一般多发生在节假日负载较轻，电压升高或降低导致线路出现故障，此时最好的解决办法是断开电源，然后检查、处理。需要注意的是，如果输入的交流电源本身电压过高，变频器是没有保护能力的。因此，在试运行时必须确认所用交流电源在变频器的允许输入范围内。

（2）发电类过电压

这种情况出现的概率比较高，主要是由于变频器没有安装制动单元，当电动机的实际转速比同步转速高时，使电动机处于发电状态时造成的。主要有如下两种状况：

一是当变频器拖动大惯性负载时，如果其减速时间设定得比较小，在减速过程中，变频器输出的速度比较快，而负载靠本身阻力减速比较慢，使负载拖动电动机的转速比变频器输出的频率所对应的转速还要高，电动机处于发电状态，这部分再生制动电流沿着逆变电路回馈到变频器的直流母线上，从而使变频器的直流母线电压升高，当升高到设定值时会发生过电压故障。

二是多个电动机拖动同一个负载时也可能出现这一故障，主要是由于没有负荷分配引起的。以两台电动机拖动一个负载为例，当一台电动机的实际转速大于另一台电动机的同步转速时，转速高的电动机相当于原动机，转速低的电动机处于发电状态，引起过电压故障。

在升速过程中出现的过电压，可以采取暂缓升速的办法来防止过电压跳闸；在降速过程中出现的过电压，可以采取暂缓降速的办法来防止过电压跳闸。

变频器制动过程中，如果没有能量回馈单元，或再生制动单元工作不理想或发生故障，将直接造成变频器直流回路电压升高，出现过电压故障，处理方法是可以增加再生制动单元。

3. 欠电压

当外部电源降低或变频器内部故障使直流母线电压降至保护值以下时，欠电压保护动作。欠电压是在使用中经常遇到的故障，引起欠电压跳闸的原因可能有：电源电压过低、电源断相和变频器内部发生故障等。

当外部电源降低时，主回路电压降低，当低至设定值时引起欠电压故障。欠电压动作值在一定范围内可以设定，动作方式可以通过参数设定，在许多情况下，需要根据现场情况设定该保护模式。例如，在具有电炉炼钢的钢铁企业，电炉炼钢时的电流波动极大，如果电源容量不足够大，可能会引起交流电源电压的大幅波动，这对变频器的稳定运行是个极大的问题，在这种情况下，需要通过参数改变保护模式，防止变频器经常处于保护状态。

当变频器内部器件发生故障时，也会引起欠电压。例如，整流桥某一路损坏或晶闸管三路中出现工作不正常状况，都有可能导致欠电压故障的出现；主回路接触器损坏，使直流母线电压损耗在充电电阻上，可能导致欠电压；如果电压检测电路发生故障，也会出现欠电压问题。

对于电源方面引起的欠电压，变频器设定保护动作电压。但通常动作电压较低，这是由于新系列的变频器都有各种补偿功能，使电动机能够继续运行。

对于变频器内部器件发生故障造成的欠电压，应该检查，及时更换。

4. 过热

过热是一种比较常见的故障。过热保护主要有风扇运转保护、逆变模块散热板的过热保护和制动电阻的过热保护。

过热产生的主要原因有周围环境温度过高、风道阻塞、散热风扇堵转、模块异常、模块与散热器接触不良和温度检测电路异常等。

变频器的内装风扇是变频器主电路的整流与中间直流环节箱体散热的主要手段，它将保证逆变器和其他控制电路正常工作。在变频器内，逆变模块是产生热量的主要部件，也是最重要的部件。夏季如果变频器操作室的制冷、通风不佳，环境温度升高，经常发生过热保护跳闸。

发生过热保护跳闸时，应检查变频器内部的风扇是否损坏，操作室温度是否偏高，变频器的实际温度是否过高（若变频器温度正常，发生过热保护，说明温度检测电路有故障），制动电阻是否长时间运行而过热，并且采取措施进行强制冷却，保证变频器的安全运行。

5. 输出不平衡

输出不平衡一般表现为电动机抖动，转速不稳，产生的主要原因有电动机的绕组或变频器到电动机之间的传输线发生单相接地、模块损坏、驱动电路损坏和电抗器损坏等。

例如，一台 11kW 的变频器出现故障，输出电压不平衡，大约相差 100V。

解决过程：首先，检查变频器到电动机之间的传输线路，一切正常。然后，打开机器初步在线检查，逆变模块没有问题，六路驱动电路也没发现故障。将其模块拆下后，测量发现大功率晶体管不能正常导通和关闭，说明该模块已经损坏。

6. 过载

过载主要用于保护电动机，是变频器跳动比较频繁的故障之一。过载主要包括变频器过载和电动机过载，过载故障产生的原因包括加速时间太短、直流制动量过大、电网电压太低和负载过重等。

常规的电动机控制电路用具有反时限的热继电器进行过载保护。在变频器内，由于能够方便而准确地检测电流，并且可以通过精确的计算，实现反时限的保护特性，从而大大提高了保护的可靠性和精确性，能实现与热继电器类似的保护功能，称为电子热保护器或电子热继电器。电子热保护器通过微机运算，其反时限特性与电动机的发热和冷却特性相吻合，比较准确地计算出保护的动作时间。因此，在一台变频器控制一台电动机的情况下，变频调速系统中可以不用接入热继电器。

电动机过载后产生的热量不断增加，温升升高，过载电流越大，温升越快。利用反时限保护，电动机电流越大，动作时间越短。

一般来讲，电动机由于过载能力较强，而变频器本身过载能力较差，所以只要变频器参数表的电动机参数设置得当，一般不会出现电动机过载。出现过载报警时，如果变频器的容量没有比电动机的容量加大一档或两档，则应首先分析判断究竟是电动机过载还是变频器自身过载，可以通过检测变频器输出电压和输出电流来确定。

发生过载故障后，一般可通过延长加速时间、延长制动时间和检查电网电压等措施来解决。负载过重，可能是所选的电动机和变频器不能拖动该负载，也可能是由于机械润滑不好引起的。如是前者，则必须更换大功率的电动机和变频器；如是后者，则要对生产机械进行检修。

8.5.2　MM440 变频器常见故障及报警信息

1. MM440 变频器常用查障方法

（1）SDP（状态显示板）查障

如果 MM440 变频器使用 SDP 进行操作控制，则当发生故障时，可以通过 SDP 上的两个状态指示灯来判断故障信息。

SDP 显示的变频器故障信息见表 8-4。

表 8-4　SDP 显示的变频器故障状态信息

LED 指示灯状态		变频器故障状态
绿色	黄色	
OFF	闪光，闪光约 1s	过电流
闪光，闪光约 1s	OFF	过电压
闪光，闪光约 1s	ON	电动机过温
ON	闪光，闪光约 1s	变频器过温
闪光，闪光约 1s	闪光，闪光约 1s	电流极限报警（两个 LED 同时闪光）
闪光，闪光约 1s	闪光，闪光约 1s	其他报警（两个 LED 交替闪光）
闪光，闪光约 1s	闪光，闪光约 0.3s	欠电压跳闸/欠电压报警
闪光，闪光约 0.3s	闪光，闪光约 1s	变频器不在准备状态
闪光，闪光约 0.3s	闪光，闪光约 0.3s	ROM 故障（两个 LED 同时闪光）
闪光，闪光约 0.3s	闪光，闪光约 0.3s	RAM 故障（两个 LED 交替闪光）

（2）BOP 查障

如果变频器上安装有基本操作面板（BOP），当发生故障时，BOP 上显示故障代码，A××××表示警报信号，F××××表示故障信号。如果安装的是高级操作面板（AOP），则在出现故障或不正常运行状态时，将在液晶显示屏上显示故障码和报警码。

通过故障码和报警码可以查出相应的状态信息，方便、快速地解决各种故障，保证变频器的安全，可靠运行。

2. MM440 变频器常见故障信息

当变频器出现故障时，变频器跳闸，并在变频器的 SDP 或 BOP 上有相应的指示（SDP 上的指示灯以不同方式闪烁，BOP 上显示故障代码），同时使电动机处于自由运转状态并逐渐停止运转。故障消除后，用复位键输入复位信号方可解除跳闸状态。

为了使故障码复位，可以采用以下三种方法中的一种：

1）重新给变频器加上电源电压。

2）按下 BOP 或 AOP 上的 Fn 键。

3）通过 DN3 端子（默认设置）进行复位。

BOP 上显示变频器故障状态信息见表 8-5。

表 8-5　BOP 上显示变频器故障状态信息

故障码	变频器故障原因	故障诊断和应采取的措施
F0001 过电流	① 电动机的功率（P0307）与变频器的频率（P0206）不对应 ② 电动机电缆太长 ③ 电动机的导线短路 ④ 有接地故障	① 电动机的功率（P0307）必须与变频器的功率（P0206）相对应 ② 输入变频器的电动机参数必须与实际使用的电动机参数相对应 ③ 电缆的长度不得超过允许的最大值 ④ 电动机的电缆和电动机内部不得有短路或接地故障 ⑤ 输入变频器的定子电阻值 P0350 必须正确无误 ⑥ 电动机的冷却风道必须畅通，电动机不得过载 ⑦ 增加斜坡时间来减少电流提升的数值
F0002 过电压	① 禁止直流回路电压控制器（P1240 = 0） ② 直流回路的电压（r0026）超过了跳闸电平（P2172） ③ 由于供电电源电压过高，或者电动机于再生制动方式下引起过电压 ④ 斜坡下降过快，或者电动机由大惯量负载带动旋转而处于再生制动状态下	① 电源电压（P0210）必须在变频器铭牌规定的范围以内 ② 直流回路电压控制器必须有效（P1240）而且正确地进行了参数化 ③ 斜坡下降时间（P1121）必须与负载的惯量相匹配 ④ 要求的制动功率必须在规定的限定值以内 注意：负载的惯量越大，需要的斜坡时间越长
F0003 欠电压	① 供电电源故障 ② 冲击负载超过了规定的限定值	① 电源电压（P0210）必须在变频器铭牌规定的范围以内 ② 检查电源是否短时掉电或有瞬时的电压降低
F0004 变频器过热	① 冷却风量不足 ② 环境温度过高	① 负载的情况必须与工作/停止周期相适应 ② 变频器运行时冷却风机必须正常运转 ③ 调制脉冲的频率必须设定为默认值 ④ 环境温度可能高于变频器的允许值 P0949 = 1：整流器过热 P0949 = 2：运行环境过热 P0949 = 3：电子控制箱过热
F0005 变频器 I^2t 过热保护	① 变频器过载 ② 工作/间隙周期时间不符合要求 ③ 电动机功率（P0307）超过变频器的负载能力（P0206）	① 负载的工作/间隙周期时间不得超过指定的允许值 ② 电动机的功率（P0307）必须与变频器功率（P0206）相匹配

（续）

故障码	变频器故障原因	故障诊断和应采取的措施
F0011 电动机过热	电动机过载	① 负载的工作/间隙周期必须正确 ② 标称的电动机温度超限值（P0626 ~ P0628）必须正确 ③ 电动机温度报警电平（P0604）必须匹配
F0012 变频器温度 信号丢失	变频器（散热器）的温度传感器断线	检查散热器的温度传感器接线
F0015 电动机温度 信号丢失	电动机的温度传感器开路或短路。如果检测到信号已经丢失，温度监控开关便切换为监控电动机的温度模型	检查电动机的温度传感器
F0020 电源断相	如果三相输入电源电压中的一相丢失，便出现故障，但变频器的脉冲仍然允许输出，变频器仍然可以带负载	检查输入电源各相的线路
F0021 接地故障	如果相电流的总和超过变频器额定电流的5%，将引起这一故障	检查是否有接地故障
F0022 功率组件故障	下列情况将引起硬件故障（r0947 = 22 和 r0949 = 1） ① 直流回路过电流（即 IGBT 短路） ② 制动斩波器短路 ③ 接地故障 ④ I/O 板插入不正确 由于所有这些故障只指定了功率组件的一个信号来表示，不能确定实际上是哪一个组件出现了故障	检查 I/O 板，必须完全插入 外形尺寸 A - C 检查：①②③④ 外形尺寸 D - E 检查：①②④① 外形尺寸 F 检查：②④ 外形尺寸 FX 和 GX，当 r0947 = 22 和故障值 r0949 = 12 或 13 或 14（根据 UCE 而定）时，检测 UCE 故障
F0023 输出故障	输出的一相断线	检查输出相线
F0024 整流器过热	① 通风风量不足 ② 冷却风机没有运行 ③ 环境温度过高	① 变频器运行时冷却风机必须处于运转状态 ② 脉冲频率必须设定为默认值 ③ 环境温度可能高于变频器允许的运行温度
F0030 冷却风机故障	风机不再工作	① 在装有操作面板选件（AOP 或 BOP）时，故障不能被屏蔽 ② 需要安装新风机

（续）

故障码	变频器故障原因	故障诊断和应采取的措施
F0035 在重试再起动后 自动再起动故障	试图自动再起动的次数超过 P1211 确定的数值	自动再起动的次数必须与 P1211 匹配
F0041 电动机参数 自动检测故障	① 报警值 = 0，负载消失 ② 报警值 = 1，进行自动检测时已达到电流限制的电平 ③ 报警值 = 2，自动检测得出的定子电阻小于 0.1% 或大于 100% ④ 报警值 = 3，自动检测得出的转子电阻小于 0.1% 或大于 100% ⑤ 报警值 = 4，自动检测得出的定子电抗小于 50% 或大于 500% ⑥ 报警值 = 5，自动检测得出的电源电抗小于 50% 或大于 500% ⑦ 报警值 = 6，自动检测得出的转子时间常数小于 10ms 或大于 5s ⑧ 报警值 = 7，自动检测得出的总漏抗小于 5% 或大于 50% ⑨ 报警值 = 8，自动检测得出的定子漏抗小于 25% 或大于 250% ⑩ 报警值 = 9，自动检测得出的转子漏感小于 25% 或大于 250% ⑪ 报警值 = 20，自动检测得出的 IGBT 通态电压小于 0.5V 或大于 10V ⑫ 报警值 = 30，电流控制器达到了电压限制值 ⑬ 报警值 = 40，自动检测得出的数据组自相矛盾，至少有一个自动检测数据错误	① 检查电动机是否与变频器正确连接 ② 检查电动机参数 P0304 ~ P0311 是否正确 ③ 检查电动机的接线形式 (星形、三角形)
F0042 速度控制优化 功能故障	速度控制优化功能（P1960）故障 ① 故障值 = 0，在规定时间内不能达到稳定速度 ② 故障值 = 1，读数不合乎逻辑	① 检查设置参数； ② 检查电动机各负载及电动机与变频器的连接
F0051 参数 E^2PROM 故障	存储非易失的参数时出现读/写错误	① 工厂复位并重新参数化 ② 与客户支持部门或维修部门联系
F0052 功率组件故障	读取功率组件的参数时出错，或数据非法	与客户支持部门或维修部门联系

（续）

故障码	变频器故障原因	故障诊断和应采取的措施
F0053 I/O E²PROM 故障	读 I/O E²PROM 信息时出错，或数据非法	① 检查数据 ② 更换 I/O 模板
F0054 I/O 板错误	① 连接的 I/O 板不对 ② I/O 板检测不出识别号，检测不到数据	① 检查数据 ② 更换 I/O 模板
F0060 Asic 超时	内部通信故障	① 如果存在故障，请更换变频器 ② 与维修部门联系
F0070 CB 设定值故障	在通信报文结束时，不能从 CB（通信板）接收设定值	检查 CB 和通信对象
F0071 USS（BOP -链接） 设定值故障	在通信报文结束时，不能从 USS 得到设定值	检查 USS 主站
F0072 USS（COMM 链接） 设定值故障	在通信报文结束时，不能从 USS 得到设定值	检查 USS 主站
F0080 ADC 输入信号丢失	断线或信号超出限定值	① 检查 A/D 转换器接线 ② 检查信号源及设定值
F0085 外部故障	由端子输入信号触发的外部故障	封锁触发故障的端子输入信号
F0090 编码器反馈 信号丢失	从编码器来的信号丢失	① 检查编码器的安装固定情况，设定 P0400 = 0 并选择 SLVC 控制方式（P1300 = 20 或 22） ② 如果装有编码器，请检查编码器的选型是否正确（检查参数 P0400 的设定） ③ 检查编码器与变频器之间的接线 ④ 检查编码器有无故障（选择 P1300 = 0，在一定速度下运行，检查 r0061 中的编码器反馈信号） ⑤ 增加编码器反馈信号消失的门限值（P0492）
F0101 功率组件溢出	软件出错或处理器故障	运行自测试程序
F0221 PID 反馈信号 低于最小值	PID 反馈信号低于 P2268 设置的最小值	改变 P2268 的设置值，或调整反馈增益系数

（续）

故障码	变频器故障原因	故障诊断和应采取的措施
F0222 PID 反馈信号 高于最大值	PID 反馈信号超过 P2267 设置的最大值	改变 P2267 的设置值，或调整反馈增益系数
F0450 BIST 测试故障	① 有些控制板的测试有故障 ② 有些功率部件的测试有故障 ③ 有些功能测试有故障 ④ 上电检测时内部 RAM 有故障	① 变频器可以运行，但有的功能不能正确工作 ② 检查硬件，与客户支持部门或维修部门联系
F0452 检测出传动带 有故障	负载状态表明传动带有故障或机械有故障	① 驱动链有无断裂、卡死或堵塞现象 ② 外接速度传感器是否正确工作 检查参数：P2192 的数值必须正确无误 ③ 如果采用转矩控制，以下参数的数值必须正确无误 P2182、P2183 和 P2184 的频率门限值，P2185、P2187、P2189 的转矩上限值，P2186、P2188、P2190 的转矩下限值，P2192（与允许偏差对应的延迟时间）

BOP 上显示变频器报警状态信息见表 8-6。

表 8-6　BOP 上显示变频器报警状态信息

报　警	引起报警的可能原因	故障诊断和应采取的措施
A0501 电流限幅	① 电动机的功率与变频器的功率不匹配 ② 电动机的连接导线太短 ③ 接地故障	① 电动机的功率（P0307）必须与变频器的功率（P0206）相对应 ② 电缆的长度不得超过最大允许值 ③ 电动机电缆和电动机内部不得有短路或接地故障 ④ 输入变频器的电动机参数必须与实际使用的电动机一致 ⑤ 定子电阻值（P0350）必须正确无误 ⑥ 电动机的冷却风道是否堵塞，电动机是否过载 ⑦ 增加斜坡上升时间来减少电流提升的数值
A0502 过电压限幅	① 达到了过电压限幅值 ② 斜坡下降时，如果直流回路控制器无效（P1240 = 0），可能出现这一报警信号	① 电源电压（P0210）必须在铭牌数据限定的数值以内 ② 禁止将直流回路电压控制器设置为 0（P1240 = 0），应正确地进行参数化 ③ 斜坡下降时间（P1121）必须与负载的惯性相匹配 ④ 要求的制动功率必须在规定的限度以内

（续）

报　　警	引起报警的可能原因	故障诊断和应采取的措施
A0503 欠电压限幅	① 供电电源故障 ② 供电电源电压（P0210）和与之相应的直流回路电压（r0026）低于规定的限定值（P2172）	① 电源电压（P0210）必须在铭牌数据限定的数值以内 ② 对于瞬间的掉电或电压下降必须是不敏感的，使能动态缓冲（P1240＝2）
A0504 变频器过热	变频器散热器的温度（P0614）超过了报警电平，使调制脉冲的开关频率降低和/或输出频率降低（取决于 P0610 的参数化）	① 环境温度必须在规定的范围内 ② 负载状态和"工作—停止"的周期时间必须适当 ③ 变频器运行时，风机必须投入运行 ④ 脉冲频率（P1800）必须设定为默认值
A0505 变频器 I^2t 过热	如果进行了参数化（P0290），超过报警电平（P0294）时，输出频率和/或脉冲频率将降低	① 检查"工作—停止"周期的工作时间应在规定范围内 ② 电动机功率（P0307）必须与变频器功率相匹配
A0506 变频器的"工作—停止"周期	散热器温度与 IGBT 的结温之差超过了报警的限定值	检查"工作—停止"周期和冲击负载应在规定范围内
A0511 电动机 I^2t 过热	① 电动机过载 ② 负载的"工作—停止"周期中，工作时间太长	① 负载的工作/停止周期必须正确 ② 电动机的过热参数（P0626～P0628）必须正确 ③ 电动机的温度报警电平（P0604）必须匹配，如果 P0601＝0 或 1，请检查 　铭牌数据是否正确（如果不执行快速调试） 　在进行电动机参数自动检测时（P1910＝0），等效回路的数据应准确 　电动机的质量（P0344）是否可靠，必要时应进行修改 　如果使用的电动机不是西门子的标准电动机，应通过参数（P0626、P0627、P0628）改变过热的标准值 　如果 P0601＝2，请检查 r0035 显示的温度值是否可靠、传感器是否为 KTY84（不支持其他传感器）
A0512 电动机温度信号丢失	至电动机温度传感器的信号线断线	如果已检查出信号线断线，则温度监控开关应切换到采用电动机的温度模型进行监控

（续）

报　警	引起报警的可能原因	故障诊断和应采取的措施
A0520 整流器过热	整流器的散热器温度超出报警值	① 环境温度必须在允许限值以内 ② 负载状态和"工作—停止"周期时间必须适当 ③ 变频器运行时，冷却风机必须正常转动
A0521 运行环境过热	运行环境温度超出报警值	① 环境温度必须在允许限值以内 ② 变频器运行时，冷却风机必须正常转动 ③ 冷却风机的进风门不允许有任何阻塞
A0522 I^2C 读出超时	通过 I^2C 总线周期地存取 UCE 的值和功率组件的温度发生故障	检查后重新读写
A0523 输出故障	输出的一相断线	可以对报警信号加以屏蔽
A0535 制动电阻过热	工作/停止周期不合理	① 增加工作/停止周期（P1237） ② 增加斜坡下降时间（P1121）
A0541 电动机数据 自动检测已激活	已选择电动机数据的自动检测（P1910），或优化正在进行	检查 P1910 参数设置
A0542 速度控制优化激活	已选择速度控制的优化功能（P1960），或优化正在进行	检查 P1960 参数设置
A0590 编码器反馈信号 丢失的报警	从编码器来的反馈信号丢失，变频器切换到无传感器矢量控制方式运行	停止变频器，然后检查 ① 编码器的安装情况。如果没有安装编码器，应设定 P0400 = 0，并选择 SLVC 运行方式（P1300 = 20 或 22） ② 编码器的选型是否正确（如果装有编码器），即检查参数 P0400 的编码器设定 ③ 变频器与编码器之间的接线 ④ 编码器有无故障（选择 P1300 = 使变频器在某一固定速度下运行，检查 r0061 的编码器反馈信号） ⑤ 增加编码器信号丢失的门限值（P0492）
A0600 RTOS 超出 正常范围	工作时间太长	检查 RTOS
A0700 ~ A0709 CB 报警 1 ~ CB 报警 10	CB（通信板）特有故障	检查 CB

（续）

报 警	引起报警的可能原因	故障诊断和应采取的措施
A0710 CB 通信错误	变频器与 CB 通信中断	检查 CB 硬件
A0711 CB 组态错误	CB 报告有组态错误	检查 CB 的参数
A0910 直流回路最大 电压 V_{dc-max} 控制器未激活	直流回路最大电压 V_{dc-max} 控制器未激活，因为控制器不能把直流回路电压 r0026 保持在 P2172 规定的范围内 ① 如果电源电压 P0210 一直太高 ② 如果电动机由负载带动旋转，使电动机处于再生制动方式下运行 ③ 在斜坡下降时，如果负载的惯量特别大可能出现这一报警信号	检查以下各项： ① 输入电源电压（P0756）必须在允许范围内 ② 负载必须匹配
A0911 直流回路最大 电压 V_{dc-max} 控制器已激活	直流回路最大电压 V_{dc-max} 控制器已激活，因此斜坡下降时间自动增加，自动将直流回路电压（r0026）保持在限定值（P2172）以内	
A0912 直流回路最小 电压 V_{dc-min} 控制器已激活	如果直流回路电压（r0026）降低到最低允许电压（P2172）以下，则直流回路最小电压 V_{dc-min} 控制器被激活 ① 电动机的动能受到直流回路电压缓冲作用的吸收，使驱动装置减速 ② 短时掉电并不一定导致欠电压跳闸	
A0920 ADC 参数 设定不正确	ADC 的参数不应设定为相同的值，因为这样将产生不合乎逻辑的结果 标记 0：参数设定为输出相同 标记 1：参数设定为输入相同 标记 2：参数设定输入不符合 ADC 的类型	检查 ADC 参数设置值
A0921 DAC 参数 设定不正确	DAC 的参数不应设定为相同的值，因为这样将产生不合乎逻辑的结果 标记 0：参数设定为输出相同 标记 1：参数设定为输入相同 标记 2：参数设定输出不符合 DAC 的类型	检查 DAC 参数设置值
A0922 变频器没有负载	① 变频器没有负载 ② 有些功能不能像正常负载情况下那样工作	检查带负载情况

（续）

报　　警	引起报警的可能原因	故障诊断和应采取的措施
A0923 同时请求正向 和反向运动	已有向前点动和向后点动（P1055/P1056）的请求信号，使 RFG 的输出频率稳定在当前值	确定点动方向
A0952 检测到传动带故障	电动机的负载状态表明传动带有故障或机械有故障	① 驱动装置的传动系统有无断裂、卡死或堵塞现象 ② 外接的速度传感器（如果采用速度反馈）工作应正常 　P0409（额定速度下每分钟脉冲数）、P2191（回线频率差）和 P2192（与允许偏差相对应的延迟时间）的数值必须正确无误 ③ 如果使用转矩控制功能，需检查以下参数的数值必须正确无误 　P2182（频率门限值 f_1） 　P2183（频率门限值 f_2） 　P2184（频率门限值 f_3） 　P2185（转矩上限值 1），P2186（转矩下限值 1），P2187（转矩上限值 2），P2188（转矩下限值 2），P2189（转矩上限值 3），P2190（转矩下限值 3）和 P2192（与允许偏差相对应的延迟时间） ④ 必要时加润滑

第 9 章 综合项目

9.1 恒压供水系统的模拟实现

9.1.1 项目背景

随着现代城市化进程的迅猛发展，传统供水系统的弊端越来越明显，不同程度存在浪费水利资源和电力资源、效率低、可靠性差及自动化程度低等现象，严重影响了居民用水和工业用水。针对这种情况，变频恒压供水系统应运而生，迅速成为现代生活中普遍采用的一种供水方式。变频恒压供水系统的节能、高效和安全等特性更适应现代社会的需求，因此变频恒压供水方式越来越广泛地应用于工厂、住宅及高层建筑的生活和消防供水系统中。

9.1.2 系统工作原理

1. 恒压供水原理

恒压供水控制系统的基本控制策略是，利用 PLC、传感器、变频器及水泵机组组成闭环控制系统，对泵组的调速运行进行优化控制，在管流量发生变化时达到稳定供水压力和节约电能的目的。

为保持管网中水压的基本恒定，可采用 PID 调节方式，根据给定压力信号和反馈的压力信号，控制变频器调节水泵的转速，从而达到实现管网恒压的目的。变频恒压供水原理图如图 9-1 所示。图中 SP 为给定的压力值，PV 为压力变送器的检测值，MV 为误差值（或比较值）。

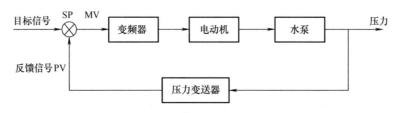

图 9-1　恒压供水系统原理图

恒压供水系统是一个闭环调节过程，压力传感器安装在管网上，将管网系统中的水压转换成为 4～20mA 或 0～10V 的标准电信号，送到 PID 调节器作为反馈信号。PID 调节器将反馈的压力信号和给定的压力信号比较，经过 PID 运算处理后仍以标准信号的形式送到变频器，并作为变频器的调速给定信号。如果系统中的变频器提供了 PID 调节功能，也可以将压力传感器的信号直接传给该变频器，由变频器对反馈压力信号和给定压力信号进行 PID 运算处理，从而实现对输出频率的控制。

2. 恒压供水系统的控制方式

（1）变频控制方式

恒压供水系统中变频器拖动水泵的控制方式可以根据现场具体情况进行系统设计。为提高水泵的工作效率，节约电能，通常采用一台变频器拖动两台或多台水泵的控制方式（称为"1 控 X"或"1 拖 X"方式）。当用户用水量小时，采用一台水泵变频控制的方式，随着用户用水量的不断提高，当第一台水泵的频率达到上限时，将第一台水泵转化为工频运行，同时投入第二台水泵进行变频运行。若两台水泵仍不能满足用户用水量的要求，则按同样的原理逐台加入水泵。当用户用水量减小时，将运行的水泵切断，前一台水泵的工频运行转变为变频运行。

（2）PID 调节方式

利用 PID 功能可以直接调节变频器恒压供水系统的管网压力，可以使用具有 PID 功能的变频器或 PLC 实现恒压控制。相比较而言，具有 PID 功能的变频器会降低系统成本，但由于 PLC 具有多种数学运算功能，控制程序改进方便，计算速度快等优点，在控制的可靠性、工作的稳定性和寿命的持久性上更具优势。

3. 恒压供水系统的优点

1）由于水泵工作在变频工作状态，在运行过程中其转速是由外供水量决定的，故系统在运行过程中可节约可观的电能，经济效益十分明显。由于节电效果明显，所以系统收回投资快，长期受益，产生的社会效益非常巨大。

2）恒压供水技术因采用变频器改变电动机电源频率，达到调节水泵转速，改变水泵出口压力。相比靠调节阀门控制水泵出口压力的方式，具有降低管道阻力，大大减少截流损失的效能。

3）水泵电动机采用软起动方式，按设定的加速时间加速，避免电动机起动时的电流冲击对电网电压造成波动，同时也避免了电动机突然加速造成泵系统的喘振。

4）因实现恒压自动控制，不需要操作人员频繁操作，降低了人员的劳动强度，节省了人力。

5）由于水泵工作在变频工况，在出口流量小于额定流量时，泵转速降低，减少了轴承的磨损和发热，延长了泵和电动机的机械使用寿命。

9.1.3　恒压供水系统分析

某自来水厂现有 3 台水泵对管网的压力进行控制，由于是手动调节，管网中的压力时常波动，给人民生活用水带来不便，现需要进行恒压供水控制系统的改造。

本项目利用 PLC 和变频器组成变频调速系统，来完成自来水管网的恒压控制，可以采用 PLC 内的 PID 调节功能实现闭环控制，并将 PLC 的模拟量输出接入变频器的 AIN1 端口，作为变频器的频率给定信号，调节电动机的转速。

当用户的用水量低时，采用 1 号泵变频控制的工作方式；随着用户用水量的不断提高，当第一台水泵的频率达到上限，而供水系统的压力仍不足时，将 1 号泵切换为工频运行，同时投入 2 号泵，进行变频运行；同理，当第二台水泵达到上限，供水压力仍不足时，将 2 号泵切换为工频运行，同时投入 3 号泵进行变频运行。

当用户的用水量降低时，将运行的 3 号泵切断，前一台 2 号泵的工频运行转为变频运行。用水量继续降低时，将 2 号泵切断，1 号泵由工频转为变频运行。

9.1.4　恒压供水系统设计

1. 控制方案

项目利用 PLC 内置的 PID 调节功能，实现自来水管的恒压控制。PLC 系统中，需要用到一路模拟量输入和一路模拟量输出。模拟量输入来自压力变送器的反馈信号，用来读取管道的实际压力，目标信号直接输入 PLC 中。PLC 将两者的压差送入 PID 控制器，并计算出变频器此时适合的频率值，作为频率给定信号通过模拟量输出传送到变频器的 AIN1 中，调节管网压力恒定。

2. 硬件设计

（1）主电路设计

三台水泵分别由电动机 M1、M2 和 M3 拖动，工频运行时由 KM3、KM5 两个交流接触器控制，变频调速时分别由 KM1、KM2、KM4 和 KM6 四个交流接触器控制。恒压供水变频调速系统的主电路原理图如图 9-2 所示。

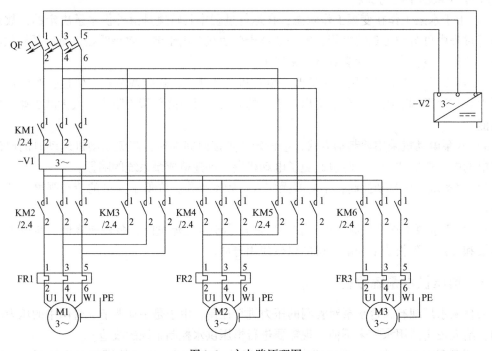

图 9-2　主电路原理图

1）当用水量较小时，KM1 得电闭合，起动变频器；KM2 得电闭合，水泵电动机 M1 投入变频运行。

2）随着用水量的增加，当变频器的运行频率达到上限值时，KM2 失电断开，KM3 得电闭合，水泵电动机 M1 投入工频运行；KM4 得电闭合，水泵电动机 M2 投入变频运行。

3）在电动机 M2 变频运行 5s 后，当变频器的运行频率达到上限值时，KM4 失电断开，KM5 得电闭合，水泵电动机 M2 投入工频运行；KM6 得电闭合，水泵电动机 M3 投入工频运行。此时，电动机 M1 继续工频运行，进入"二工一变"的工作状态。

4）随着用水量的降低，在电动机 M3 变频运行时；延时 5s 后，KM5 失电断开，KM4 得电闭合，水泵电动机 M2 投入变频运行，电动机 M1 继续工频运行。

5）在电动机 M2 变频运行时，当变频器的运行频率达到下限值时，KM4 失电断开，电动机 M2 停止运行，延时 5s 后，KM3 失电断开，KM2 得电闭合，水泵电动机 M1 投入变频运行。

6）压力传感器将管网压力变为 4～20mA 的标准电信号，经模拟量输入模块传送到 PLC 中，PLC 根据设定值与该反馈值进行比较，并进行 PID 运算，得到的输出控制信号经模拟量输出模块传送至变频器，实时调节水泵电动机的供电电压和频率。

（2）控制电路设计

图 9-3 为恒压供水系统控制电路的原理图。图 9-4 为恒压供水系统结构图。

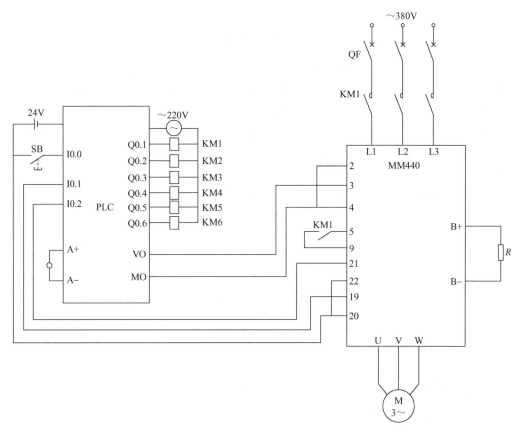

图 9-3　恒压供水系统控制电路的原理图

9.1.5　恒压供水控制系统的模拟实现

1. 器件选型

1）液位传感器。如图 9-5 所示。其量程为 0～0.5m，电源 DC12～36V，电流信号为 4～20mA，接线 P.L（＋）—24V，F.L（SI）—OUT。

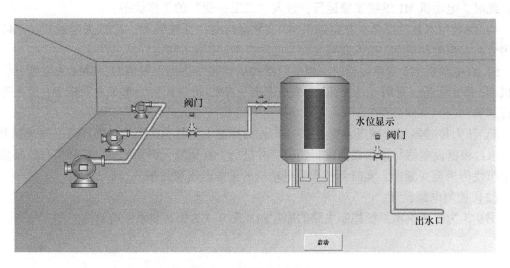

图 9-4　恒压供水系统结构图

2）选择 PLC。选择西门子 S7 - 200，型号 6ES7 214 - 2AD23 - 0XB8，参数 CN DC/DC/DC，晶体管输出，14 输入/10 输出，允许最大的扩展 I/O 模块 7 个。2 个 RS485 接口，支持 PPI、DP/T 通信，尺寸 140mm×80mm×62mm。

3）EM235 模块。模拟量扩展模块，型号 6ES7 235 - 0KD22 - 0XA8，4 输入 1 输出。

4）变频器选择。MM440 变频器，输入 200～380V，额定输出功率 0.12kW；输出频率 0 - 650Hz。

5）实验设备结构图。实验设备结构图如图 9-6 所示。

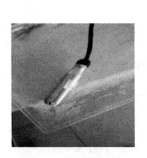

图 9-5　液位传感器

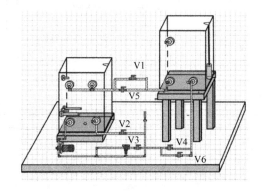

图 9-6　实验设备结构图

6）水泵选型的基本原则。一是要确保平稳运行；二是要经常处于高效区运行，以求取得较好的节能效果。要使水泵一直处于高效区运行，所选用的泵型必须与系统用水量的变化幅度相匹配。本设计的要求为：电动机额定功率为 40W。根据实验的实际情况，最终确定采用型号为 51K40GN - U 的水泵（电动机功率 40W）。

2. 变频器参数设置及 PLC I/O 分配

变频器参数设置及 PLC I/O 分配见表 9-1、表 9-2。

表 9-1　变频器的参数设置

参数号	参数名称	设定值	单位及说明
P0304	电动机额定电压	220	V
P0305	电动机额定电流	0.5	A
P0306	电动机额定功率	0.75	kW
P0310	电动机额定频率	50	Hz
P0311	电动机额定转速	1460	r/min
P0700	选择命令源	2	由端子排输入
P1000	选择频率设定值	2	模拟设定值
P1080	最小频率	0	Hz

表 9-2　PLC 的输入输出设备及地址分配表

输入			输出		
输入地址	元件	作用	输出地址	元件	作用
I0.0	SB1	起动按钮	Q0.1	KM1	变频器运行
I0.1	19、20 端	变频器下限频率	Q0.2	KM2	M1 变频运行
I0.2	21、22 端	变频器上限频率	Q0.3	KM3	M1 工频运行
AIW4	SP	压力变送器	Q0.4	KM4	M2 变频运行
			Q0.5	KM5	M2 工频运行
			Q0.6	KM6	M3 变频运行
			AQW4	3、4 端	压力模拟输出

3. 实验过程

液位调节：

1）检查线路。检查实验硬件设备接线，使之与软件组态一致。在通电之前使用万用表检测是否出现短路情况，避免出现事故。

2）前期调试。将程序下载到 PLC 中，设置更改变频器参数，分别测试实验设备各个部分是否能正常运行。

3）PID 参数整定。PID 的参数整定一般有经验整定法、临界比例度法、衰减振荡法和响应曲线法。

这里采用衰减振荡法。在纯比例作用的情况下，将 K 由小到大逐渐变化，通过修改 SP 加入阶跃干扰，并观察液位的阶跃响应曲线，直到出现 4:1 衰减振荡为止。测量并记录此时的增益 K_s，计算振荡周期 $T_s = T_2 - T_1$。根据实验数据 K_s 和 T_s 的值，按照衰减振荡法整定 PID 控制器参数的整定公式，计算出 PID 参数。PID 参数见表 9-3。

表 9-3　PID 参数表

控制器类型	控制器参数		
	K	T_i	T_d
P	K_s	—	—
PI	$0.83K_s$	$0.5T_s$	—
PID	$1.25K_s$	$0.3T_s$	$0.1T_s$

由于液位时间常数小，采用比例—积分控制器，测量得 $K_s = 20$。

$T_s = 100$，所以 $K = 16.66$，$T_s = 50s$。经测试证明，计算所得的 PID 参数能够取得较好的调试效果。图 9-7 和图 9-8 分别为设定值 SP = 20cm 和 SP = 25cm 的过程响应曲线。

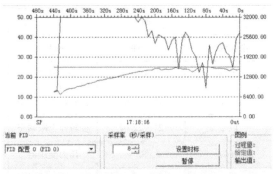

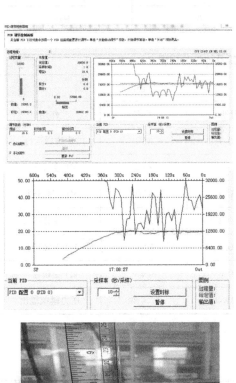

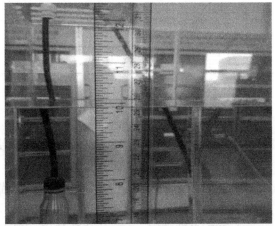

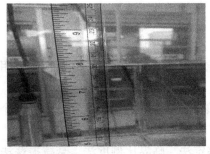

图 9-7　设定值 SP = 20cm 过程响应曲线　　　　　图 9-8　设定值 SP = 25cm 过程响应曲线

4. PLC 程序设计

PLC 程序设计如图 9-9 所示。

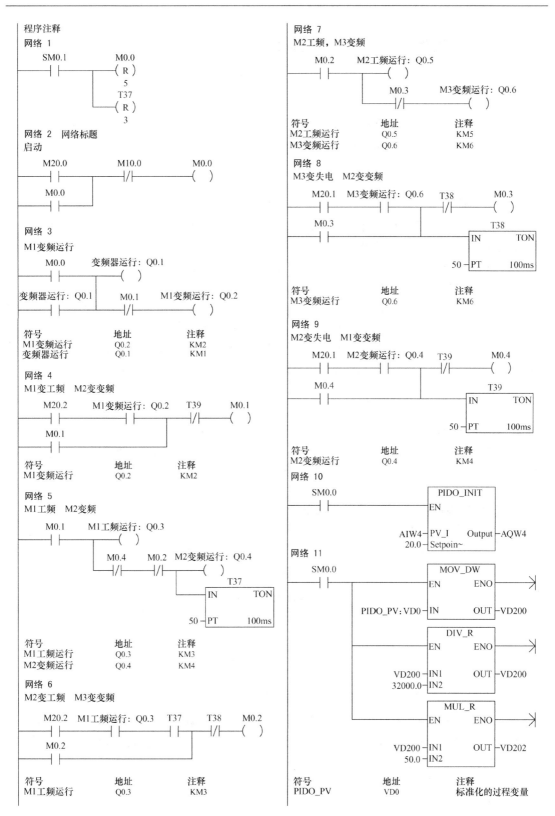

图 9-9　PLC 程序设计

9.2　智能变频除尘系统的模拟实现

9.2.1　项目背景

近几年，国家对环境的重视程度前所未有，众多企业开始关注环境及员工身心健康问题。各生产加工企业响应政策，开始选择购买净化设备，尤其是焊接或火焰气割等比较多的大型车间。

一方面粉尘的化学成分变化增加了粉尘对机体的有害程度，另一方面粉尘的分散度趋向于更加危害人体健康。除此之外，粉尘的光学性质和能见度、粉尘的自燃性和爆炸性均向着不利方向发展。据报道，我国近年来由于粉尘积累和变化，城市上空能见度普遍下降，发生粉尘引起的爆炸事件有上升趋势。

为了车间的安全和环境考虑，企业可选择车间烟尘净化系统，其适用于各种焊接、激光、等离子、火焰切割和打磨场所等烟尘和粉尘净化。

传统的工业除尘装置配有大功率的风机来改善工厂环境，然而大功率的高压除尘风机能量消耗相当惊人，在资源匮乏的大环境下，节能减排成了必须的措施。

在这种背景下，将变频技术应用到这一领域，改变风机始终以大功率除尘的方式，可以通过检测环境具体情况来匹配合适的转速，在除尘的基础上做到高效节能。

9.2.2　系统功能及方案设计

1. 系统功能设计

该系统应用于工业除尘，设计了自动变档除尘与 PID 智能变频除尘两种模式。由于实验条件的限制，系统中使用电动机模拟除尘风机，以蚊香散发的烟雾模拟烟尘。

模式一：自动变档除尘。该模式设置三个档位，考虑到使用电动机的额定频率为 50Hz，设置最高档位的频率为 40Hz，各档位设置情况见表 9-4。

该模式启动时，系统自动检测当前环境烟尘浓度，自行选择合适档位进行除尘工作，随着烟尘逐渐被清除，系统自行调到合适档位，当烟尘除尽，系统自动停机。该模式将档位与烟尘浓度匹配，防止了以较快转速除较少烟尘或以较慢转速除较多烟尘，实现了节能。

表 9-4　档位设置

档位	烟尘浓度/ppm	电动机频率/Hz
一档	>0 且 <1000	16
二档	>1000 且 <3000	28
三档	>3000	40

模式二：PID 智能变频除尘。该模式应用 PID 技术，根据环境烟尘浓度自动匹配合适转速进行除尘，将浓度的期望值设为 0，系统实时调节转速，使系统高效除尘，当烟尘除尽，系统自动停机。提高了设备的自动化程度，高效节能。

两种模式设置了互锁环节，模式间可以任意切换。

2. 控制方案

该系统使用 MM440、西门子 S7‑200（CPU224XP）PLC 与烟尘传感器组合完成，该

PLC 中自带模拟量输入输出，所以传感器的模拟量输出可以直接连接 PLC。

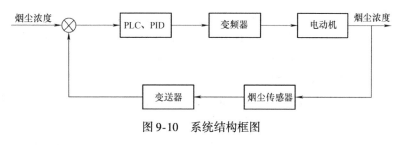

图 9-10　系统结构框图

系统通过烟尘传感器采集环境中烟尘浓度，输出 0～10V 的电压信号至 PLC 的模拟量输入口，在 PLC 中编写指令控制变频器的输出，变频器控制电动机的转速，系统中的 PID 设计是使用 PLC 中的 PID 功能模块形成闭环控制。系统结构框图如图 9-10 所示。

9.2.3　硬件设备

1. MM440 变频器

MM440 系列变频器，采用高性能的矢量控制技术，提供低速高转矩输出和良好的动态特性，同时具备高度的灵活性。

MM440 采用调试简单的模块化结构，配置具有最大灵活性的 6 个可编程模块，2 个带隔离的数字输入，可标定的模拟输入模块（0～10V，0～20mA）。当使用较高的开关频率时，电动机可以低噪声运行（在开关频率较高的情况下，要降格使用），具有完善的变频器和电动机保护功能。

MM440 使用最新的 IGBT 技术，通过数字微处理器控制高质量的矢量控制系统，磁通电流控制（FCC）改善动态响应，优化电动机的控制，可以由用户定义自由功能块，实现逻辑运算和算术运算的操作。

2. S7-200PLC

S7-200PLC 具有极高的可靠性、极丰富的指令集和内置集成功能，易于掌握，操作便捷，备有强劲的通信能力和丰富的扩展模块。

系统中使用的 S7-200 是 CPU224XP，集成的 24V 负载电源，可直接连接到传感器和变送器（执行器），数字量输入/输出点 14DI/10DO，模拟量输入/输出点 2 个 AI/AO。该型号提供模拟量输入输出，使用方便高效。

9.2.4　传感器选型

1. 离子式烟尘传感器

离子式烟尘传感器是一种技术先进、工作稳定可靠的传感器，它在内外电离室有放射源镅 241，电离产生的正、负离子，在电场的作用下各自向正负电极移动。在正常的情况下，内外电离室的电流、电压都是稳定的。一旦有烟尘窜逃外电离室，干扰了带电粒子的正常运动，电流、电压就有所改变，破坏了内外电离室之间的平衡，于是无线发射器发出无线报警信号，通知远方的接收主机，将报警信息传递出去。

2. 光电式烟尘传感器

光电烟尘报警器内有一个光学迷宫，安装有红外对管，无烟时红外接收管收不到红外发射管发出的红外光，当烟尘进入光学迷宫时，通过折射、反射，接收管接收到红外光，在正常情况下，受光器件接收不到发光器件发出的光，因而不产生光电流。当烟尘进入检测室时，由于烟粒子的作用，使发光器件发射的光产生漫射，这种漫射光被受光器件接收，使受光器件的阻抗发生变化，产生光电流，从而实现了烟尘信号转变为电信号的功能。

3. 气敏式烟尘传感器

气敏传感器是一种检测特定气体的传感器，主要包括半导体气敏传感器、接触燃烧式气敏传感器和电化学气敏传感器等，其中用的最多的是半导体气敏传感器。它将气体种类及其与浓度有关的信息转换成电信号，根据电信号的强弱就可以获得与待测气体在环境中的存在情况有关的信息，从而可以进行检测、监控和报警；还可以通过接口电路与计算机组成自动检测、控制和报警系统。

4. 烟雾传感器

烟雾传感器具有较好的灵敏度、长期的使用寿命、可靠的稳定性和快速的响应恢复等优良的特性，并且适用于家庭或工厂的气体泄漏监测装置以及除尘装置，性价比非常高。综合考虑，采用烟雾传感器，进行智能变频除尘系统的设计。该传感器由 24V 供电，输出 0 ~ 10V 电压信号，实物图如图 9-11 所示，由 PLC 输出的 24V 电压供电，输出信号接至 PLC 的模拟量输入口。

9.2.5　系统设计

1. 系统原理

设计构想为变频器能够根据环境烟尘浓度自动调整频率，且 PLC 型号为西门子 S7 - 200（CPU224xp），自带两路模拟量输入和一路模拟量输出，使用的变频器 MM440 有模拟量输入口，所以将传输的信号定为模拟信

图 9-11　烟雾传感器实物图

号，命令源为端子排输入，频率为模拟量给定，这样电动机转速便可以随环境变化而变化。

传感器的输出模拟量信号接至 PLC 的模拟量输入，PLC 内部 PID 处理后输出模拟信号至变频器，变频器根据收到的模拟量信号，改变控制电动机的频率。

MM440 变频器为用户提供了两对模拟输入端口，即端口 "3" "4" 和端口 "10" "11"，通过设置 P0701 的参数值，使数字输入端口 "5" 具有正转控制功能；模拟输入端口 "3" "4" 外接 PLC 模拟信号输出，通过端口 "3" 输入不断变化的模拟电压信号，控制电动机转速的大小。即由数字输入端控制电动机转速的方向，由模拟输入端控制转速的大小。

系统设置自动变档调节、PID 变频调节两种模式，由用户手动选择，两种模式的启停应用了辅助继电器，设置了互锁与自锁，有失电压、欠电压的保护作用。

2. 硬件设计

硬件接线图如图 9-12 所示，PLC 的 I/O 口分配图如图 9-13 所示。设计了三个按钮，分别为模式一（自动变档调节）启动按钮、模式二（PID 变频调节）启动按钮和停机按钮。Q0.0 与 Q0.2 接至 DIN1 口，PLC 的模拟量输出口接 AIN1 口，以此来控制频率变化。

3. 参数设置

参数设置中设置了变频器中频率的给定方式由外部模拟量控制，设置了变频器的频率上限与频率下限。

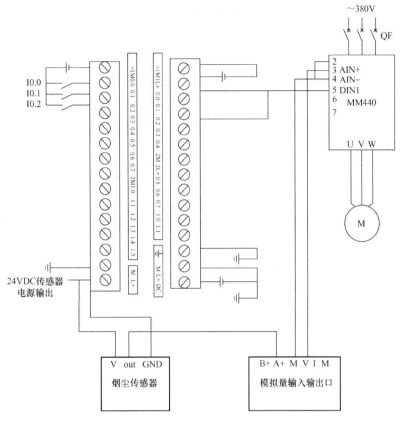

图 9-12　硬件接线图

恢复变频器工厂默认值，设定 P0010 = 30，P0970 = 1。按下"P"键，变频器开始复位到工厂默认值。电动机参数见表 9-5。电动机参数设置完成后，设 P0010 = 0，变频器当前处于准备状态，可正常运行。模拟信号操作控制参数设置见表 9-6。

图 9-13　I/O 分配图

表 9-5　电动机参数表

参数号	出厂值	设置值	说明
P0003	1	1	设用户访问级为标准级
P0010	0	1	快速调试
P0100	0	0	功率以 kW 表示，频率为 50Hz
P0304	230	220	电动机额定电压/V
P0305	3. 25	0. 31	电动机额定电流/A
P0307	0. 75	0. 04	电动机额定功率/kW
P0308	0	0. 8	电动机额定功率（$\cos\phi$）
P0310	50	50	电动机额定频率/Hz
P0311	0	1375	电动机额定转速/（r/min）

表 9-6　模拟信号操作控制参数表

参数号	出厂值	设置值	说明
P0003	1	1	设用户访问级为标准级
P0004	0	7	命令和数字 I/O
P0700	2	2	命令源选择由端子排输入
P0003	1	2	设用户访问级为扩展级
P0004	0	7	命令和数字 I/O
P0701	1	1	ON 接通正转，OFF 停止
P0003	1	1	设用户访问级为标准级
P0004	0	10	设定值通道和斜坡函数发生器
P1000	2	2	频率设定值选择为模拟输入
P1080	0	0	电动机运行的最低频率/Hz
P1082	50	45	电动机运行的最高频率/Hz

4. 软件设计

（1）程序设计流程

系统的控制程序使用西门子的编程软件 Step7，程序中实现了两种模式切换时的保护作用，启动/停止用辅助继电器实现，输出用到一路数字输出 Q0.0 与一路模拟输出 AQW0。程序流程图如图 9-14 所示。地址分配表见表 9-7。

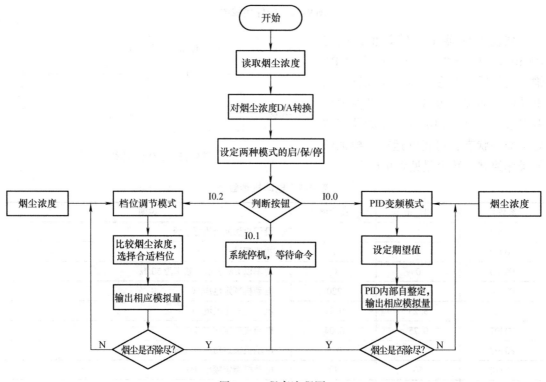

图 9-14　程序流程图

表 9-7　地址分配表

地址	作用	注释
I0.0	模式二启动	
I0.1	停止	
I0.2	模式一启动	
Q0.0	驱动正转	接至变频器的 DIN1
AIW0	输入烟尘浓度模拟信号	
AQW0	输出整定后的模拟量	接至变频器的 AIN1

（2）烟尘浓度的采样量化

在比较了多种型号后，选择使用的这款烟尘传感器，浓度量程为 0～10000ppm，输出电压信号为 0～10V，PLC 中的模拟量输入口自动进行 A/D 转换，将电压信号转换为对应的 0～32000 的数字信号。程序中设置了转化为烟尘实际浓度的指令。转换公式为

$$\frac{P}{10000} = \frac{AIW0}{32000} \Rightarrow P = \frac{5 \times AIW0}{16}$$

浓度转换程序如图 9-15 所示。

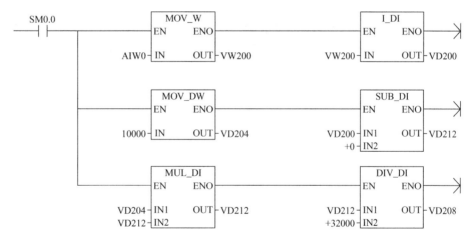

图 9-15　浓度转换程序

（3）PID 控制

S7－200PLC 的 PID 控制是负反馈闭环控制，系统中需要实现烟尘越大风机转速就越大，所以是一个 PID 反作用。

过程中使用反推法确定空气中合理的烟尘浓度。首先假设空气中的烟尘浓度为一估计值，在程序中编写烟尘浓度大于这一估计值则风机动作的指令，如风机动作则空气中的烟尘浓度大于这一估计值，则此时可将估计值升高，再次运行指令；若风机不动作，则估计值偏高，将估计值降低后再运行指令，直至找到最贴近空气的浓度。经多次实验，将空气中合理的烟尘浓度定为 300ppm，对应数字量为 1500。

系统根据反馈的烟尘浓度调节转速，将增益设为负数，积分时间与微分时间设为正数，使用 S7 – 200 的 PID 指令向导设定将 PID 设为手动模式，在按下对应按钮时，PID 模式启动，反之自动变档模式启动。设定值为 1500 对应烟尘浓度 300ppm，这个浓度为空气中合理的烟尘浓度。PID 子程序符号表见表 9-8。

表 9-8 PID 子程序符号表

	符号	变量类型	数据类型	注释
	EN	IN	BOOL	
LW0	PV_I	IN	INT	过程变量输入：0～32000
LD2	Selpoint_R	IN	REAL	给定值输入：0.0～32000.0
L6.0	Auto_Manual	IN	BOOL	自动/手动模式(0 = 手动模式，1 = 自动模式)
LD7	ManualOutput	IN	REAL	手动模式时回路输出期望值：0.0～1.0

比例、积分时间和微分时间三个参数是在 PID 控制面板中的手动调节功能里多次试验得到的比较稳定的值，先调比例，再调积分，最后是微分。如果震荡过快，增大 P，调节时间过长时增大 I，如果变化反应过慢增大 D。

系统中的 P、I、D 参数分别为 –1.0、10、0。调节过程中的波形图如图 9-16 所示。可以看出输出值随过程值的变化而变化，趋向设定值。频率设定为 0～45Hz。

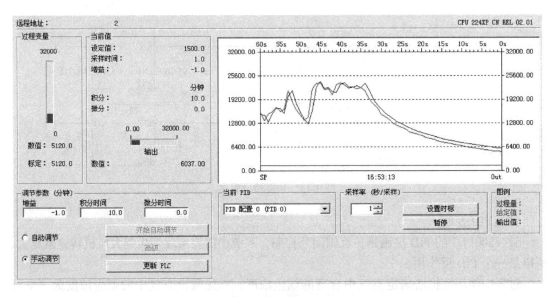

图 9-16 PID 控制波形图

（4）总程序

系统总程序如图 9-17 所示。

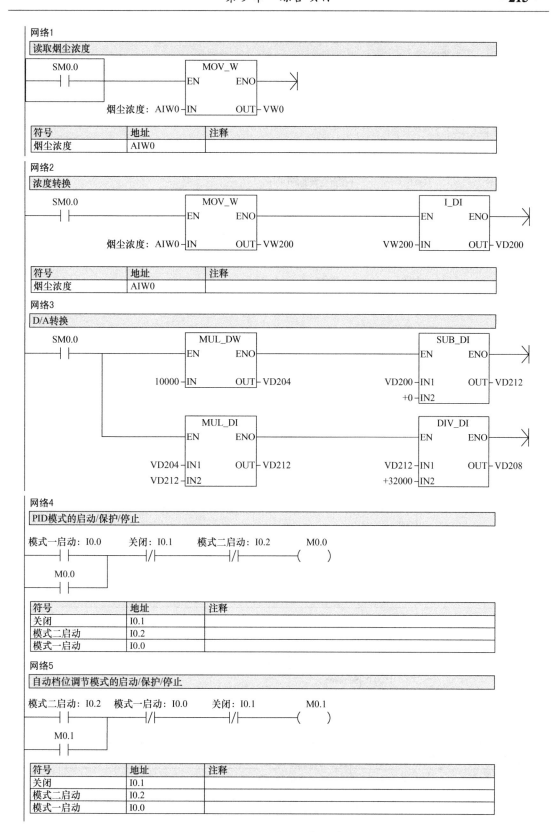

图 9-17　系统总程序设计

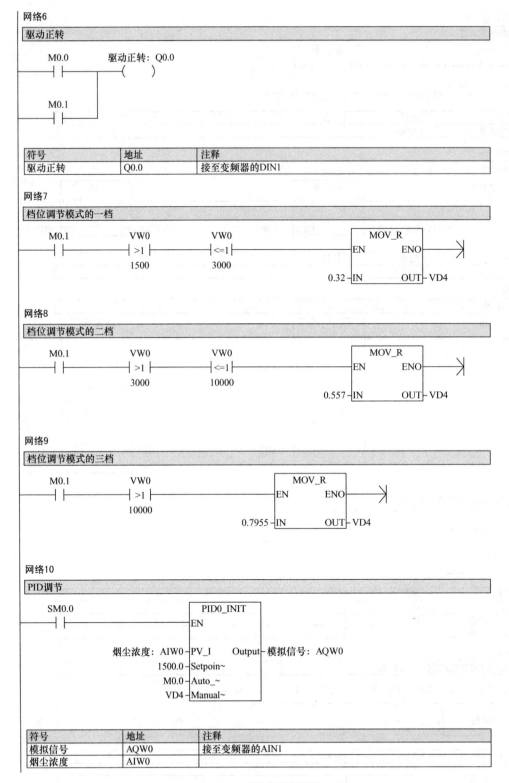

图 9-17 系统总程序设计（续）

5. 变频与工频的性能比较

我们模拟了变频与工频两种方式的除尘情况，记录并比较了两种情况下的电能消耗。功耗情况见表9-9。

表9-9 变频与工频功耗比较

	一档	二档	三档	工频
时间/min	10	10	10	10
电压/V	72	122	174	220
电流/A	0.08	0.08	0.08	0.08
电能/J	3456	5856	8352	10560

经比较得知，工频情况下除尘所消耗的能量远大于变频的情况，不能根据实时浓度调节转速，造成浪费现象，变频除尘系统很好地解决了这个问题，真正做到了高效节能。

6. 问题及解决措施

由于对变频器与PLC的设备都比较陌生，特别是没有接触过对模拟量的信号处理，在项目过程中会遇到不少问题，主要有以下几点。

1) 接线过程中，只从PLC的模拟量输出口引一根V输出至变频器的AIN1口，结果变频器并不随烟尘浓度的变化而变化。

解决措施：经查阅课本与网页资料，得知PLC模拟量输出需引两根线至变频器，一根是电压信号线接变频器的端口3，一根是地信号接变频器的端口4，这样才会形成有电压的回路。

2) 系统运行过程中变频器的频率值，在外界烟尘浓度无变化时，自动由小至大，再由大至小，不正常工作。

解决措施：经过排除，这是参数设置的问题。经过多次尝试，将斜坡上升时间与斜坡下降时间缩短后，问题解决。

3) 在做PID控制过程中，风机转速随烟尘浓度的升高而减小，没办法做到风机转速与烟尘浓度的同步，完全相反。

解决措施：通过查阅西门子的系统手册，发现需要实现的是PID反作用，将增益改为负增益，积分与微分时间不改变，或者将积分与微分时间改为负值，增益不变，问题解决。

4) 系统的两种模式PID与变档模式是分开做的，在将两种模式合在一起时，发现两套模式的变频器的参数设定是不同的，无法实现混合。

解决措施：PID调节有手动控制模式，将手动开关的地址设为PID模式的辅助寄存器的地址，然后使用手动开关控制辅助寄存器的通断。

9.2.6 调试与运行

运行过程用运行状态图片和文字无法全面表现出来，以下为大致过程。

1) 操作板上有三个按钮，如图9-18所示，从左至右三个按钮的作用分别为PID模式、自动变档模式和停

图9-18 操作按钮

止模式。

2）按下启动按钮后，系统依所选模式工作，根据环境中的烟尘浓度选择合适频率控制风机进行除尘。具体的工作状态如图9-19所示。

图9-19　工作状态

3）烟尘除尽或按下停止按钮后，系统自动停机。

9.3　节能工业风扇的模拟实现

9.3.1　项目背景

工业电风扇都是用在工业厂房车间、物流仓储、候车室、展览馆、体育馆和商超等高大空间通风换气，排烟雾，排异味，排粉尘使用，适用面积比较大的场所。家用电风扇一般是用在家庭的浴室、厨房、卫生间以及办公室等小面积的室内场所。人们对工业电风扇的要求是希望单台的排风量越大越好，甚至要求有一定的风压，能迅速抽排室内的闷热高温热气、烟雾粉尘等。家用电风扇对风量没有更大的要求，一般就是用于小面积的地方通风换气，要求送风较平稳舒适，基本不需要风压。

近些年来，工业电风扇应用越来越广泛，变频器的应用也越来越普及。变频器为工业风扇设备带来了全新的技术革命，从最早的不可调速的工业风扇到用两个双速电动机实现四个速率的工业风扇，最后发展到只需一个电动机通过变频调速就可实现多段速率的现代工业风扇。变频器是通过轻负载降压实现节能的。拖动转矩负载，由于转速没有多大变化，即便是降低电压，也不会很多，所以节能很微弱。变频器用在风机环境就不同了，当需要较小的风量时，电动机降低速度，风机的耗能跟转速的1.7次方成正比，电动机的转矩急剧下降，节能效果明显。

9.3.2　系统功能及方案设计

1. 系统功能设计

该系统应用于工业电风扇，能根据当前温度值进行大跨度的自动变档，并根据当前光照强度的变化进行小范围的变档。温度的自动变档有三个档位，光照根据强度有三个档位，二者各自独立，因此共有 3×3 个档位，可以满足大部分的工业应用场合，且能根据当前温度与光强自动变档，智能化，高效化。

系统起动后，根据设定的温度上下限阈值和光照强度的上下限阈值自动调节，当温度变低或者光照强度变低，电动机的工作频率下降，达到节能的效果；当温度升高或者光照强度变高后，电动机的工作频率加快，满足了严酷条件下大功率的要求。温度和光照的档位设置分别见表 9-10 和表 9-11。由于是在实验室里测试的，为了能快速看到效果，温度参数接近室温，上下限阈值相对较小，可快速查看效果。实际应用中应根据需要修改上下限阈值。

表 9-10　温度档位设置

档位	设置温度模拟量	电机基础频率/Hz
低档（1）	<21000（约 27℃）	15.62
中档（2）	>21000 且 <24000（约 27~30℃）	31.42
高档（3）	>24000（约 30℃）	47.13

表 9-11　光照档位设置

档位	设置光强模拟量/Cd	相对偏移频率值/Hz
低档（1）	<9000	-4.72
中档（2）	>9000 且 <28000	0
高档（3）	>28000	4.72

电动机的实际频率为基础温度控制的基础频率加上光强控制的偏移量频率之和，上限为 50Hz。基础频率值和偏移量频率值可根据实际情况修改。

2. 控制方案

该系统使用 MM440、西门子 S7-200PLC（CPU224XP）与温度传感器、光照传感器组合完成，PLC 中自带 2 路模拟量输入，1 路模拟量输出，传感器的模拟量输出可以直接连接 PLC。

系统通过温度传感器采集环境的温度，输出 0~10V 的电压信号至 PLC 的模拟量接入口 A；通过光照传感器采集环境的光强，输出 0~10V 的电压信号至 PLC 的模拟量接入口 B；在 PLC 中编写指令控制变频器的输出，变频器控制电动机的转速。

9.3.3　硬件设备

1. 温度传感器选型

根据实验需求测定室内温度，根据外部给定温度的变化调节 PLC 输出的数值，变频器根据设定的参数变化输出频率，从而达到控制电动机不同转速的目的。最终选定了如图 9-20 所示的温度变送器。

2. 光照传感器选型

（1）自然光照的范围

设面元 dS 上的光通量为 $d\Phi$，则此面元上的照度 E 为：$E = d\Phi/dS$。照度的单位为 lx（勒克斯），也有用 lux 的，$1lx = 1tm/m^2$。照度表示物体表面积被照明程度的量。夏季在阳光直接照射下，光

图 9-20　温度变送器

照强度可达 6 万 ~ 10 万 lx，没有太阳的室外为 0.1 万 ~ 1 万 lx，夏天明朗的室内为 100 ~ 550lx，夜间满月下为 0.2lx。

（2）光照传感器选型确定

根据自然光照强度实际情况，以及实验室的自然环境，选定 HA2003 光照传感器，符合实验要求。光照传感器如图 9-21 所示。

HA2003 光照传感器技术规格：量程为 0 ~ 20 万 lx；光谱范围为 400 ~ 700（nm）可见光；误差为 ±5%；工作电压为 DC5 ~ 24V（电压型），DC12 ~ 24V（电流型）；输出信号为 0 ~ 2V、0 ~ 5V、0 ~ 10V、0 ~ 20mA 和 4 ~ 20mA；响应时间小于 1s；稳定时间为 1s。

图 9-21　光照传感器

9.3.4　系统设计

1. 系统工作原理

变频器是利用电力半导体器件的通断作用把电压、频率固定不变的交流电变成电压、频率都可调的交流电源，由主电路和控制电路组成。主电路是给异步电动机提供可控电源的电力转换部分，变频器的主电路分为电压型和电流型两类。电压型是将电压源的直流变换为交流的变频器，直流回路的滤波部分是电容。电流型是将电流源的直流变换为交流的变频器，其直流回路滤波部分是电感。变频器由三部分构成，将工频电源变换为直流功率的整流部分，吸收在转变中产生的电压脉动的平波回路部分，将直流功率变换为交流功率的逆变部分。控制电路是给主电路提供控制信号的回路，由决定频率和电压的运算电路，检测主电路数值的电压、电流检测电路，检测电动机速度的速度检测电路，将运算电路的控制信号放大的驱动电路，以及对逆变器和电动机进行保护的保护电路组成。

本设计采用 MM440 变频器，是德国西门子公司广泛应用于工业场合的多功能标准变频器。采用高性能的矢量控制技术，提供低速高转矩输出和良好的动态特性，同时具备超强的过载能力，满足广泛的应用场合。供电部分外接单相 220V 交流电源，输出部分 UVW 接至三相异步电动机，通过调节参数实现输出可控交流电，达到控制目的。

2. 硬件设计

MM440 变频器可以通过 6 个数字输入端口对电动机进行正反转运行、正反转点动运行方向控制，可通过基本操作板，按频率调节按键可增加和减少输出频率，从而设置正反向转速的大小。也可以由模拟输入端控制电动机转速的大小。本设计的变频器部分包括两方面：通过模拟输入端的模拟量控制电动机转速的大小，模拟量由 PLC 直接输出，接至变频器 AIN1 +、AIN1 -，实现比数字量控制的多段速更繁复的调速方案；通过数字量输入端实现变频器的起停，变频器 DIN1、DIN2 直接接至 PLC 的 I/O 输出引脚，变频器 0V 引脚需接至 PLC 输出 I/O 的 L 引脚，即实现共地。

3. 参数设置

变频器配置参数前，需先设定 P0010 = 30 和 P0970 = 1，按下 P 键，开始复位，复位过程大约 3min，可保证变频器的参数回复到工厂默认值。电动机的基本参数值由电动机铭牌获得，具体设置见表 9-12。

表 9-12　电动机参数设置表

参数号	出厂值	设置值	说明
P0003	1	1	设用户访问级为标准级
P0010	0	1	快速调试
P0100	0	0	工作地区：功率以 kW 表示，频率为 50Hz
P0304	230	220	电动机额定电压/V
P0305	3.25	0.31	电动机额定电流/A
P0307	0.75	0.01	电动机额定功率/kW
P0308	0	0.08	电动机额定功率/$\cos\phi$
P0310	50	50	电动机额定频率/Hz
P0311	0	1350	电动机额定转速/（r/min）

　　变频器控制参数包括设置数字量输入端 DIN1、DIN2 的功能。DIN1 配置为接通正转、关闭停止，DIN2 配置为接通反转、关闭停止。频率设定值配置为模拟量通道 1 输入，同时拨动变频器上的拨码开关使之打在 0~10V 模拟量输入。实验时利用直流电源调试，发现未拨动拨码开关且模拟量输入高于 3.3V 时电源供电失效，拨动完成后即可正常工作。电动机运行的最高、最低频率根据本设计进行调整。具体配置参数见表 9-13。

表 9-13　模拟信号操作控制参数

参数号	出厂值	设置值	说明
P0003	1	1	设用户访问级为标准级
P0004	0	7	命令和数字 I/O
P0700	2	2	命令源选择由端子排输入
P0003	1	2	设用户访问级为扩展级
P0004	0	7	命令和数字 I/O
P0701	1	1	ON 接通正转，OFF 停止
P0702	1	2	ON 接通反转，OFF 停止
P0003	1	1	设用户访问级为标准级
P0004	0	10	设定值通道和斜坡函数发生器
P1000	2	2	频率设定值选择为模拟输入
P1080	0	0	电动机运行的最低频率/Hz
P1082	50	50	电动机运行的最高频率/Hz

　　变频器配置成功后，利用外部直流电源进行测试。按 Fn 键，变频器面板显示 r000，再按 P 键即可实时观察输出频率。通过 PLC 给变频器 DIN1 引脚高电平，直流电源初步不输出，观察变频器输出界面无频率输出，但能听见变频器工作的轰鸣声。模拟量输出慢慢升高，频率输出随电压值的增大而增大。大于等于 10V 时，变频器输出达到上限，输出频率不再升高。如需观察变频器输出的电压、电流值，按住 Fn 键 5s，然后点按 Fn 键，根据面板提示的单位符号，即可判断当前值。

4. 程序设计

程序设计如图 9-22 所示。

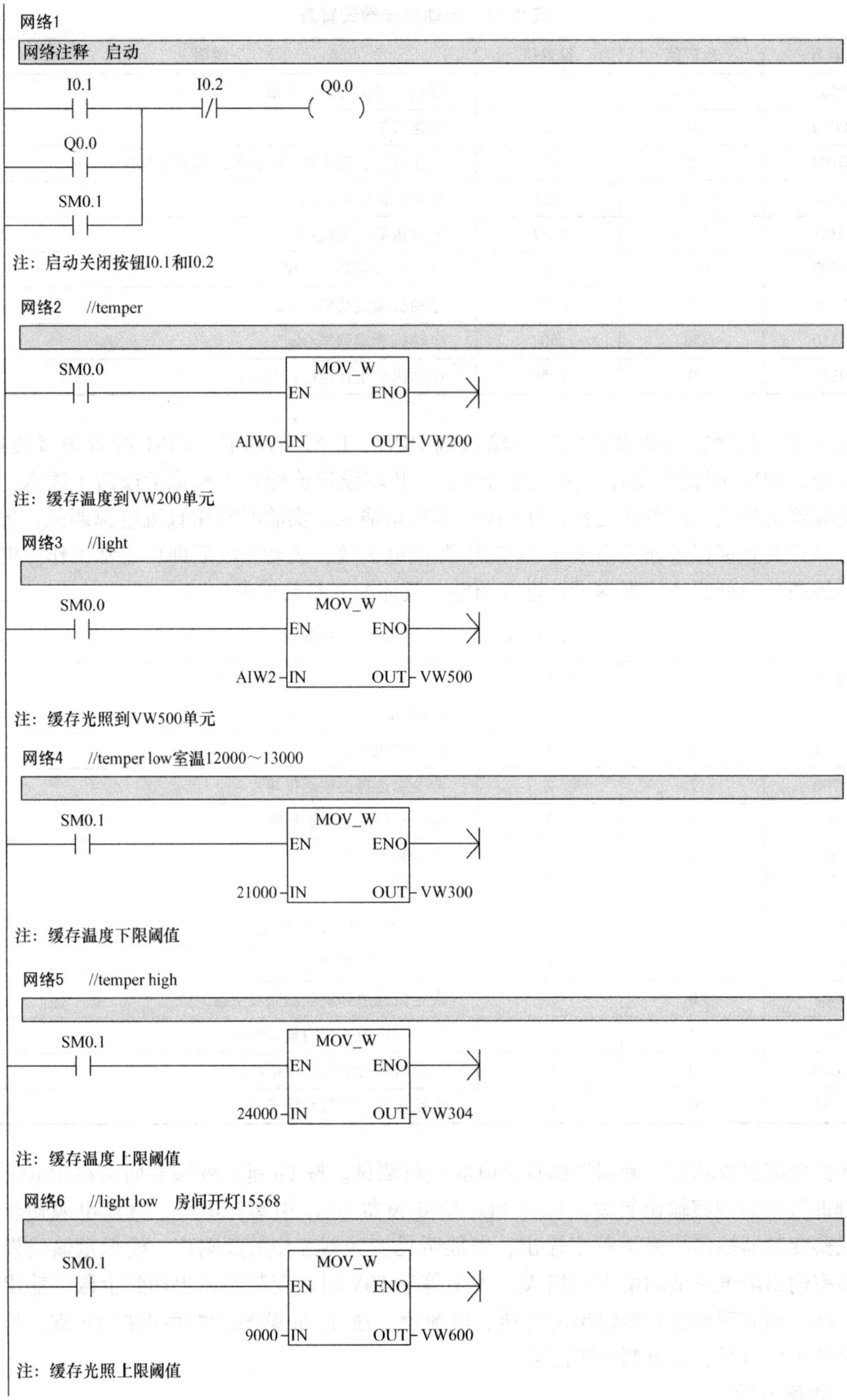

网络1

网络注释　启动

```
    I0.1          I0.2         Q0.0
  ──┤ ├────┬────┤/├─────────( )──
            │
    Q0.0    │
  ──┤ ├─────┤
            │
    SM0.1   │
  ──┤ ├─────┘
```

注：启动关闭按钮I0.1和I0.2

网络2　//temper

```
   SM0.0            ┌─────────┐
  ──┤ ├─────────────┤EN    ENO├──────┤>
                    │ MOV_W   │
             AIW0 ──┤IN    OUT├── VW200
                    └─────────┘
```

注：缓存温度到VW200单元

网络3　//light

```
   SM0.0            ┌─────────┐
  ──┤ ├─────────────┤EN    ENO├──────┤>
                    │ MOV_W   │
             AIW2 ──┤IN    OUT├── VW500
                    └─────────┘
```

注：缓存光照到VW500单元

网络4　//temper low室温12000～13000

```
   SM0.1            ┌─────────┐
  ──┤ ├─────────────┤EN    ENO├──────┤>
                    │ MOV_W   │
            21000 ──┤IN    OUT├── VW300
                    └─────────┘
```

注：缓存温度下限阈值

网络5　//temper high

```
   SM0.1            ┌─────────┐
  ──┤ ├─────────────┤EN    ENO├──────┤>
                    │ MOV_W   │
            24000 ──┤IN    OUT├── VW304
                    └─────────┘
```

注：缓存温度上限阈值

网络6　//light low　房间开灯15568

```
   SM0.1            ┌─────────┐
  ──┤ ├─────────────┤EN    ENO├──────┤>
                    │ MOV_W   │
             9000 ──┤IN    OUT├── VW600
                    └─────────┘
```

注：缓存光照上限阈值

图9-22　程序设计

网络7　//light high

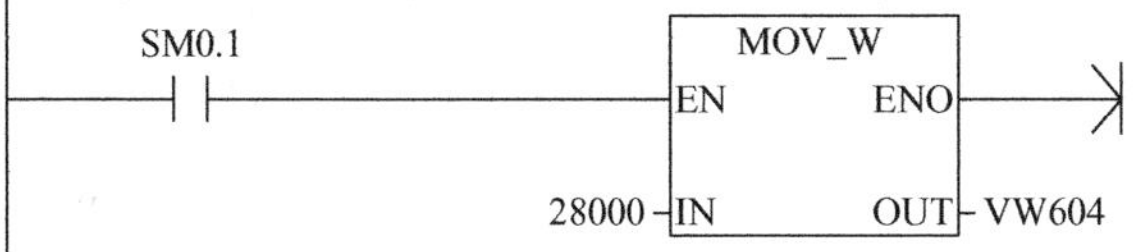

```
    SM0.1              MOV_W
    ─┤├─           ┌─EN    ENO─┐        ─( )
                   │             │
          28000 ──┤IN     OUT├── VW604
```

注：缓存光照上限阈值

网络8　//温度低 光照低

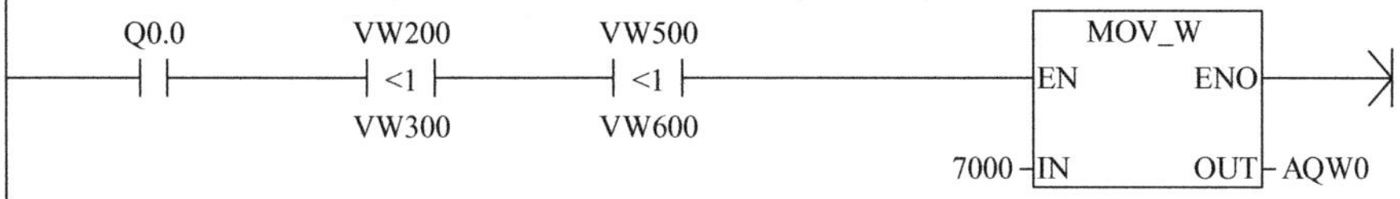

```
    Q0.0      VW200      VW500            MOV_W
    ─┤├─      ─┤<1├─     ─┤<1├─       ┌─EN    ENO─┐    ─( )
              VW300      VW600        │             │
                                7000 ─┤IN     OUT├── AQW0
```

注：判断档位——温低光低(1-1档)

网络11　//温度低 光照中

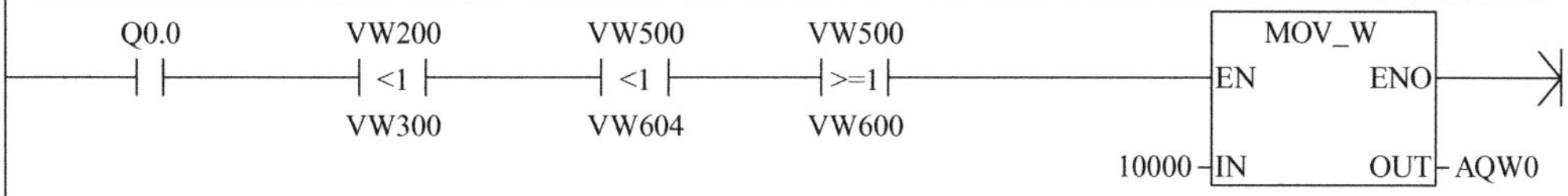

```
   Q0.0    VW200    VW500    VW500           MOV_W
   ─┤├─    ─┤<1├─   ─┤<1├─   ─┤>=1├─      ┌─EN    ENO─┐   ─( )
           VW300    VW604    VW600        │             │
                                   10000 ─┤IN    OUT├── AQW0
```

注：判断档位——温低光中(1-2档)

网络14　//温度低 光照高

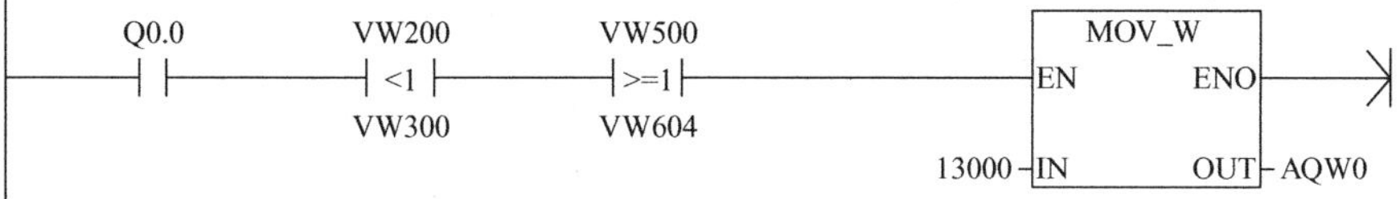

```
   Q0.0    VW200    VW500            MOV_W
   ─┤├─    ─┤<1├─   ─┤>=1├─      ┌─EN    ENO─┐    ─( )
           VW300    VW604        │             │
                           13000 ─┤IN   OUT├── AQW0
```

注：判断档位——温低光高(1-3档)

网络9　//温度中 光照低

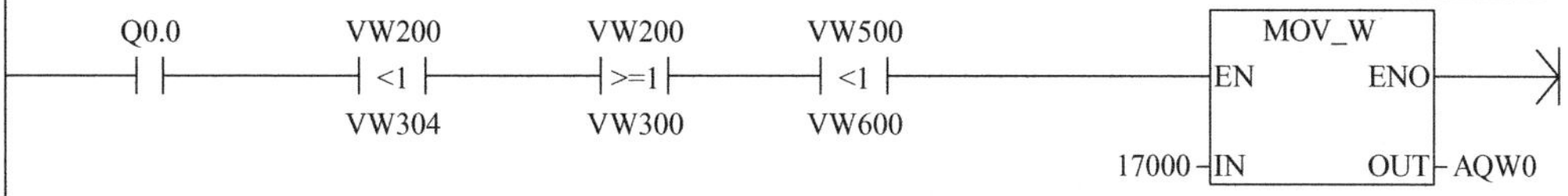

```
   Q0.0    VW200    VW200    VW500           MOV_W
   ─┤├─    ─┤<1├─   ─┤>=1├─  ─┤<1├─       ┌─EN    ENO─┐   ─( )
           VW304    VW300    VW600        │             │
                                   17000 ─┤IN    OUT├── AQW0
```

注：判断档位——温中光低(2-1档)

网络12　//温度中 光照中

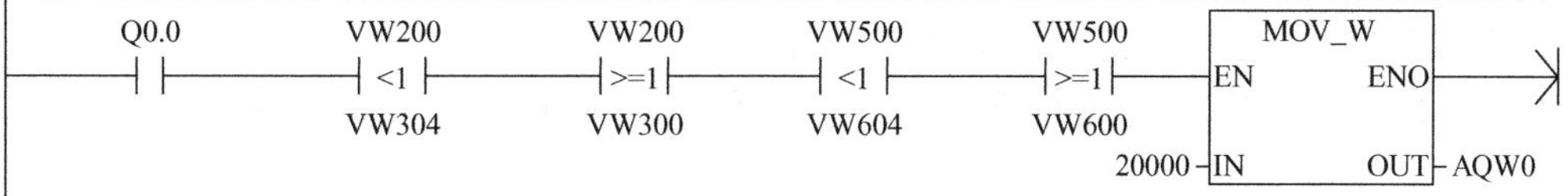

```
   Q0.0   VW200   VW200   VW500   VW500           MOV_W
   ─┤├─   ─┤<1├─  ─┤>=1├─ ─┤<1├─  ─┤>=1├─      ┌─EN    ENO─┐   ─( )
          VW304   VW300   VW604   VW600        │             │
                                       20000 ─┤IN    OUT├── AQW0
```

注：判断档位——温中光中(2-2档)

图9-22　程序设计（续）

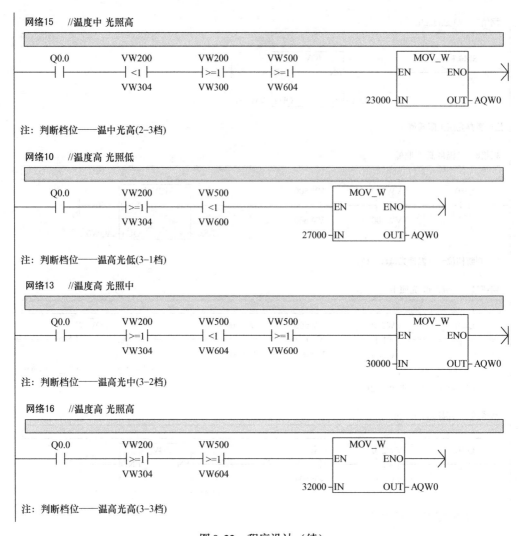

网络15　　//温度中 光照高

注：判断档位——温中光高(2-3档)

网络10　　//温度高 光照低

注：判断档位——温高光低(3-1档)

网络13　　//温度高 光照中

注：判断档位——温高光中(3-2档)

网络16　　//温度高 光照高

注：判断档位——温高光高(3-3档)

图9-22　程序设计（续）

9.3.5　调试与运行

1. 接线图

整个系统的 I/O 接线图如图 9-23 所示。

2. 运行过程

操作板上有 2 个按钮，如图 9-24 所示，左边是绿色按钮，控制系统起动，右边是红色按钮，控制系统停止。

按下绿色启动按钮后，进行如下的实验测试：

1）室温下，遮住温度传感器，测试温度低、光照低的电动机转速及电动机电压、电流。

2）通过使用用手遮挡、手机手电筒照射模拟手遮挡下的低强度光、常规亮度的中强度光以及手电筒照射下的高强度光。通过使用吹风机吹热风，从而模拟室温为温度低，吹风机一档加热为温度中，吹风机二档加热为温度高。

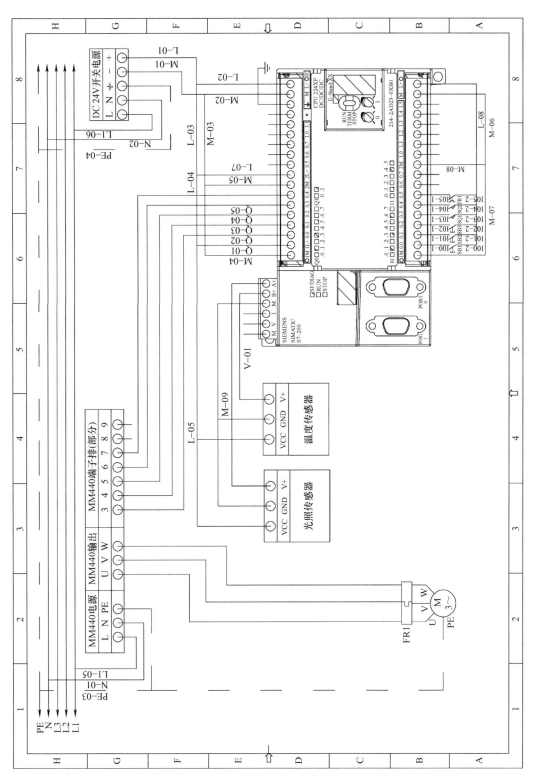

图 9-23 I/O接线图

3）将光照与温度的三种情况相互结合，测算光弱温低、光中温低等九种情况的数据。

3. 实验过程

（1）温度低

1）温度低，光照弱。图 9-25 中 37 分 56 秒时，温度值 VW200 处于低温区间内，光照强度值 VW500 值明显降低，输出的电压控制信号 AQW0 下降到最低档（1-1 档），与预期相符合。

图 9-24　操作按钮

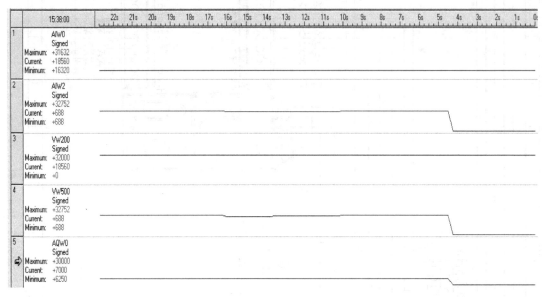

图 9-25　实验图一

2）温度低，光照中。图 9-26 中 38 分 42 秒时，温度值 VW200 处于低温区间内，光照强度值 VW500 值由低光强向中光强跳变，输出的电压控制信号 AQW0 在原来的基础上略微上升，到达低-中档（1-2 档），与预期相符合。

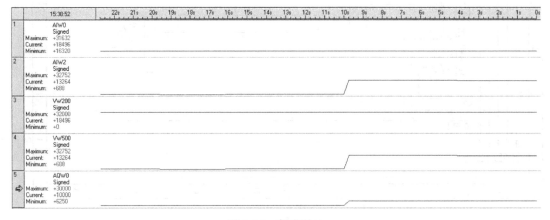

图 9-26　实验图二

3）温度低，光照高。图 9-27 中 39 分 12 秒时，温度值 VW200 处于低温区间内，光照强度值 VW500 值由中光强向高光强跳变，输出的电压控制信号 AQW0 在原来的基础上略微上升，到达低-高档（1-3 档），与预期相符合。

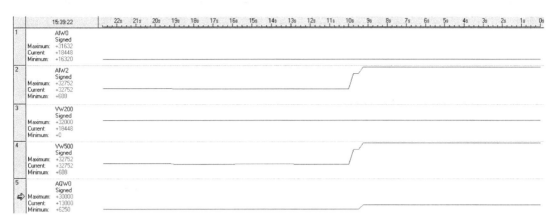

图 9-27　实验图三

（2）温度中

1）温度中，光照弱。图 9-28 中 44 分 26 秒时，温度值 VW200 处于中温区间内，光照强度值 VW500 值下降到低光强区间，输出的电压控制信号 AQW0 在原来的基础上下降到中-低档（2-1 档），与预期相符合。

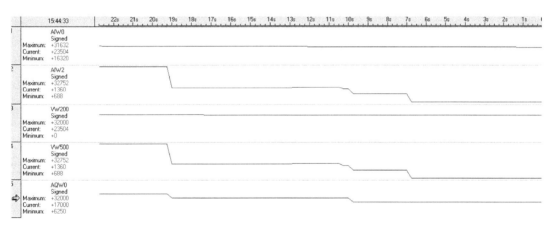

图 9-28　实验图四

2）温度中，光照中。图 9-29 中 44 分 50 秒时，温度值 VW200 处于中温区间内，光照强度值 VW500 值由低光强向中光强跳变，输出的电压控制信号 AQW0 在原来的基础上上升，到达中-中档（2-2 档），与预期相符合。

3）温度中，光照高。图 9-30 中 45 分 21 秒时，温度值 VW200 处于中温区间内，光照强度值 VW500 值由中光强向高光强跳变，输出的电压控制信号 AQW0 在原来的基础上上升，到达中-高档（2-3 档），与预期相符合。

（3）温度高

1）温度高，光照弱。图 9-31 中 41 分 17 秒时，温度值 VW200 处于高温区间内，光照强度值 VW500 值下降到低光强区间内，输出的电压控制信号 AQW0 在原来的基础上下降，到达高—低档（3－1 档），与预期相符合。

图 9-29　实验图五

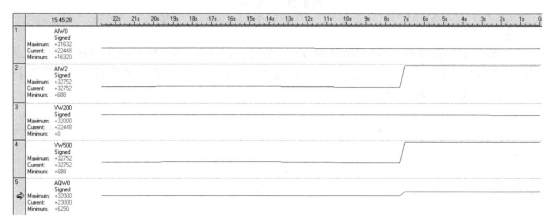

图 9-30　实验图六

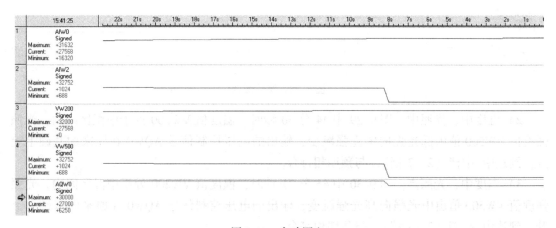

图 9-31　实验图七

2）温度高，光照中。图 9-32 中 41 分 41 秒时，温度值 VW200 处于高温区间内，光照强度值 VW500 值由低光强向中光强跳变，输出的电压控制信号 AQW0 在原来的基础上上升，到达高-中档（3 - 2 档），与预期相符合。

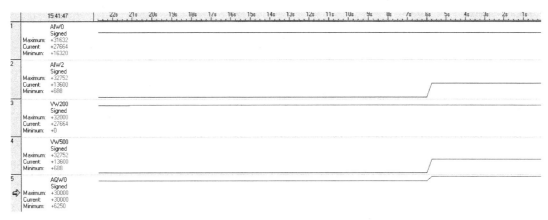

图 9-32　实验图八

3）温度高，光照高。图 9-33 中 42 分 06 秒时，温度值 VW200 处于高温区间内，光照强度值 VW500 值由中光强向高光强跳变，输出的电压控制信号 AQW0 在原来的基础上上升，到达高-高档（3 - 3 档），与预期相符合。

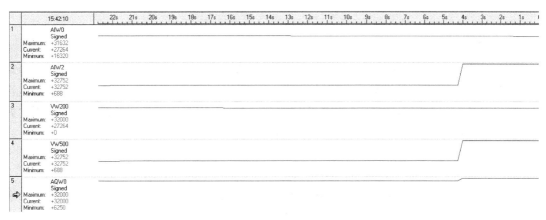

图 9-33　实验图九

4. 实验结果

（1）结果汇总

变频器输出数据全部通过液晶屏面板进行测量，按 Fn 键，变频器面板显示 r000，按 P 键即可实时观察输出频率，再按 Fn 键观察输出的电压、电流参数，具体测量值及运算后的功率将测试的九种模拟情况结果填入数据表格 9-14 汇总。

表 9-14　实验结果汇总

	电动机电流/A	变频器频率/Hz	电动机电压/V	电动机功率/W	电动机额定功率/W
温度低，光照弱	0.08	10.9	51	4.08	40
温度低，光照中	0.08	15.62	72	5.76	40

（续）

	电动机电流/A	变频器频率/Hz	电动机电压/V	电动机功率/W	电动机额定功率/W
温度低，光照强	0.08	20.33	92	7.36	40
温度中，光照弱	0.08	26.69	119	9.52	40
温度中，光照中	0.08	31.42	140	11.2	40
温度中，光照强	0.08	36.15	160	12.8	40
温度高，光照弱	0.08	42.41	187	14.96	40
温度高，光照中	0.08	47.13	207	16.56	40
温度高，光照强	0.08	50	220	17.6	40

（2）结果分析

以温度为主要参量，光照强度为辅助参量调整电动机转速。从温度低光照弱到温度高光照强的九种情况下，变频器输出频率逐渐上升，电动机转速也逐步上升，使得电动机输出功率也逐渐上升，但始终低于电动机的额定功率40W，由此说明变频器具有节能的功能。

9.4　冷却塔风机控制系统的模拟实现

9.4.1　项目背景

在工业生产中，几乎所有大型工厂都需要冷却塔用来降低水温，进行冷却水循环。冷却塔中用来使温度降低的风机数量多，功率大，且维护复杂。如果风机一直以工频频率运行时，电动机长时间工作不仅产生极大的电能损耗，而且还对电动机造成较高的伤害。因此如何改善传统的冷却塔成为工业智能化中的必经阶段。

9.4.2　项目目的与意义

通过本实验，利用工业 PLC 和变频器 MM440 对传统的冷却塔风机进行改造。使冷却塔中的大型机组不仅可以达到冷却温度的要求，还可以让电动机变频运行达到节省电能的作用。同时在 PLC 控制中加入 PID 闭环调节系统，使得系统能够稳定工作，控制电动机转动快速稳定地达到预置温度之下。

9.4.3　项目设计方案

本项目通过输入按钮来控制 PLC 的 I 口断开或者接通，从而控制 Q 输出口的导通和关断，PLC 输出 Q 口接入 MM440 的数字量输入端，利用 MM440 调节参数，实现利用数字量输入端控制电动机起停，因此 PLC 的 Q 口导通或关断决定电动机是否转动，从而可由 PLC 的 I 口间接控制变频器来启停电动机。因为 PID 控制中需要实时温度作为过程量，所以利用温度传感器采集实时温度。温度传感器利用4~20mA 传送到 PLC 中，所以 PLC 需要外接 EM235 模块作为模拟量温度采集模块，因此在 PLC 变量表中设置相应的地址作为模拟量输入地址。另外在变量表中设置预置温度，当然预置温度要低于实际温度。利用 PLC 编程软件 STEP7

内置的 PID 向导来设置 PID 参数，设置完成生成 PID 功能模块可在编程中直接调用。然后将经过 PID 计算输出的模拟量通过 PLC 自带的模拟量输出口，输入到变频器的模拟量接收口，通过 MM440 调参使得电动机跟随输出的模拟量变换，从而实现电动机变频运行。冷却塔变频调速系统电路原理图如图 9-34 所示。

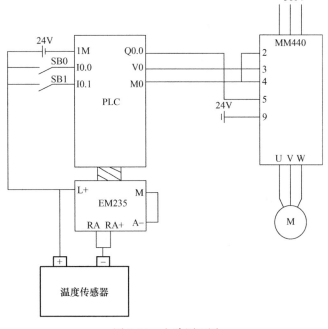

图 9-34　电路原理图

1. 器件选择

（1）西门子 S7-200PLC

S7-200 PLC 是一种小型的可编程序控制器，适用于各种场合中的检测、监测及控制的自动化系统。在实时模式下具有速度快、具有通信功能和较高的生产力的特点。一致的模块化设计促进了低性能定制产品的创造和可扩展性的解决方案。S7-200 系列 PLC 的强大功能使其无论在独立运行中，或相连成网络，皆能实现复杂控制功能。

（2）EM235 扩展模块

EM235 模块为 PLC 的模拟量扩展模块，共有 4 路模拟量输入口，2 路模拟量输出口，测量范围广泛且输入/输出口多，与 PLC 通信简单，广泛应用在模拟数据采集方面。

（3）变频器 MM440

MICROMASTER 440 是专门针对与通常相比需要更加广泛的功能和更高动态响应的应用而设计的。这些高级矢量控制系统可确保一致的高驱动性能，即使发生突然负载变化时也是如此。由于具有快速响应输入和定位减速斜坡，因此，甚至在不使用编码器的情况下也可以移动至目标位置。该变频器带有一个集成制动斩波器，即使在制动和短减速斜坡期间，也能以突出的精度工作。所有这些均可在 0.12 kW（0.16 HP）~250 kW（350 HP）的功率范围内实现。

2. PLC 编程

（1）设计要求

启动 PLC，输入预设值后，按下 SB0 启动按钮，PID 检测实际温度的过程变化和预设值之前的差距，开始驱动风机变频工作，使温度降低。当温度达到要求之后使电动机以最低频率工作。按下 SB1 停止按钮后，风机停止工作。调节 PID 参数使得电动机开始运行到满足实际温度低于设置温度的时间尽可能短而且全程状态都处在稳定状态之下。

（2）STEP7 程序编写

1）符号表如图 9-35 所示。

2）状态表如图 9-36 所示。

	符号	地址	注释
1	启动按钮	I0.0	
2	停止按钮	I0.1	
3	变频器下限频率	I0.3	
4	变频器上限频率	I0.2	
5	温度设定值	VD250	
6	温度实际值	VD200	
7	M1变频	Q0.0	
8	M1工频	Q0.1	
9	M2变频	Q0.2	
10	温度输入	AIW4	
11	PLC模拟输出	AQW0	

图 9-35　符号表

	地址	格式	当前值	新值
1	温度实际值:VD200	有符号		
2	温度设定值:VD250	有符号		
3	启动按钮:I0.0	位		
4	停止按钮:I0.1	位		
5	M1变频:Q0.0	位		

图 9-36　状态表

通过状态表可以实时读取每个寄存器、开关量和输出口的状态，同时也可以强制开关打开或关断。在 PLC 运行状态下通过这个界面写入预设温度。

3）梯形图如图 9-37 所示。

由图 9-37 所示，模拟量输入端为 AIW4，经计算温度实际值为 VD200，计算公式为

VD200 = {(AIW4 − 6400) − (32000 − 6400)} ∗ 150 − 50。启动停止程序如图 9-38所示。

启保停程序，按下按钮 I0.0 时，Q0.0 导通电动机开始变频工作并保持；按下按钮 I0.1，Q0.1 关断，电动机停止工作。PID 程序块如图 9-39 所示。

由温度输入 AIW4 和温度设定值 VD250 传送到 PID 控制器后得出 AQW0 模拟量输出，PID 控制器由向导进行参数设置。

4）PID 设置。PID 向导如图 9-40 和图 9-41 所示。

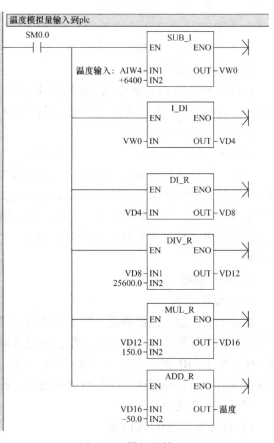

图 9-37　模拟量输入

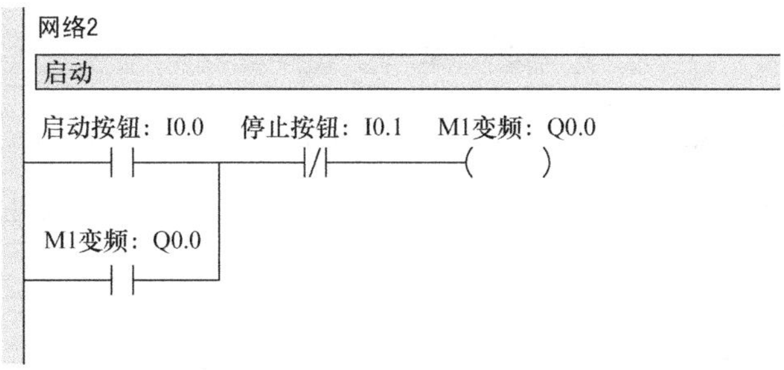

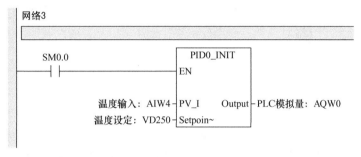

图 9-38　启动停止程序

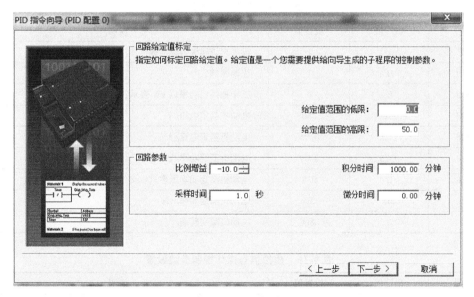

图 9-39　PID 程序块

图 9-40　PID 向导 1

如图 9-40 所示，温度调节范围为 0°～50°，起初初始回路参数，包括比例增益、积分时间、微分时间和采样时间都为零，需要后期启动 PLC 连电动机调试时设置。

将模拟量输入设定为单极性范围为 6400～32000，代表 4～20mA 线性变化。

模拟量输出为单极性模拟量范围为 0～32000，代表 0～10V 之间线性变化。

3. 变频器参数设置

（1）参数设置

1）恢复变频器工厂默认值，设定 P0010＝30 和 P0970＝1，按下 P 键，开始复位。

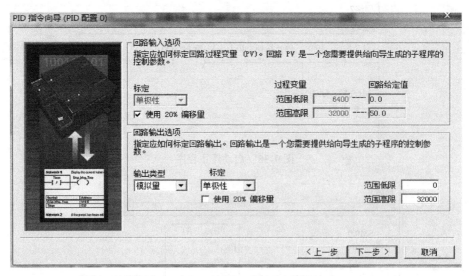

图 9-41　PID 向导 2

2) 设置电动机参数，电动机参数设置见表 9-15。电动机参数设置完成后，设 P0010 = 0，变频器当前处于准备状态，可正常运行。模拟信号操作控制参数设置见表 9-16。

表 9-15　电动机参数设置

参数号	出厂值	设置值	说明
P0003	1	1	设用户访问级为标准级
P0010	0	1	快速调试
P0100	0	0	工作地区：功率以 kW 表示，频率为 50Hz
P0304	230	380	电动机额定电压/V
P0305	3.25	0.95	电动机额定电流/A
P0307	0.75	0.37	电动机额定功率/kW
P0308	0	0.8	电动机额定功率因数（cosφ）
P0310	50	50	电动机额定频率/Hz
P03111	0	2800	电动机额定转速/（r/min）

表 9-16　模拟信号操作控制参数设置

参数号	出厂值	设置值	说明
P0003	1	1	设用户访问级为标准级
P0004	0	7	命令和数字 I/O
P0700	2	2	命令源选择由端子排输入
P0003	1	2	设用户访问级为扩展级
P0004	0	7	命令和数字 I/O
P0701	1	1	ON 接通正转，OFF 停止
P0702	1	2	ON 接通反转，OFF 停止

（续）

参数号	出厂值	设置值	说明
P0003	1	1	设用户访问级为标准级
P0004	0	10	设定值通道和斜坡函数发生器
P1000	2	2	频率设定值选择为模拟输入
P1080	0	20	电动机运行的最低频率/Hz
P1082	50	50	电动机运行的最高频率/Hz

（2）参数解释　设置好预置温度后，按下 SB0 时，Q0.0 导通，给变频器端口 5 信号，由 P0701 设置后，电动机开始转动。转动频率由 AQW0 传送到变频器 3、4 端的模拟量决定。电动机转动最高频率和最低频率分别由 P1080 和 P1082 设置为 20Hz 和 50Hz。

9.4.4　调试与运行

1. PID 控制面板

控制面板如图 9-42 所示。

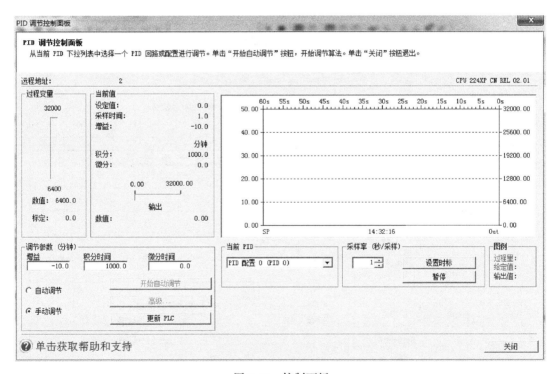

图 9-42　控制面板

在 PID 控制面板中可以实时监控实际值（过程量）、预设值和输出值（AQW0）三者之间的曲线变化，根据曲线变化规律手动调节参数。经多次试验得出最快最稳定的参数设置为：增益 = -10.0；积分时间 = 1000.0min；微分时间 = 0.0min。

2. 工作时的 PID 面板显示

PID 面板如图 9-43 和图 9-44 所示。

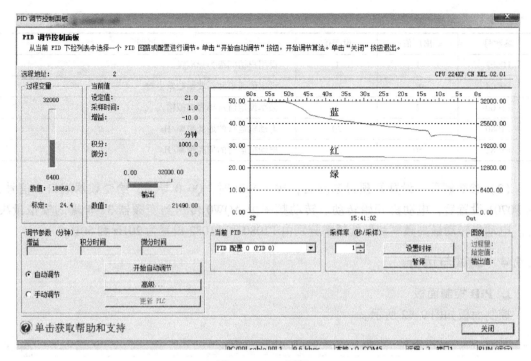

图 9-43 PID 面板 1

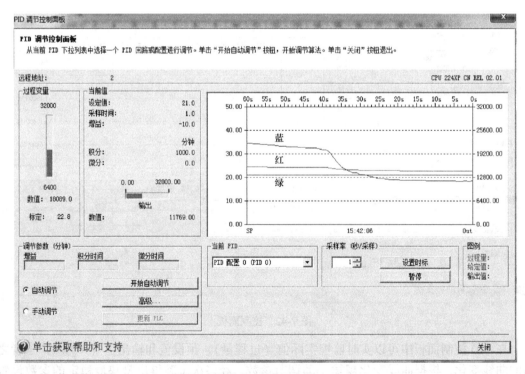

图 9-44 PID 面板 2

由图 9-44 中曲线可以观察到红线代表过程量（实际温度），绿线代表预设值，蓝线代表
输出值（电动机频率）。当初始状态实际温度高于预设值很多时，电动机转速达到最大值

50Hz；随着实际温度的降低，电动机转速缓慢降低，但并不是线性变换关系，是一种呈斜坡状下降趋势，这种下降趋势是由于 PID 的积分时间设置的；当实际温度已经满足条件，即达到实际温度小于预置温度时，电动机以最低频率运行。

9.5　多点检测智能流水线系统的模拟实现

9.5.1　项目背景与原理

（1）设计背景

随着中国经济的快速发展，对生产力的要求越来越高，传统的人工操作生产已经不能满足社会的需求。针对目前有些生产线效率较低、速度较慢和状态较少的缺点，我们设计了一套具有多个传感器、等距的速度检测点和不同运行状态，能够精准定时定位、正反运行、不断循环、任意启停和高容错率的模拟流水线系统，在降低成本的同时提高了生产力。

（2）设计原理

本设计实现了操作台的自动化，在工作前根据实际需要设定工作台在相关位置的工作状态，根据传感器反馈回来的操作台位置信息执行相关操作。全程实现了无人自动化，即自动装卸货、自动运行和自动检测。为了确保安全，控制电路中接有急停按钮，可实现系统的随时停止。如果在运行过程中出现产品未加工的情况，可以通过传感器检验，立即后退重新加工。在工作台的两端，为了完成相关操作，设定了一定的停留时间（本设计以 10s 为例）。设计中因不同加工段需要不同的运行速度与之匹配，通过对变频器参数的设定可以实现工频的改变，从而改变小车的运行速度，达到变速的目的。

9.5.2　项目设计方案

1. 系统功能设计

本节详细地介绍如何使用 PLC、变频器等软硬件设备搭建和运行一个比较完整的模拟自动控制流水线系统。系统以自动流水线模型为基础，采用西门子 S7 - 200PLC 控制 MM440 变频器，实现电动机转速控制，带动工作台的运动，2 个限位开关和 3 个位置传感器进行信号反馈，改变流水线工作状态。

该系统主要是模拟工厂流水线加工过程的运动状态，通过程序控制的定时器和位置可变的限位开关分别模拟装卸过程和运输过程，达到精准装卸和快速有效运输的目的，使生产过程变得更加智能化。具体设计内容如下：

1）结合所学知识理解变频器的工作原理、功能和接线注意事项等内容，学会变频器的功能参数设置。

2）结合生产实际，设置多点检测，多变速模拟流水线系统所需的各个参数。

3）完成控制开关、PLC、变频器、电动机和限位开关的电路连接，保证电路连接的正确性、可靠性和稳定性。

4）使用 STEP 7 MicroWIN SP9 完成 PLC 控制程序的编写和调试，实现 PLC 对变频器的控制。

5）实现电动机的多段速变化，并且能够正反转。

6）实现限位开关、位置传感器的功能，能够精确地进行信号的输出。

7）完成定时器的设计，使工作台可以精准停留，并且在变频器的运行中可以实现变频器的精准定位。根据所要完成的内容，通过组态软件模拟，系统的现场图如图 9-45 所示。

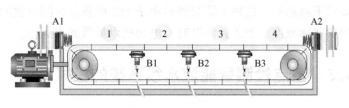

图 9-45　系统模拟图

具体功能介绍见表 9-17。

表 9-17　功能简述

段数	功能简述	触发条件	频率
1	装卸料，进行加工件的运输	触碰 A1、A2	15 Hz
2	慢加工，进行零件的安装和加热喷漆等操作	到达 B1	20 Hz
3	快加工，将半成品喷漆、包装，达到成品	到达 B2	25 Hz
4	快速运输，将成品打包好后运输	到达 B3	30 Hz

2. 工艺流程设计

多点检测智能流水线系统适合多种场景的应用，下面是两个例子的工艺流程设计。

1）自动包装生产线工艺流程如图 9-46 所示。

2）涂装生产线工艺流程如图 9-47 所示。

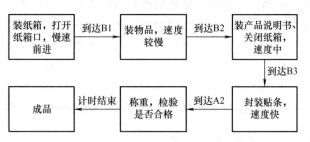

图 9-46　自动包装线工艺流程

3. 控制流程设计

本系统以 PC 机、S7－200PLC（CPU224XP CN）、M440 变频器、行程开关以及 51K40GN－U 电动机为主体设计完成。除了可以通过工作台直观感受系统的运行情况，也可通过 PC 端的程序运行得知系统的工作情况。系统结构框图如图 9-48 所示。

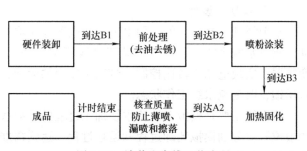

图 9-47　涂装生产线工艺流程

系统开始运行后，在等待一定的装料时间后，小车在初始位置 A1 以一段速起动运行。通过工作台上的位置传感器可以检测到小车的位置信息，系统根据传感器反馈回来的位置信息控制小车的速度，具体的系统流程图如图 9-49 所示。

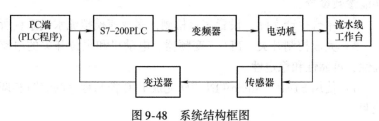

图 9-48　系统结构框图

9.5.3 系统硬件设计

1. 变频器

变频器是把工频电源（50Hz 或 60Hz）变换成各种频率的交流电源，实现电动机的变速运行的设备，其中控制电路完成对主电路的控制，整流电路将交流电变换成直流电，直流中间电路对整流电路的输出进行平滑滤波，逆变电路将直流电逆变成交流电。

本次设计采用的是西门子 MM440 变频器，即 MICROMASTER 440，是专门针对与通常相比需要更加广泛的功能和更高动态响应的应用而设计的。这些高级矢量控制系统可确保一致的高驱动性能，即使发生突然负载变化时也是如此。由于具有快速响应输入和定位减速斜坡，因此，

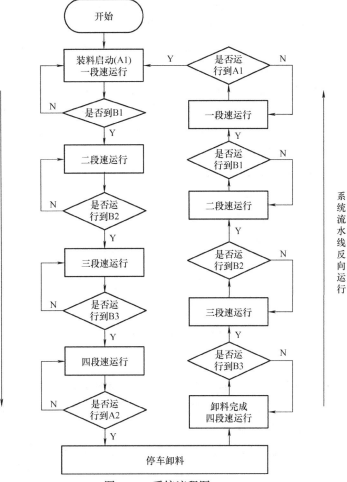

图 9-49　系统流程图

在不使用编码器的情况下也可以移动至目标位置。该变频器带有一个集成制动斩波器，即使在制动和短减速斜坡期间，也能以突出的精度工作。所有这些均可在 0.12 kW(0.16 HP) ~ 250 kW(350 HP)的功率范围内实现。实物图如图 9-50 所示。

2. PLC

本设计采用的是西门子 PLC，CPU 型号为 224XP CN，继电器输出。该型号 PLC 集成有 14 输入/10 输出共 24 个数字量 I/O 点，2 输入/1 输出共 3 个模拟量 I/O 点，可连接 7 个扩展模块，最大扩展值至 168 路数字量 I/O 点或 38 路模拟量 I/O 点。20K 字节程序和数据存储空间，6 个独立的高速计数器（100kHz），2 个 100kHz 的高速脉冲输出，2 个 RS485 通信/编程口，本机还新增多种功能，如内置模拟量 I/O，位控特性，自整定 PID 功能，线性斜坡脉冲指令，诊断 LED，数据记录及配方功能等，具有模拟量 I/O 和强大的控制功能。

图 9-50　变频器 MM440

3. 电动机

本设计选用了 51K40GN – U 电动机，采用不同的接线方式可以

使电动机接入 220V 或者 380V 电压。此次选三角形接法，使输出的电压为 220V，在这种情况下电动机的额定电流为 0.31A，额定转速为 1350r/min。用皮带将电动机的转子与工作台的传动轴相连，可以通过电动机控制工作台的工作状态。电动机实物及具体参数如图 9-51 所示。

4. 行程开关

在电气控制系统中，位置开关的作用是实现顺序控制、定位控制和位置状态的检测。用于控制机械设备的行程及限位保护，由操作头、触点系统和外壳组成。

在实际生产中，将行程开关安装在预先安排的位置，当装于生产机械运动部件上的模块撞击行程开关时，行程开关的触点动作，实现电路的切换。因此，行程开关是一种根据运动部件的行程位置切换电路的电器，作用原理与按钮类似。行程开关如图 9-52 所示。

图 9-51　电动机实物图　　　　　图 9-52　行程开关

行程开关可以安装在相对静止的物体（如固定架、门框等，简称静物）上或者运动的物体（如行车、门等，简称动物）上。当动物接近静物时，开关的连杆驱动开关的接点引起闭合的接点分断或者断开的接点闭合。由开关接点开、合状态的改变控制电路和机构的动作。

5. 位置传感器

位置传感器（结构图如图 9-53 所示）是一种无需与运动部件进行机械直接接触就可以操作的位置开关，当物体接近开关的感应面到动作距离时，不需要机械接触及施加任何压力即可使开关动作，从而驱动直流电器或给计算机（PLC）装置提供控制指令。接近开关是开关型传感器（即无触点开关），既有行程开关、微动开关的特性，同时具有传感性能，且动作可靠，性能稳定，频率响应快，应用寿命长，抗干扰能力强等

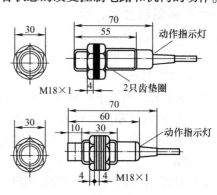

图 9-53　位置传感器结构图

性能，并具有防水、防震和耐腐蚀等特点。产品有电感式、电容式、霍尔式和交直流型。

6. 硬件设计

（1）硬件设计要求

合理正确地分配变频器和 PLC 的端口，正确连接电动机及工作台。在断电的情况下根据已经分配好的端口正确接线，在控制电路中接入一个常闭的急停保护按钮，两个常开的控制按钮，分别对应系统的启动和停止。接线完成后检查接线是否无误，连接线是否简单明了，之后，在通电的情况下按正确的步骤通过变频器的控制面板手动输入变频器的参数。

（2）硬件接线原理图

根据已分配好的端口，合理设计硬件接线原理图如图 9-54 所示。

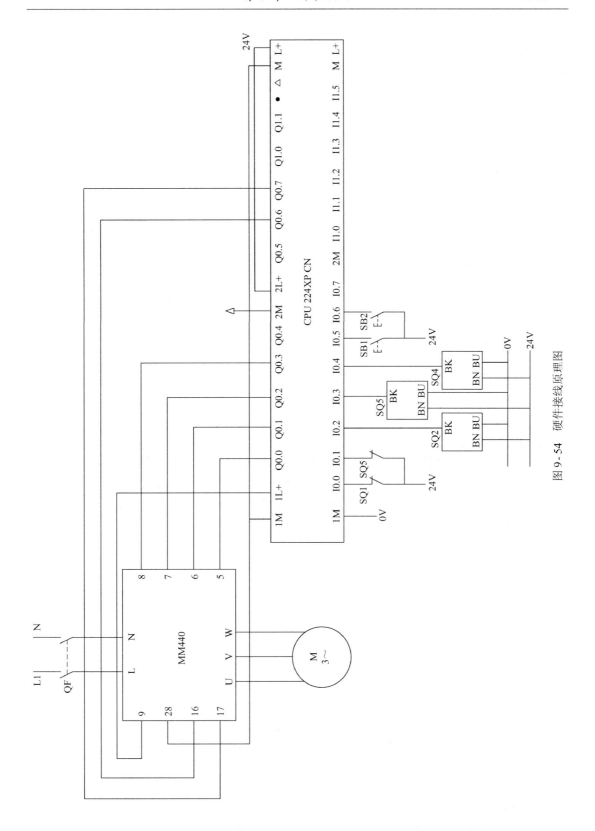

图 9-54 硬件接线原理图

（3）硬件接线实物图

根据硬件接线原理图接线，完成后操作柜及电动机和限位开关的实物接线图如图9-55和图9-56所示。

图9-55　操作柜接线图

图9-56　电动机及限位开关接线图

9.5.4　系统软件设计

1. 程序设计流程

PLC程序采用S7－200PLC专用的软件进行编程，首先设计好程序流程图如图9-57所示，然后用网络块设计思想进行分散处理再综合。

2. PLC程序设计

PLC在整个系统中起到核心控制的作用，外部输入量经过PLC内部的运算后，产生的输出量接到变频器，进行控制速度的转变。本系统采用STEP 7 MicroWIN SP9，S7－200使用的软件进行梯形图编程。编程代码为基本的运算指令，如图9-58所示，采用网络框架进行编程，将每一个功能进行模块化，逐步实现后再系统归一。

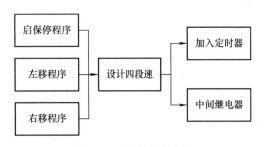

图9-57　程序设计流程

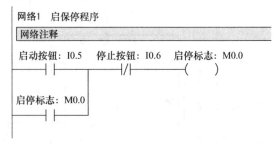

图9-58　启保停梯形图

在设计的过程中，熟练运用软件中的软元件进行系统的高精度控制，比如采用TON类型的计时器，如图9-59所示的编程梯形图表达了计时10s的功能。

3. PLC参数设计

PLC的I/O输入信号分配见表9-18。

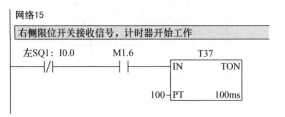

图9-59　定时10s的梯形图

表 9-18　PLC 的 I/O 信号分配

元　件	端　口	注　释
SQ1	I0.0	左侧行程开关
SQ5	I0.1	右侧行程开关
SQ2	I0.2	1 号位置传感器
SQ3	I0.3	2 号位置传感器
SQ4	I0.4	3 号位置传感器
SB1	I0.5	开始/继续按钮
SB2	I0.6	结束/暂停按钮

PLC 的 I/O 输入信号分配见表 9-19。

表 9-19　控制电路端口对应关系

PLC 端口	变频器端口	参数 P0700 = 2	参数 P1000 = 3
Q0.0	5　Din1	P0701 = 15	P1001 = 15Hz
Q0.1	6　Din2	P0702 = 15	P1002 = 20Hz
Q0.2	7　Din3	P0703 = 15	P1003 = 25Hz
Q0.3	8　Din4	P0704 = 15	P1004 = 30Hz
Q0.6	16　Din5	P0705 = 1	正转
Q0.7	17　Din6	P0706 = 2	反转

4. PLC 程序

PLC 程序如图 9-60 所示。

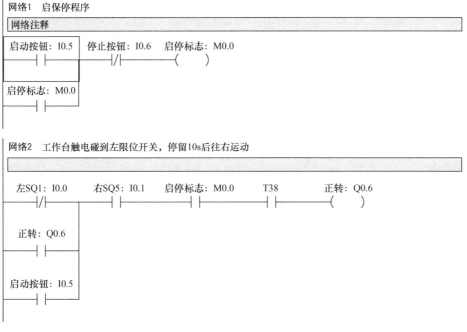

图 9-60　PLC 程序

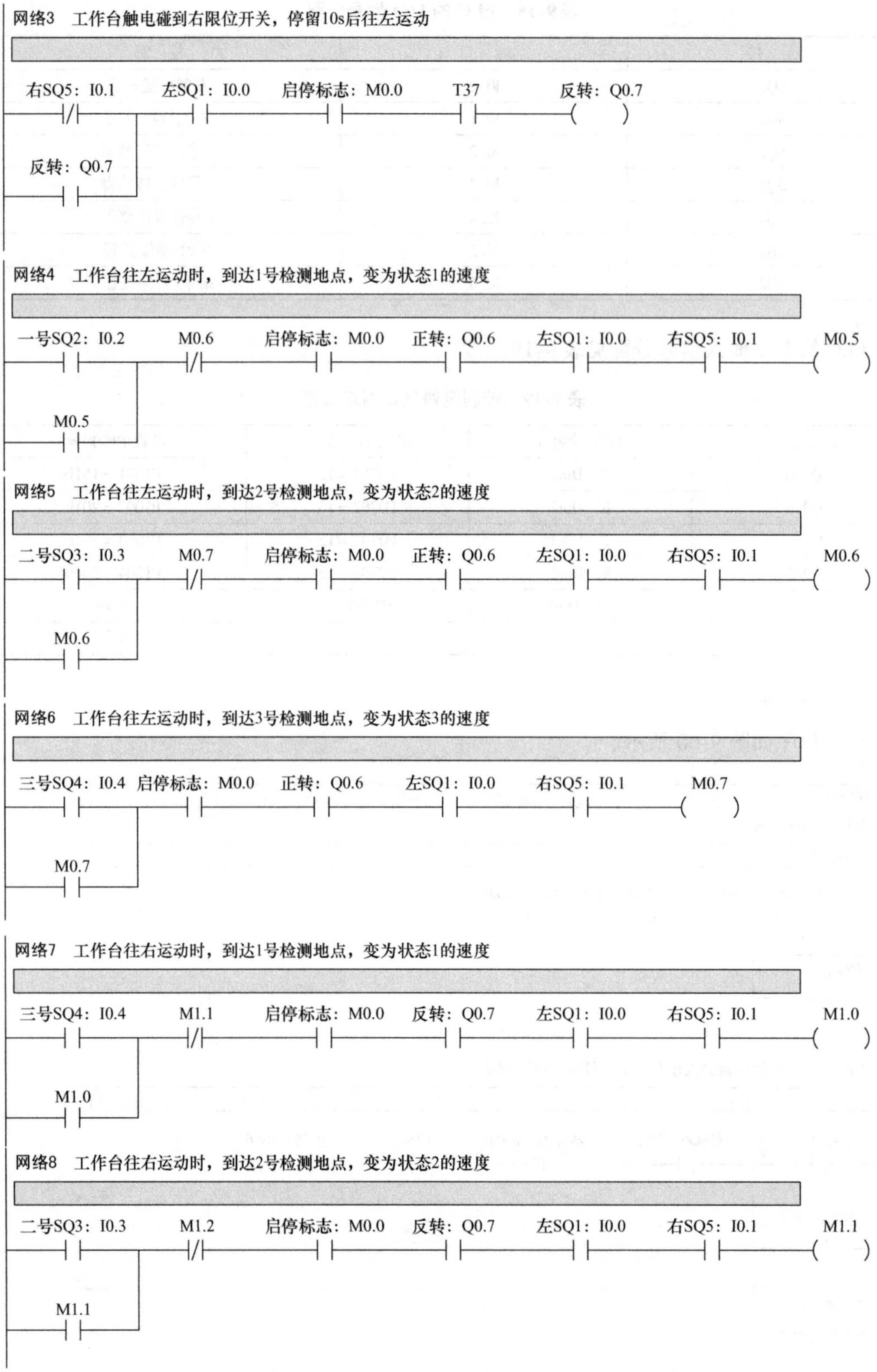

网络3　工作台触电碰到右限位开关，停留10s后往左运动

```
右SQ5：I0.1   左SQ1：I0.0   启停标志：M0.0   T37        反转：Q0.7
  ─│/│───┬──────┤ ├────────┤ ├──────┤ ├──────────( )
反转：Q0.7 │
  ─┤ ├────┘
```

网络4　工作台往左运动时，到达1号检测地点，变为状态1的速度

```
一号SQ2：I0.2   M0.6   启停标志：M0.0   正转：Q0.6   左SQ1：I0.0   右SQ5：I0.1   M0.5
  ─┤ ├──┬──│/│────┤ ├──────┤ ├────┤ ├──────┤ ├──( )
 M0.5 │
 ─┤ ├─┘
```

网络5　工作台往左运动时，到达2号检测地点，变为状态2的速度

```
二号SQ3：I0.3   M0.7   启停标志：M0.0   正转：Q0.6   左SQ1：I0.0   右SQ5：I0.1   M0.6
  ─┤ ├──┬──│/│────┤ ├──────┤ ├────┤ ├──────┤ ├──( )
 M0.6 │
 ─┤ ├─┘
```

网络6　工作台往左运动时，到达3号检测地点，变为状态3的速度

```
三号SQ4：I0.4   启停标志：M0.0   正转：Q0.6   左SQ1：I0.0   右SQ5：I0.1   M0.7
  ─┤ ├──┬──┤ ├────┤ ├────┤ ├──────┤ ├──( )
 M0.7 │
 ─┤ ├─┘
```

网络7　工作台往右运动时，到达1号检测地点，变为状态1的速度

```
三号SQ4：I0.4   M1.1   启停标志：M0.0   反转：Q0.7   左SQ1：I0.0   右SQ5：I0.1   M1.0
  ─┤ ├──┬──│/│────┤ ├──────┤ ├────┤ ├──────┤ ├──( )
 M1.0 │
 ─┤ ├─┘
```

网络8　工作台往右运动时，到达2号检测地点，变为状态2的速度

```
二号SQ3：I0.3   M1.2   启停标志：M0.0   反转：Q0.7   左SQ1：I0.0   右SQ5：I0.1   M1.1
  ─┤ ├──┬──│/│────┤ ├──────┤ ├────┤ ├──────┤ ├──( )
 M1.1 │
 ─┤ ├─┘
```

图9-60　PLC程序（续）

网络9 工作台往右运动时，到达3号检测地点，变为状态3的速度

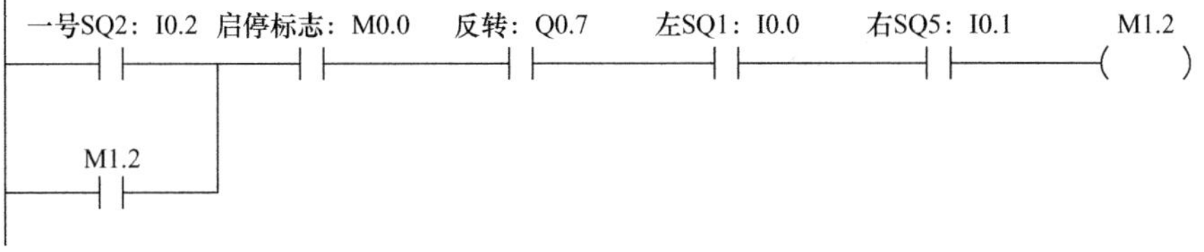

```
一号SQ2: I0.2  启停标志: M0.0  反转: Q0.7  左SQ1: I0.0  右SQ5: I0.1        M1.2
    ┤├──────────┤├──────────┤/├────────┤├──────────┤/├────────( )

    M1.2
    ┤├
```

网络10 以基速行进

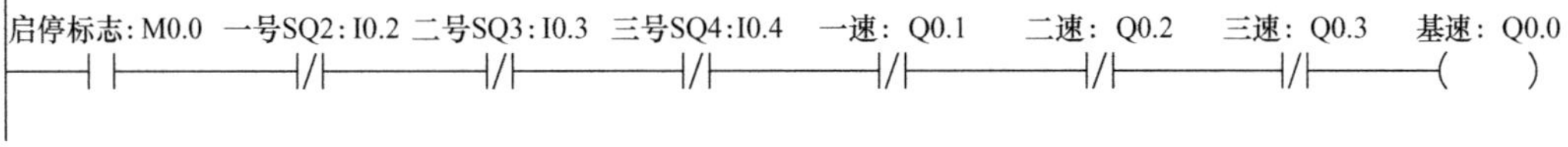

```
启停标志: M0.0  一号SQ2: I0.2  二号SQ3: I0.3  三号SQ4: I0.4  一速: Q0.1  二速: Q0.2  三速: Q0.3  基速: Q0.0
    ┤├──────────┤/├──────────┤/├──────────┤/├──────────┤/├────────┤/├────────┤/├────────( )
```

网络11

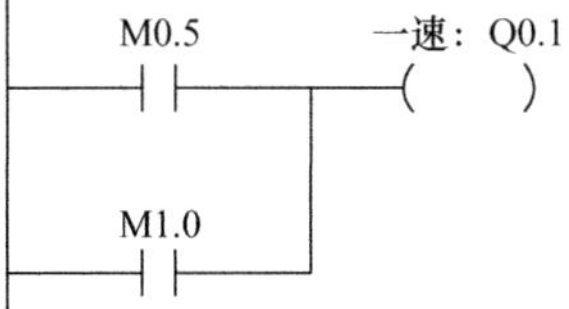

```
    M0.5      一速: Q0.1
    ┤├────────( )

    M1.0
    ┤├
```

符号	地址	注释
一速	Q0.1	

网络12

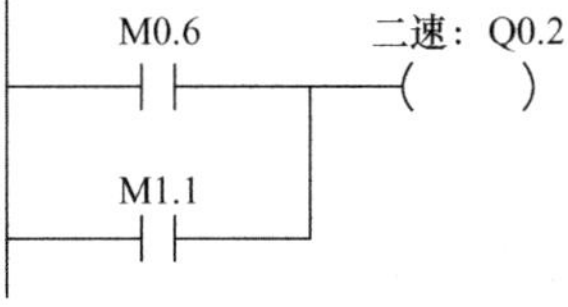

```
    M0.6      二速: Q0.2
    ┤├────────( )

    M1.1
    ┤├
```

网络13

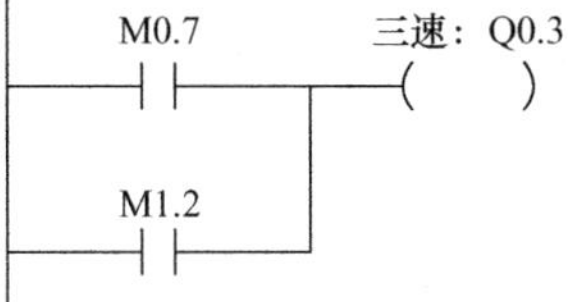

```
    M0.7      三速: Q0.3
    ┤├────────( )

    M1.2
    ┤├
```

符号	地址	注释
三速	Q0.3	

网络14

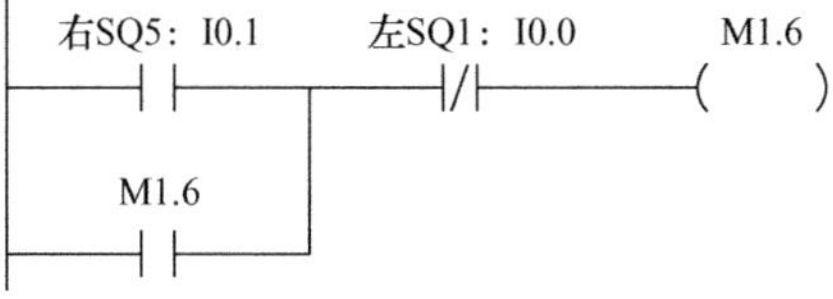

```
    右SQ5: I0.1  左SQ1: I0.0    M1.6
    ┤├──────────┤/├──────────( )

    M1.6
    ┤├
```

图 9-60 PLC 程序（续）

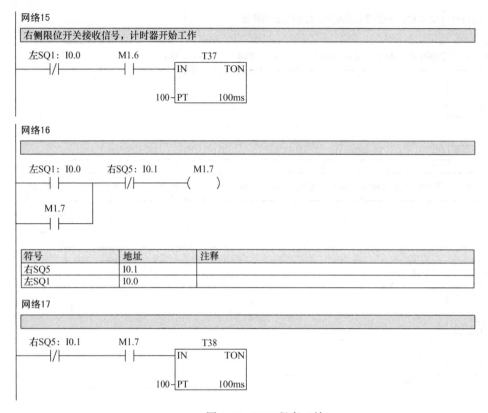

图 9-60　PLC 程序（续）

9.5.5　系统的调试与运行

1. 电动机参数设定

1）设定 P0010 = 30 和 P0970 = 1。按下 P 键，开始复位，复位过程大约 3min，可保证变频器的参数回复到工厂默认值。

2）设置电动机参数。为了使电动机与变频器相匹配，需要设置电动机参数。电动机参数设置见表 9-20。电动机参数设定完成后，设 P0010 = 0，变频器当前处于准备状态，可正常运行。

表 9-20　电动机参数设置

参数号	出厂值	设置值	说明
P0003	1	1	设定用户访问级为标准级
P0010	0	1	快速调试
P0100	0	0	功率以 kW 表示，频率为 50Hz
P0304	230	220	电动机额定电压/V
P0305	3.25	0.31	电动机额定电流/A
P0307	0.75	0.04	电动机额定功率/kW
P0310	50	60	电动机额定频率/Hz
P0311	0	1500	电动机额定转速/（r/min）

2. 变频器参数设定

设置面板操作输入变频器控制参数见表 9-21。

表 9-21 面板基本操作控制参数

参数号	出厂值	设置值	说明
P0003	1	1	设用户访问级为标准级
P0004	0	7	命令和数字 I/O
P0700	2	2	命令源选择"由端子排输入"
P0003	1	2	设用户访问级为扩展级
P0004	0	7	命令和数字 I/O
P0701	1	15	固定频率设定值（直接选择）
P0702	1	15	固定频率设定值（直接选择）
P0703	9	15	固定频率设定值（直接选择）
P0704	15	15	固定频率设定值（直接选择）
P0705	13	1	接通反转、停车命令 1
P0706	12	2	接通正转、停车命令 1
P0003	1	1	设用户访问级为标准级
P0004	0	10	设定值通道和斜坡函数发生器
P1000	2	3	频率设定值的选择：固定频率
P1080	0	0	电动机运行的最低频率/Hz
P1082	50	60	电动机运行的最高频率/Hz
P1120	10	2	斜坡上升时间/s
P1121	10	2	斜坡下降时间/s
P0003	1	2	设用户访问级为扩展级
P0004	0	10	设定值通道和斜坡函数发生器
P1001	5	15	固定频率设定值 1
P1002	5	20	固定频率设定值 2
P1003	5	25	固定频率设定值 3
P1004	5	30	固定频率设定值 4

3. 运行调试

1）接通电源。PLC 电源启动如图 9-61 所示。图 9-61 中可以看出，输入端一号指示灯亮起，表示 PLC 接通电源并启动。

2）按下启动按钮 SB1，开启流水线。首先货物从流水线最左侧放入，流水线以 15Hz 的频率运行，此过程可以进行第一阶段的加工。变频器此时显示电动机的频率为 15Hz，通过换算公式可以得出此时电动机转速为 900r/min，但实际测得的转速低于计算值，仅有 833r/min，排除测量误差外，造成这种原因可能是运行过程中的摩擦损耗以及负荷过大。此时，通过内部的调节，加大输入频率，从而使最后的转速稳定在 900r/min 左右。PLC 输入输出状态如图 9-62 所示。输出端 0 号位和 6 号位有输出值，同时输入端 0 号位用来输入反馈值。

图 9-61　PLC 电源启动图

图 9-62　PLC 输入/输出状态图

3）当货物运行到第一个位置传感器（接近开关）时，流水线自动升速到 20Hz 运行，开始第二阶段的加工，如图 9-63 所示。变频器此时显示电动机的频率为 20Hz，通过换算公式可以得出此时电动机转速为 1200r/min，但实际测得的转速略高于计算值，约 1285r/min，排除测量误差外，造成这种原因可能是由于加速使电压升得过高。此时，通过内部的调节，减小输入频率，从而使最后的转速稳定在 1200r/min 左右。

PLC 输入/输出状态如图 9-64 所示。此时输入端输入量较多，有 0 号位电源输入指示、1 号位速度反馈输入和 3 号位位置信号输入，输出端有 1 号位对电动机转速控制的输出和 6 号位输出。

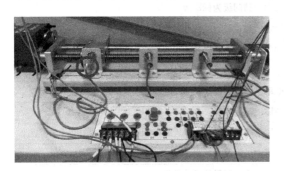

图 9-63　运行第二阶段示意图

图 9-64　PLC 输入/输出状态图

4）当货物运行到第二个位置传感器（接近开关）时，流水线再次自动升速到 25Hz 运行，开启第三阶段的加工，如图 9-65 所示，变频器此时显示电动机的频率为 25Hz，通过换算公式可以得出此时电动机转速为 1500r/min，但实际测得的转速远低于计算值，约 1345r/min，排除测量误差外，造成这种原因可能是由于电压升得过快，转速还不稳定。此时，通过内部调节，减小输入频率，使最后的转速稳定在 1400r/min 左右。因为有载重存在，所以无法将速度提高到理论值。

5）当货物运行到第三个位置传感器（接近开关）时，流水线最终自动升速到 30Hz 运行，进行第四阶段的加工，如图 9-66 所示。变频器此时显示电动机的频率为 30Hz，通过换算公式可以得出此时电动机转速为 1800r/min，但实际测得的转速值不可能大于 1500r/min。由于初始值设定时将转速设定为最大 1500r/min，所以电动机将速度提升到 1500r/min 后匀速前进，直到最后卸货处。

6）最后货物以 30Hz 的速度运行到终点处的限位开关，触及后停止运行并停留在原地，停留 10s 用来卸货。10s 过后流水线反转，加工过程与正转相同。

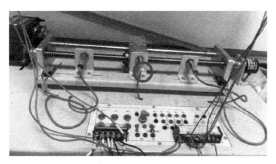

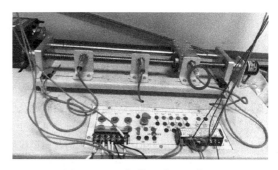

图 9-65　运行第三阶段示意图　　　　　图 9-66　运行第四阶段示意图

本流水线可以在任意位置进行启停，预防生产过程中出现意外。还可以实现对任意位置的精准定位。

4. 组态软件模拟

使用力控组态软件模拟现场图如图 9-67 所示，数据库参数见表9-22。

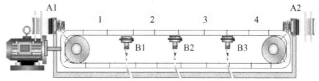

图 9-67　模拟现场图

表 9-22　数据库组态

	NAME［点名］	DESC［说明］	% IOLINK［I/O 连接］	% HIS［历史参数］	% LABEL［标签］
1	A1	行程开关1			报警未打开
2	A2	行程开关2			报警未打开
3	B1	位置传感器1			报警未打开
4	B2	位置传感器2			报警未打开
5	B3	位置传感器3			报警未打开

参 考 文 献

[1]　宋爽，周乐挺. 变频技术及应用 [M]. 北京：高等教育出版社，2008.

[2]　孟晓芳，王珏. 西门子系列变频器及其工程应用 [M]. 北京：机械工业出版社，2008.

[3]　徐海，施利春，孙佃升，等. 变频器原理及应用 [M]. 北京：清华大学出版社，2010.

[4]　汤海梅. 电动机变频调速技术基础 [M]. 上海：上海交通大学出版社，2012.

[5]　王建，杨秀双. 西门子变频器入门与典型应用 [M]. 北京：中国电力出版社，2011.

[6]　姜建芳. 西门子 S7 - 200PLC 工程应用技术教程 [M]. 北京：机械工业出版社，2010.

[7]　吴忠智，吴加林. 变频器应用手册 [M]. 北京：机械工业出版社，2002.

[8]　赵斌. 变频器系统安装与调试 [M]. 北京：中国纺织出版社，2012.

[9]　张燕宾. 变频器应用教程 [M]. 北京：机械工业出版社，2011.

[10]　冯垛生. 变频器实用指南 [M]. 北京：人民邮电出版社，2006.

[11]　辜承林，陈乔夫，熊永前. 电机学 [M]. 武汉：华中科技大学出版社，2005.

[12]　西门子（中国）有限公司自动化与驱动集团. MICROMASTER440 简明调试指南 [Z]. 2010.

[13]　王兆安，刘进军. 电力电子技术 [M]. 北京：机械工业出版社，2008.

[14]　高安邦，田敏，俞宁. 西门子 S7 - 200PLC 工程应用设计 [M]. 北京：机械工业出版社，2011.

[15]　西门子（中国）有限公司自动化与驱动集团. SIMATIC S7 - 200 可编程序控制器系统手册 [Z]. 2008.

[16]　西门子（中国）有限公司自动化与驱动集团. MICROMASTER440 使用大全 [Z]. 2010.

[17]　张燕宾. 常用变频器功能手册 [M]. 北京：机械工业出版社，2005.